その数学が戦略を決める

Super Crunchers
Why thinking-by-numbers is the new way to be smart

イアン・エアーズ［著］
Ian Ayres
山形浩生［訳］

文藝春秋

その数学が戦略を決める

［目　次］

第7章 それってこわくない? 212

装幀 坂田政則

一番必要なときにその場にいてくれた
ジョン・ドナヒューとピーター・シーゲルマンに捧ぐ

序章

絶対計算者たちの台頭

「切れがある」「コクがある」。専門家が評決していたワインの質と値を、一本の方程式が決めるようになる

0.0 ワインの値段を方程式で予測する男

オーリー・アッシェンフェルターは心底ワインが好きだ。「よい赤ワインが熟成すると、本当に魔法のようなことが起こるんです」とのこと。でもオーリーが夢中なのはワインの味だけではない。すばらしいワインと、大したことないワインとをわける力を知りたいのだ。

「いい赤ワインを買うのは、寝かせておけば質が上がるという意味では投資と同じです。だから知りたいのはいまのワインの価値ではなく、将来にどれほどの価値になるかということなんです。別に転売するつもりでなくても——自分で飲むつもりでも話は同じです。『楽しみを先

送りにしたら、味わいがどのくらい高まるかな？』ということですね。これはおもしろくて夢中になる話です」

そしてこの話は、過去二五年にわたってかれの人生の相当部分を占めてきた話でもある。昼の本業では、オーリーは数字を分析している。統計を使って巨大なデータ集合から隠れた情報を引き出すのが仕事だ。プリンストン大学の経済学者としてのかれは、学校に一年余計に通ったらどれだけ影響があるかを調べようとして、一卵性双生児の賃金を分析している。またかれはそれぞれの州の車の制限速度と州民の平均寿命にどんな相関関係があるかも計算している。そして何年にもわたり、アメリカのトップ経済学誌『アメリカン・エコノミック・レビュー』を編集してきた。

アッシェンフェルターは背が高く、もじゃもじゃしたたてがみのような白髪を持ち、その堂々たる親しみやすい声は部屋中にひびきわたることが多い。数字屋はひ弱で引っ込み思案だというのが世間の通念だが、この人物はすぐにそんなステレオタイプの誤りを思い知らせてくれる。オーリーが教室を大股に歩き回りつつ、あるセミナー論文の理論展開を、優しく、だが情け容赦なく跡形もなく粉砕する場面を見かけたことがある。開口一番でとんでもないお世辞が出てきたら、その先に何が出てくるか覚悟したほうがいい。

オーリーが本当に騒動を巻き起こしたのは、数字を分析してボルドーワインの品質を評価しようとしたときだった。ロバート・パーカーのようなカリスマワイン名人の「口にふくんでは吐き出す」手法に頼るかわりに、オーリーは統計を使って、ある生産年《ヴィンテージ》のどんな特徴が、ワイン競売価格の高低と相関しているかを見たのだった。

「当たり前のことなんですけどね。ワインは農産品だから、年ごとの気候に大幅に影響されるんです」とオーリーは述べる。フランスのボルドー地方の数十年におよぶ気象データを使ってオーリーが見つけたのは、収穫期に雨が少なくて、夏の平均気温が高かった年に最高のワインができるということだった。データは方程式に実に美しく一致した。

ボルドーは、ブドウが熟して果汁が濃い時に最高のものとなる。夏が猛暑だとブドウも熟して酸味が減る。そして降雨が平均より少なければ、果汁が濃縮される。だから暑くて乾燥した年ほど伝説級のヴィンテージワインとなりがちだ。熟したブドウは柔らかい味の（酸味の少ない）ワインを作る。濃いブドウはフルボディのワインを作る。

オーリーは無謀にもこの理論を方程式にまでしてしまった。

ワインの質＝12.145＋0.00117×冬の降雨＋0.0614×育成期平均気温－0.00386×収穫期降雨

ご覧の通り。どの年でも気象情報をこの方程式に入れれば、アッシェンフェルターはそのヴィンテージのおおまかな品質を予測できる。もうちょっと複雑な式を使うと、一〇〇以上のシャトーでヴィンテージ品質についてもっと厳密な品質が予測できる。

「確かにちょっと数学っぽいですがね。でも有名な一八五五年の分類でフランス人がブドウ農場のランク付けをしたのもまさにこの手法なんですよ」

伝統的なワイン批評家たちはアッシェンフェルターのデータ主導予想を受け入れていない。イギリスの『ワイン』誌は「このやり方自体バカげていてまともには受け取れない」と述べた。ニューヨークのワイン商ウィリアム・ソコリンは、アッシェンフェルターに対するボルドーワイン業界の見方は「激怒から爆笑の間くらい」だったとのこと。ときにかれは、ワイン業界人から罵倒を受ける。アッシェンフェルターが競売業者クリスティーズのワイン部門でワインについての発表をしたら、後ろのほうのディーラーたちは公然とブーイングをしてみせた。

世界で最も影響力を持つともいわれるワイン著述家（そして雑誌『ワイン愛好家《アドボケート》』発行者の）ロバート・パーカーは、アッシェンフェルターを「まるっきりのペテン師でしかない」と華々しく呼んでいる。アッシェンフェルターは世界有数の計量経済学の権威だが、パーカーにとってかれのアプローチは「ワインの見方としては実に野蛮きわまりないものだ。あまりにバカげていて笑ってしまうほどだ」という。パーカーは、数学的な方程式で本当においしいワインを見つけられるという可能性自体を否定する。

「かれの家に招かれてワインをふるまわれるのはご免だ」とのこと。

パーカーに言わせるとアッシェンフェルターは、「映画そのものを観ずに、役者や監督をもとにして映画の善《よ》し悪《あ》しを語ろうとする映画評論家みたいなもの」だとか。

パーカーにも一理ある。実際に映画を観るほうが正確なのはまちがいないんだから、ワインだって実際に味わったほうが正確では？

ただ、ここには一つ落とし穴がある。味わえるようなワインができるには何ヶ月もかかる、ということだ。ボルドーやブルゴーニュは、樫《かし》の木で作った樽で一八ヶ月から二四ヶ月過ごして、その後でやっとびんに詰められて熟成される。パーカーなどの専門家でも、ワインが樽に入れられてから初めて味わえるまでに四ヶ月も待たなくてはならない。そしてその時点のワインはいささか臭い、発酵途上の混合物でしかない。こんな飲むに耐えない代物を味わったところで、試飲家たちといえどワインの将来の品質について正確な情報は得られない。競売業者バターフィールド&バターフィールドのワイン部門前部長ブルース・カイザーはこう述べている。

「若いワインはあまりに急速に変化しているので、だれであれ、本当にだれ一人として、ヴィンテージを味だけで正確に評価するには、最低でも十年かそれ以上たたないと無理だ」

それとはまったく対照的に、オーリーは数字を分析して、気候と価格との歴史的な相関を調べている。そうやってかれは、冬に降雨が一センチ増えると、そのワインの期待価格は〇・〇〇一一七ドル上がることを明らかにした。もちろんこれは全般的な傾向でしかない。でも数字の分析でオーリーは、ヴィンテージの将来品質をぶどうの収穫と同時に予測できる――初のバレル試飲より何ヶ月も前、実際にワインが売られる何年も前だ。ワインの将来価格デリバティブが活発に取引されている世界では、アッシェンフェルターの予測式はワイン収集家に大きなリードをもたらしてくれる。

アッシェンフェルターは八〇年代末からこの予測を半年ごとのニュースレター『リキッドアセット』で発表するようになった。このニュースレターは最初、雑誌『ワイン観測《スペクテータ》』の小さな広告で宣伝し、やがてじわじわと購読者数は六〇〇人に達した。購読者たちは地理的にちばったお金持ちやワインマニアたちだった――ほとんどはワイン収集家の中でも計量経済学的な手法にアレルギーのない、少数の人々だ。ロバート・パーカーの『ワイン愛好家《アドボケート》』誌に年三〇ドルの購読料を払う三万人に比べれば、この購読者数はほんの一部でしかない。

アッシェンフェルターの発想が大きく広まったのは一九九〇年初頭のことだった。「ニューヨーク・タイムズ」が一面で、この新しい予測装置について記事を載せたのだ。オーリーはパーカーによる一九八六年ボルドーについての評価を公然と批判した。パーカーは一九八六年物が「上質、時にずば抜けている」とランキングしていた。アッシェンフェルターはそれに反対した。ブドウの育成期に気温が低かったのと、収穫期に降雨が平均以上だったことで、このヴインテージはせいぜいが凡庸のはずだ、と。

だがこの記事で本当に爆弾発言だったのは、一九八九年ボルドーに関するオーリーの予測だった。まだ樽に入ってやっと三ヶ月、批評家すら試飲していないこのワインについて、オーリーは「これは今世紀最高のワインになる」と予測したのだった。それが「驚異的な質になる」と断言してみせた。かれの尺度だと、すばらしいとされる一九六一年のボルドーが一〇〇としたら、一九八九年のボルドーは一四九というとんでもない数字になる。オーリーはこのワインが「過去三五年のどんなワインよりも高額で売れるだろう」と大胆にも予測してみせた。

ワイン評論家たちは激怒した。いまやパーカーはアッシェンフェルターの計量推計を「ばかげていてふざけている」と呼んだ。ソコリンによれば生産地での反応は「怒りと恐怖」のごたまぜだったという。「かれは実に多くの人を怒らせてしまいました」とのこと。その後数年で、『ワイン観測《スペクテータ》』誌はかれの（そしてそれ以外の）ニュースレターについては広告掲載を拒否するようになった。

伝統的な専門家たちは群れをなして、オーリーとその手法の両方を否定しようとした。将来価格を正確に予測できないから、この手法はおかしい、とかれらは主張した。たとえば『ワイン観測《スペクテータ》』誌の試飲部長トマス・マシューズは、アッシェンフェルターの価格予測が「ずばり当たったのはヴィンテージ二三年のうち三回だけ」だったと文句を言う。オーリーの「方程式は価格データにあてはまるよう設計されていた」のに、その予測は「実際の価格より高いこともあれば低いこともあった」。だが統計家たち（そしてちょっとでも考えてみた人ならだれでも）にとって、予測が高かったり低かったりするのはかえっていいことだ。それは推計値に偏りがないということだからだ。実はオーリーは、パーカーによるヴィンテージの当初の格付けが系統的に高くなっていることを指摘している。パーカーは初期のランキングを引き下げなくてはならないことがかなり多いということだ。

一九九〇年にオーリーはさらに大胆なことをした。一九八九年が今世紀最高のヴィンテージだと宣言した翌年、データによれば一九九〇年ものはそれ以上の出来になるはずだった。そこでかれは、それを発表したのだった。ふりかえってみると、『リキッドアセット』の予測は驚くほど正確だった。一九八九年ものは実にすばらしいヴィンテージだったし、一九九〇年ものはそれ以上だったのだ。

どうして「今世紀最高」のヴィンテージが二年続いたりするんだろうか？

実は一九八六年以来、育成期の気温が平年以下の年は一年もなかったのだった。フランスの気候は二〇年以上にわたって穏やかだった。ワイン愛好家にはありがたいことに、この時期はずっとすばらしいボルドーが育ちやすい時期だったのだ。

伝統的な専門家たちも、いまでは気候にずっと注意をはらうようになっている。評論家の多くはオーリーの予測の威力を公式に認めたことはないけれど、そうした評論家の予測結果も、いまではオーリーの単純な予測式にずっと近くなっている。オーリーはいまでもウェブサイトhttp://www.liquidasset.com を維持しているけれど、ニュースレターはやめてしまった。

「昔とちがって、試飲家たちはもうとんでもないまちがいをしなくなったんですよ。正直いって、私は自分で自分の首を絞めてしまったんですな。もう追加の付加価値がないんですよ」

アッシェンフェルターの批判者たちは、かれが異端の徒だと言う。ワインの世界の神秘を消してしまおうとしているのだ、と。華やかだが意味不明な物言い（このワインは「迫力があり」「まとまりがあって」「粋だ」等々）を否定して、予測の根拠を示そうとする、と。

業界の不満は、単に美学的なものではない。「ワイン商人やワインライターたちは、オーリーが提供するほどの情報を一般人に知って欲しくないんですよ」とカイザーは述べる。

「一九八六年ヴィンテージが発端でした。オーリーはこの年のワインはインチキで、雨が多すぎて温度も低すぎたからひどい年だよ、と述べていました。でもワインライターたちはみんな絶賛で、すばらしいヴィンテージだと述べていたんです。正しいのはオーリーだったんですが、正しい人が人気を博すとは限らないんです」

ワイン商人も評論家たちも、ワインの品質に関する情報独占を維持するほうが自分の得になるのだった。商人たちは、当初のランキングを常につり上げておくことで、価格の安定化をはかっている。そして『ワイン観測《スペクテータ》』や『ワイン愛好家《アドボケート》』などの雑誌は、品質の裁定者としての地位を独占できるかどうかで何万ドルもの収益差が出てしまう。小説家アプトン・シンクレア（そしていまやアル・ゴア）が述べたように「理解しないことで給料をもらっている人に、それを理解させるのはむずかしい」というわけだ。ワインについてもしかり。「ワインの愛飲家たちがこの方程式をダメだと思ってくれないと、多くの人が路頭に迷うことになるんですよ」とオーリーは述べる。「その人たちは、自分が突然なんだか時代遅れになっちゃったから頭にきてるんです」

変化の兆しはある。ロンドンのクリスティーズ競売所における国際ワイン部部長のマイケル・ブロードベントはいささか外交的にこんな言い方をしている。

「多くの人はオーリーがイカレポンチだと考えておりますし、多くの点でそういう面はあるのでしょうね。でも私の調べたところ、毎年毎年あの方の考えやその成果は驚くほど的中しております。あの方の仕事は、ワインを買いたいと思っている方にとって本当に役にたつものだと思いますよ」

0.1 野球界のオーリー・アッシェンフェルター

お高いワイン愛好家の世界は、野球の大スタジアムからはほど遠いところに思える。でも多くの点で、アッシェンフェルターがワイン界でやったのと同じことを、ビル・ジェイムズは野球界でやったのだった。

かれの『野球年鑑』で、ジェイムズはプロのスカウトが選手を見るだけで才能を判断できるという発想を疑問視した。マイケル・ルイス『マネー・ボール』（ランダムハウス講談社文庫）で描かれたジェイムズは、野球界におけるデータ重視意志決定の急先鋒だ。ジェイムズの単純ながら強力な理論は、野球でもデータに基づく分析のほうが、専門家の観察眼より優れているというものだ。

裸眼は、選手の評価に必要なものを見抜くには不十分なのだ。ちょっと考えればわかる。見ているだけでは、三割打者と二割七・五分打者との差なんかわかるわけがない。これは二週間に一本のヒットの差でしかない（中略）年一五試合を両者について見ても、二割七・五分打者のほうが三割打者よりも多くヒットを打つ確率は四割ある（中略）よい打者と普通の打者とのちがいは、見ているだけでは絶対にわからない――記録をちゃんと見ないと。

アッシェンフェルターと同じくジェイムズも方程式の信者だ。かれ曰く「打者はやろうとしていることの成功度合いで評価されるべきであり、やろうとしていることとは、出走塁することである」。そこでジェイムズは、打者が出塁にどれだけ貢献したかを示す、新しい方程式を作り出した。

貢献出走塁＝（ヒット数＋四球数）×総塁数÷（死球以外の打席数＋四球数）

この方程式は、選手の出塁率をかなり重視しており、特に四球の多い選手に高い評価を与える。ジェイムズの定量計算アプローチは、スカウトには特に忌《い》み嫌われた。ロバート・パーカーのようなワイン評論家は味覚や嗅覚で生計をたてるが、スカウトは目で生計をたてているからだ。それがかれらの付加価値だった。ルイスの表現では、

スカウト的な見方では、大リーグ級野球選手を見つけるには何百万キロも車を運転し、何百もの安モーテルに泊まって飯はひたすらデニーズばかり。そうやって四ヶ月の間に大学や高校の野球試合を二〇〇も眺めて、そのうち一九九はまるっきり無意味な代物だ（中略）球場に入ってキャッチャーの真後ろのアルミシート四列目に座り、そこでこれまでだれも見たことがないもの——見てもその意味を理解していないもの——を見つけるのだ。一度でいい。「一目見れば、才能は見抜ける」スカウトと、ロバート・パーカーのようなワイン評論家は、ツバ吐きがお好きという以上の共通点を持っている。パーカーは、シャトーのヴィンテージ

を一口味わえば評価できると信じている。それと同じように、野球のスカウトは、高校生球児の可能性を一目で見分けられると思っているのだ。

どちらの場合にも、人々はブドウにせよ野球選手にせよ、未評価で未成熟な品物の市場価値を予測しようとしている。そしてどちらの場合にも、議論の中心は、専門家の見立て技能に頼るか定量データに頼るか、ということだ。

ワイン評論家と同じく、野球のスカウトも反証不可能なあいまい表現に頼る。「あいつは華《はな》がある」「あいつは機械だ」等々。

『マネー・ボール』では、データと伝統的技能との対立が表面化したのは、二〇〇二年にオークランド・アスレチックスのゼネラル・マネージャー、ビリー・ビーンがドラフトでジェレミー・ブラウンを取りたがったときだった。ビーンはジェイムズの著作を読んで、選手のドラフトは数字に基《もと》づくことに決めた。ジェレミー・ブラウンは他のどんな大学選手よりも四球率が高かったので、ビーンは大いに気に入った。でもスカウトたちはブラウンが大嫌いだった。それは、その、つまりかれがデブだったからだ。アスレチックスのスカウトの一人はせせら笑った。「あいつにコーデュロイのパンツなんかはかせたら、こすれて火が出るからな」。スカウトたちから見れば、あんな体つきの人物がメジャーリーグに出られるわけがなかった。でもビーンは、選手の外見などどうでもよかった。かれのドラフト標語は「われわれはジーンズを売っているわけではない」だ。ビーンは単に試合に勝ちたかっただけだ。そしてまちがっていたのはスカウトたちのほうだったようだ。ブラウンは同年にアスレチックスがドラフトしただれよりも頭角をあらわした。二〇〇六年九月にアスレチックスでメジャーデビューし、打率三割を記録した（出塁率は〇・三六四だ）。

ジェイムズとアッシェンフェルターでは、最初にこの定量計算結果を広めようとしたやり方も驚くほど似ている。アッシェンフェルターと同じく、ジェイムズも最初のニュースレター『野球年鑑』（かれはそれをあいまいに、本であるかのように述べた）について、小さな広告を出すことから始めた。初年度に売れたのは七五部だけだった。アッシェンフェルターが『ワイン観測《スペクテータ》』から閉め出されたのと同じように、ジェイムズもデータの共有を『エリアス・スポーツビューロー』に願い出たが、冷たい仕打ちを受けた。

だがジェイムズとアッシェンフェルターは、それぞれの業界に決して消えない痕跡を残した。『マネー・ボール』に詳述されたオークランド・アスレチックスの目覚ましい成功と、テオ・エプスタインのデータ重視経営手法のもとでのボストン・レッドソックスの史上初のワールドシリーズ制覇は、ジェイムズの影響を如実に物語るものだ。伝統的なワイン評論家ですら天候に基づいて予測を改善しているという事実は、アッシェンフェルターの正しさを物語る。

どちらもそれぞれの分野で、定量計算好きな集団を台頭させている。ジェイムズのおかげでSABR（アメリカ野球研究協会）ができた。野球のデータ分析はいまや、セーバーメトリクスなる名前さえ持っている。二〇〇六年にアッシェンフェルターのほうも『ワイン経済学誌』創刊を手伝った。いまやワイン経済学者協会さえあって、当然ながらその初代会長はアッシェンフェルターだ。ちなみに、ふりかえってみるとアッシェンフェルターの最初の予測は実に見事なものだった。シャトー・ラトゥールの最近の競売価格を調べてみると、確かに八九年ものは八六年ものの倍以上の値段だし、一九九〇年ものの値段はもっと高い。

どんなもんだい、ロバート・パーカーくん。

0.2 真実は葡萄酒の中にあり

本書の中心的な主張は、ワインや野球での定量分析の台頭が単独の現象ではないということだ。実はワインや野球の例は、本書のもっと大きな主題の個別例でしかない。われわれはいま、馬と蒸気機関の競走のような歴史的瞬間にいる。直感や経験に基づく専門技能がデータ分析に次々に負けているのだ。昔は、多くの意志決定は経験と直感のごたまぜに基づいているだけだった。専門家が崇敬されたのは、かれらが個別に何十年も試行錯誤して経験を積んできたからだ。いちばんいいやり方をかれらが知っていると信じられたのは、かれらが何百回も過去にやってきたからだった。経験的な専門家たちは生き延びて栄えた。どうすればいいか知りたければ、白髪の賢者にきくがよい。

でもいまや何かが変わりつつある。企業も政府も、意志決定をますますデータベースに頼るようになっている。ヘッジファンドの話は、実は新種の定量分析屋たち——「絶対計算者たち」とでも呼ぼう——の物語で、かれらは巨大なデータ集合を分析して、一見すると無関係なものの間に定量的な相関を見いだしたのだ。ユーロの大量購入をヘッジしたいって？　それなら株二六銘柄や先物を慎重にバランスさせたポートフォリオを売ればいい。その中にはウォルマートの株も入っているかもしれない。

絶対計算とは何だろうか。それは現実世界の意志決定を左右する統計分析だ。絶対計算による予測は、通常は規模、速度、影響力を兼ねそなえている。データ集合の規模はとんでもなくでかい——観測数の点でも変数の数の点でも。分析の速度も加速している。データが出てきた瞬間に、リアルタイムで定量計算されることが多い。そして影響力もすさまじいことがある。象牙の塔の学者先生が内輪うけの学術論文を量産するような話とはちがう。絶対計算は、手法改善を求める意志決定者たち自身が——またはかれらのために——行うものだ。

そして絶対計算者たちが大規模なデータ集合を使っていると書いたけれど、その大規模ぶりはとてつもない代物だ。企業や政府のデータ集合は、メガバイトやギガバイトではなく、テラバイト単位になりつつある——そしていまやペタバイト（一〇〇〇テラバイト）にまで及んでいる。テラバイトは一〇〇〇ギガバイトだ。テラというのはギリシャ語で化け物を指すことばからきている。テラバイトというのは、まさに化け物じみた大量データだ。アメリカ議会図書館全体でも、文字量は二〇テラバイトだ。本書の主張の一部は、そろそろこの単位に慣れるようにしよう、ということだ。たとえばウォルマートのデータウェアハウスは、五七〇テラバイト以上のデータを持つ。グーグルは四ペタバイトのデータを持ってたえず計算し続けている。

ちなみにこうしたテラ単位のデータの複数要素の相関関係をコンピュータ計算していくことを「兆単位の発掘」＝「テラマイニング」という。テラマイニングは、SF的な夢物語じゃない——現在進行形で行われているものだ。あらゆる分野で「直感主義者」たちや伝統的な専門家たちが絶対計算者たちと戦っている。医療における、「根拠に基づく医療」なるものをめぐる大論争は基本的に、治療法の選択が統計分析に基づいたものになるかどうか、という問題をめぐるものだ。直感主義者たちだって黙って引き下がるつもりはない。かれらは、生涯にわたる経験に基づいた臨床技能はデータベースなんかじゃとらえきれないと主張する。二〇年の経験を持つ急患室のナースが、一目見ただけで子供が「やばそう」かわかるのに比べたら、回帰分析なんか足下にも及ばないとか。

チェスのグランドマスターであるゲーリー・カスパロフが、ディープ・ブルーコンピュータに負けたのは、ＩＢＭのソフトウェアのほうが賢かったからだと思われがちだ。でもその「ソフトウェア」というのは実は、各手の力を順位づける巨大データベースなのだ。コンピュータの速度は重要だが、決定的な役割の一部を果たしたのは、コンピュータが七〇万に及ぶグランドマスターのチェス対局データベースにアクセスできたということだ。カスパロフの直感は、データベースによる意志決定に負けたのだ。

絶対計算は単に伝統的な専門家を侵略して置き換わっているだけではない。それはわれわれの生活をも変えつつある。野球のスカウトが数字屋に負けつつあるのは、スカウトをどこそこの市立高校まで飛行機で飛ばすよりは数字を計算させるほうが安上がりだからというだけではない。スカウトの予測のほうがダメなのだ。絶対計算者と専門家たちも、常に意見が異なるわけじゃない。定量分析はときに伝統的な知恵を追認するものとなる。別に伝統的な専門家が百パーセントまちがっているとか、まったくの当てずっぽうと同程度だというほど世の中歪んでいるわけではない。それでも定量計算のおかげで意志決定者はちがった決断をくだすようになっていて、それもおおむね改善された決断になっているのだ。

統計分析はあらゆる分野で、まったくちがった種類の情報の間に隠れた相関があることを見いだしている。政治家が、献金してくれそうな人を見つけたくて、どんな頼み方がいいか知りたいとしよう。当てずっぽうだの、経験則だの、要領を得ない伝統専門家をあてにするだのする必要はない。どんな説得が最も効きそうかを知るための、各種属性を定量的に試す手法がますます進歩してきている。データベースを探れば、伝統的な専門家が考えたこともないような根本的因果関係が見つかったりする。

データベースに基づく意志決定は、いたるところで台頭している。

●レンタカー会社や保険会社は、クレジットカードの返済実績の低い人々にサービスを拒否している。データマイニングによれば、返済実績の低い人は事故も起こしやすいからだ。

●最近ではフライトがキャンセルされると、航空会社は別便の空席を提供するときに常連客をとばして、データマイニングで他社に乗り換えそうだと判断された顧客に提供する。先着順にしたがうかわりに、企業はまさに何十もの消費者固有要因に基づいた行動をとる。

●「落ちこぼれなし」法で学校に厳密なデータ分析に裏付けられた教育手法が義務づけられたために、教師たちは授業時間の四五パーセントを標準テスト合格に向けた訓練に費やすようになった。絶対計算のために一部の教師は、講義の一語一語が事前に脚本のように決められた授業をするようにさえなっている。

直感主義者たち、用心召されよ！ 本書は目もくらむほど多様な「絶対計算」物語を詳述し、それを実現させている人々を紹介する。絶対計算は、野球だけの話でもないし、スポーツだけの話でもない。人生のその他すべてについての話でもある。多くの場合、この絶対計算革命は消費者にとってもありがたいものだ。売り手や政府が、だれに何が必要かをもっと上手に予測できるようにしてくれるからだ。でも時には、消費者たちは統計的に仕込まれたトランプを相手に勝負させられることになる。絶対計算は弱者をきわめて弱い立場に置きかねない。売り手はこの客からいくら搾り取れるかを正確に見積もれるようになるからだ。

スティーヴン・D・レヴィットとスティーヴン・J・ダブナーは『ヤバい経済学』で、データベースの統計分析が因果関係の秘密のレバーを明らかにできた事例を何十も示した。レヴィットとジョン・ドナヒュー（どちらも私の共著者にして友人なので、後でもっと登場する）は一九七〇年代の中絶率と一九九〇年代の犯罪率といった一見すると無関係な現象の間に、重要な相関があることを示した。でも『ヤバい経済学』は、定量分析が実世界の意志決定にどれほど影響しているかについてはあまり説明していない。一方、本書はまさにそれだけを扱う――データ分析の影響がいかにすごいかを語る。企業内外の意志決定者たちは、あなたの想像もしなかったような形で統計分析を使い、各種の選択がそれに左右されている。

世界中のあらゆる産業は、現代コンピュータのデータベース能力を中心に再編されつつある。一九五〇年代や六〇年代の期待（そして恐れ）は――たとえばヴァンス・パッカード『かくれた説得者』のような本に見られた通り――高度な社会工学が大政府や大企業に利用されて世界支配に使われる、というものだった。それが急に新世代のために甦ったようだ。でもかつては大政府が命令と管理であらゆる問題を解決すると思っていたものが、いまでは巨大データネットワークの形で似たようなものが現れつつある。

0.3 なぜそれを私が説くのか

かく言う私も絶対計算家だ。イェール大の法学教授とはいえ、博士課程でMIT（マサチューセッツ工科大学）にいた頃には計量経済学を学んでいたのだ。そして保釈金から腎臓移植から、拳銃不法所持から奔放な性交渉にいたるあらゆるものについてデータ分析を行った。象牙の塔の学者センセイなんて、現実世界の意志決定とはまるっきり関係ないと思うかもしれない（そしてはい、この私も列車の中で論文書きに夢中になって、目的地ニューヘーブンから一〇〇キロも先のポーキプシーまで乗り過ごしてしまうような上の空教授だ）。それでも、インテリ学者のデータマイニングですら、この世界に影響を持つことがあるのだ。

数年前にスティーヴン・レヴィットと私は共同で、とても実用的なことを調べようとした――ロージャックが盗難車に与える影響だ。ロージャックというのは小さな無線機で、車のどこかに隠しておける。車が盗難にあったら、警察はリモコンでその送信機のスイッチを入れて、専用受信機を持ったパトカーが盗難車の位置を突き止める。ロージャックは、盗難車回復装置として実に有効だ。ロージャック社もこれを知っていて、回復率が九五パーセントと誇らしげに宣伝している。でもスティーヴンと私は、ロージャックが車両盗難そのものを減らしているかどうか知りたかった。多くの車両盗難防止装置は、単に犯罪の標的を変えるだけだ。たとえば車のハンドル留め装置を取り付けても犯罪は減らない。車泥棒はその車をとばして、ハンドル留めのない別の車を盗むだろう。でもロージャックのいいところは、それが外から見えないということだ。ロージャックの営業範囲の都市では、泥棒はどの車がロージャック搭載かわからない。これぞまさにレヴィット好みのひねりだ。

『ヤバい経済学』の書評家たちは、スティーヴンが独自の視点を持っていると書いたが、それはまさにその通り。数年前、チケットが余ったので、マイケル・ジョーダンがシカゴ・ブルズに加わった試合を見に来ないかとスティーヴンを誘ったことがある。スティーヴンは、自分がこの試合に入れこめればもっと楽しめると考えたが、（私とは正反対で）かれはブルズが勝とうが負けようがどうでもよかった。だから試合直前にオンラインで、シカゴが勝つほうに大金を賭けた。これでまさに試合に投資して入れこんだので、オンライン賭博はかれのインセンティブ（誘因）を変えてしまった。

風変わりとはいえ、ロージャックもインセンティブを変える装置だ。ロージャック以前には、多くの車泥棒たちはほとんど発見不可能だった。ロージャックはそれを一変させた。ロージャックのおかげで、警察は盗難車を取り戻すだけでなく、車泥棒もいっしょに逮捕できた。ロサンゼルスだけでもロージャックは一〇〇軒以上の盗難車改造ショップを摘発するのに貢献した。ロージャック営業地で車を一〇〇台盗めば、ほぼ確実にロージャック車が入っている。ロージャックは車泥棒をびびらせて、車両盗難そのものをやめさせるだろうか？　もしそうなら、ロージャックは経済学者が「正の外部性」と呼ぶものを作り出していることになる。自分の車にハンドル留め装置を取り付けたら、たぶん隣の車が盗まれる確率を高めるだろう。でもある程度の人がロージャックを装着するようになったら、プロの車泥棒が活動をまったくやめてくれるくらいの脅しになるんじゃないか、というのがスティーヴンと私の考えだった。

最大の問題は、ロージャックに売上データを提供してくれるよう説得するところだった。何度も電話をかけて、スティーヴンと私が正しければロージャックの売上にも貢献しますよ、と説得に努めたものだ。もしロージャックのおかげで他の車両盗難も減っていることがわかれば、ロージャックは保険会社に対して、ロージャック利用者の保険料をもっと引き下げるよう説得できるじゃないですか、と。やっとのことで重役補佐の一人が大量の有益なデータを送ってくれた。でも正直いって、ロージャックは当初、この研究にまるっきり関心がなかったのだった。

でも論文の草稿を見せたら態度は一変した。一四年にわたる五六都市での自動車泥棒を調べた結果、ロージャックは非利用者に対しても巨大なメリットをもたらしていることがわかったのだ。車両盗難の多い地域では、ロージャックに五〇〇ドル投資すると、ロージャックを使わない人々に対する車両盗難も五〇〇〇ドル分減るのだった。ロージャックの売上を年別と都市別で区分しておいたので、ロージャックを装備した車の比率についてはかなり正確に推定できた（たとえばボストンでは、マサチューセッツ州がロージャック装備で保険料の大幅引き下げを義務づけたので、一〇パーセント以上の車がロージャック装備となっていた）。ロージャック利用者の数が増えると、都市全体の車両盗難数がどうなるかを調べてみた。ロージャックは都市ごとに導入年もちがったから、各年の全体的な犯罪率の変動と、ロージャックの影響とを区別して推計できた。するとどの都市でも、ロージャックつきの車の比率が増えるにつれて、車両盗難率も大幅に下がった。保険会社がロージャック装備車に与える割引は不十分きわまりないものだった。かれらはロージャックが、周辺の非使用車に対する保険金支払いを大幅に引き下げていることを考慮していなかったからだ。

スティーヴンも私も、ロージャック社の株は買わなかった（自分たちのインセンティブを変えたくなかったからだ）。でもこれが重要情報なのはわかっていた。この草稿が公開されると、ロージャック株は二・四パーセント跳ね上がった。この研究のおかげで他の都市もロージャックを採用したし、保険料の割引も少しは増えた（が、実際の効果に比べればまだまだ少なすぎる！）。

要するにここで言いたいことは、私は定量解析に大いなる情熱を抱いているということだ。

私自身、データマイニングカフェの調理人だった経験を持つ。アッシェンフェルターと同じく、『法、経済学、組織ジャーナル』という真剣な専門誌の編集人である私は、統計論文の質を常に評価し続けている。データベースによる意志決定の台頭を論じるのには実に好都合な立場にいる人物なのだ。そうした分析の実施者でもあるし、またそれを観察する立場にもいたからだ。死体がどこにあるか、私は知っているのだ。

0.4 本書の攻め方

最初の五章では、社会の方々で絶対計算が台頭していることを示そう。まず三章かけて、根本的な統計技法二つ——回帰分析と無作為抽出テスト——を紹介し、定量予測技法が企業と政府を一変させている様子を示す。第4章では、「根拠に基づく」医療をめぐる論争を検討する。そして第5章では、データベースによる意志決定が、経験と直感に基づく意志決定に比べてどうなのかを評価して何百もの試験を見てやろう。

本書第二部では一歩下がって、このトレンドの重要性について考える。なぜそれが今起きているのか、それを喜ぶべきかどうかについて検討しよう。第7章は、だれがこのトレンドで損をしているか考える——地位の面でも決定の面でも。そして最後に第8章では、将来に目を向ける。絶対計算が台頭するからといって、直感がお役ご免だとか、実務経験が役に立たなくなるということではない。むしろ、最高の意志決定者たちが統計とアイデアの両刀遣いとなる新時代を迎えることになるだろう。

結局のところ本書は、直感や経験技能を意志決定の規範として捨て去ろうと主張するものではない。直感や経験が発展してデータベースによる意志決定と相互に作用することを示すのだ。実は新種の革新的な絶対計算者たちが生まれつつある――スティーヴン・レヴィットのような人物だ。かれらは直感と定量分析とを行き来することで、単なる直感主義者や単なる数字屋がこれまでやったよりずっと先を見通せるのだ。

序章　絶対計算者たちの台頭　まとめ

【ポイント】
・専門家：経験と直感に基づく意見。
・絶対計算：大量データの解析に基づく分析。一見、まったく関係のなさそうなふたつの要素の相関関係を計算することで意外な事実がみえてくる。
↓各種の分野で、次々に絶対計算が勝利をおさめている。

【例】ワインの品質（市場価格）
・専門家の品質予測はほとんどあてにならない。
・アッシェンフェルターによるワイン品質方程式（生産地の気候条件による分析）はきわめて優秀。
当初、専門家たちは大反発。「方程式で繊細なワインの味がわかるわけがない」と酷評、嘲笑。
しかし方程式は、専門家と正反対の予測を出して当てたり、まだワインができないうちにその品質を予測したりして実績を積む。
↓結果として、いまや専門家の予想も生産地の気候条件を大幅に勘案したものになってしまっている。

著者もまた、経済学や法学など各種の分野で絶対計算を活用したパイオニアの一人。

【例】

・防犯装置は社会全体の盗難車を減らすだろうか、それとも泥棒の標的を変えるだけで社会全体には影響しないだろうか?

・拳銃保持は犯罪を減らすだろうか、等々。

↓この分野を解説するにはうってつけ。その手法、可能性、限界と留意点まですべて知っている。

本書は意外な領域にまでひろがる絶対計算の影響力とその原理、そしてなぜ今この現象が起きているかを説明する。

【次章予告】

次章では、絶対計算のもっとも重要な手法、回帰分析とその様々な利用例を概観する。

第1章

あなたに代わって考えてくれるのは？

コンピュータがあなたのために、すべてにおいて相性ぴったりな結婚相手を見つけ出してくれるとしたら？

1.0 お気に召すまま

「おすすめ」は、ずいぶんとありがたいものだ。どの映画をレンタルしようか？　伝統的なやりかたは友だちにきくか、映画評でほめられているかを見るというものだった。でも最近では、人々は大衆行動から引き出されたインターネットのガイドに頼るようになった。こうした「嗜好エンジン」の一部は、ただのベストセラー一覧だ。『ニューヨーク・タイムズ』は、「メール送信の多かった記事」の上位一覧を挙げている。iTunes は、ダウンロード数上位の一覧を出している。Del.icio.us はいちばん人気の高いインターネットのブックマークを挙げる。こういう単純なフィルタは、ネットサーファーたちが人気最高のアイテムを見つけるのに便利だ。一部のおすすめソフトはもう一歩先に進んで、あなたと似た人がどんなアイテムをおもしろがっているか教えてくれる。Amazon.com を見ると、『ダ・ヴィンチ・コード』を買った人は『レンヌ=ル=シャトーの謎―イエスの血脈と聖杯伝説』も買っていると教えてくれる。Netflix は、あなたの過去の推薦に基づいて、おすすめ映画を教えてくれる。これは真の「協調フィルタリング」だ。あなたの映画評価のおかげで Netflix は他の人によい映画を薦められるし、その他の人たちの評価のおかげで、あなたにもよい映画を薦められる。こういうサービスにインターネットはうってつけだ。インターネット小売店にとって、顧客行動を追跡して自動的にそれを集計、分析、表示するのは実に安上がりだからだ。

もちろんこうしたアルゴリズムは完璧じゃない。赤ん坊用に一度だけプレゼントを買った独身者は、その後もベビー用品をしつこく薦められるかもしれない。ウォルマートは、『マーチン・ルーサー・キング牧師伝―わたしには夢がある』を検索した人々が『猿の惑星』DVDセットを併せて薦められたために、謝罪しなくてはならなかった。Amazon.com も「中絶」で検索した人が「もしかして養子縁組？」と尋ねられたため、一部の人の機嫌を損ねた。[*1] 養子縁組が出てきたのは、単に過去に中絶を調べた人が同時に養子縁組も検索したからでしかない。

それでもネットでは、協調フィルタリングは消費者にとっても小売業者にとっても大きな力

＊1　訳注…中絶反対運動ではしばしば中絶の代案として養子縁組をすすめており、中絶を女性の重要な権利とするフェミニズムの一部と激しく対立している。このため中絶を調べているときに養子縁組をすすめられると、一部の人は過敏に反応する。

となってきた。Netflix ではレンタルされた映画の三分の二近くはサイトのおすすめによる。そしておすすめ映画は、Netflix の五つ星ランキング方式で、おすすめ外でレンタルされた映画より星半分高い評価を得ている。

メール送信の多かった記事やベストセラーの一覧は、利用を一部のアイテムに集中させる効果を持つ。でもカスタム化されたおすすめですばらしいのは、それが利用を多様化させるということだ。Netflix は人によってちがう映画を推薦できる。おかげで同社手持ちの五万本の映画のうち、九割以上が月に一度はレンタルされている。協調フィルタリングはクリス・アンダーソンが、嗜好分布の「ロングテール」と呼ぶものをアクセスできるようにする。Netflix のおすすめのおかげで、顧客はこれまで見つけにくかった、珍しい市場ニッチに入り込めるわけだ。

同じことが音楽でも起きている。Pandora.com では、利用者が好きな曲やアーティストを入力すると、一瞬でウェブサイトが同じ傾向の曲を次から次へと流し始める。シンディ・ローパーとスマッシュ・マウスがお好き？　あら不思議、Pandora はローパー／スマッシュ・マウスのラジオ局をあなた専用に作ってくれて、この両アーティストに加えて似た傾向のアーティストをかけてくれる。曲が流れる間に「この曲は好き」「この手のは二度とかけるな」をクリックすれば、ソフトはあなたの好みがもっとわかるようになる。

このサイトは、私と子どもたちのどちらにも見事な結果を出してくれる。好きな曲をかけてくれるだけでなく、聞いたこともないグループの曲で気に入るやつを見つけてきてくれるのだ。たとえばPandora にブルース・スプリングスティーンが好きだと教えておいたら、ブルース・スプリングスティーンや他の有名アーティストの曲をかけてくれたが、何曲かしたらこんどはキートン・サイモンズの『ナウ』がかかって私はノリノリになった（そしてそこにリンクが張ってあるから、その曲やアルバムを iTunes や Amazon で買うのも簡単だ）。これぞまさにロングテールの力だ。私のような生真面目学者が自力でこのミュージシャンを発見することはあり得なかっただろう。同じような嗜好システムのおかげで、Rhapsody.com は在庫曲百万曲の九割以上を毎月一度は演奏している。

MSNBC.com は最近、独自の「おすすめ記事」機能を設けた。クッキーを使ってこれまで読んだ記事一六件を記録し、自動テキスト分析を使って新着記事のどれに興味を持ちそうか予測してくれるのだ。たった一六件の履歴だけで、朝のニュース読みは実に生き生きとしたものとなる。その精度は驚くほどのものだ。が、一方で自分でも恥ずかしくなることもある。私の場合だと、『アメリカン・アイドル』関係の記事は一つ残らずおすすめになってしまうのだ。

ただしシカゴ大学の法学教授キャス・サンスティーンは、ロングテールの活用には社会的なコストがあると懸念している。こうした個人向けフィルタの精度が高まれば高まるほど、市民としてのわれわれは共通体験を奪われるようになってしまう。ＭＩＴ教授にしてメディア技術の導師《グル》たるニコラス・ネグロポンテは、こうした「パーソナルニュース」機能に「日刊自分」──つまり市民ひとりひとりの狭い嗜好にあてはまる情報だけを与えてくれる出版物──の台頭を見てとっている。もちろんニュースの自己フィルタリングはずっと昔からある。チェイニー副大統領は保守系で知られる「フォックスニュース」しか見ない。ラルフ・ネーダーはリベラル左翼系の雑誌『マザー・ジョーンズ』を読む。でもいまのちがいは、技術が作り出している受け手による検閲が昔よりとんでもなく強力になったということだ。excite.com や zatso.net のようなウェブサイトは、利用者が「自分用新聞」と「個人用ニューススキャスト」を作れるようにしている。目標は「何がニュースかあなたが決める」場を作ることだ。グーグルＮｅｗｓはニュースグループをカスタマイズさせてくれる。電子メールのアラートやＲＳＳフィードを使えば「これが自分の欲しいニュース」というのを選べてしまう。お望みなら、考えたくもないような社会問題に関するうっとうしいニュース記事をちらっとさえ目にしなくてもすむようになってきたのだ。

こうした協調フィルタリングはすべて、ジェイムズ・スロウィエッキが「群衆の知恵」と呼んだものの例だ。場合によっては、集合的な予測はその集団の中の個人による最高の予測を上回る精度を発揮する。たとえば、びんに一円玉を詰めて、中にいくら入っているか一番近い予測をした人に一〇〇ドルの賞金を出すと大学生のクラスに言ってみよう。この場合の集団の知恵は、全員の予測値の平均を計算すれば求まる。そしてこの平均値は、個々の予測値のどれよりも実際の値に近いことが多いというのは、何度となく示されている。予測が高すぎる人もいれば低すぎる人もいる――でも集合的には、高すぎと低すぎが打ち消しあう。集団は個人よりもよい予測ができることが多い。

テレビ番組『百万長者になりたい人集まれ！』では、クイズの解答をするときに、会場投票をきくか、知り合いに電話してきくかを選べる。会場投票は、正答率九割（一方、知り合いへの電話で正解となる確率は、三分の二以下だ）。協調フィルタリングは、一種の専用会場投票のようなものだ。あなたと似た人は、あなたの好きな音楽や映画についてかなり正確な推測ができる。嗜好データベースは個人の意志決定を改善する強力な手法なのだ。

1.1 新しい出会い系サイトeHarmony

群衆の知恵を、ただの意識的な嗜好を超える形で活用する予測のニューウェーブが生まれている。eHarmony の台頭は、絶対計算による群衆の知恵の新形態を発見したものだ。従来の出会い系サイトは、意識的ではっきり言語化された嗜好に基づいて人々を集め、マッチングする。eHarmony はまずあなたがどんな人かを調べ、データ的にそれにもっともマッチする人を紹介する。eHarmony は巨大な情報データベースを見て、カップルになって最も幸せな性格がどんなものかをはじきだすのだ。

eHarmony 創設者で推進力でもあるニール・クラーク・ウォーレンは、一九九〇年代後半に既婚者五〇〇〇人以上を調べた。そして個人の感情特性、ライフスタイル、知覚モード、人間関係能力に関係する二九の変数に基づく人格の親和性について、予測統計モデルの特許をとった。

eHarmony の手法は絶対計算技術の原点――回帰分析を使っている。回帰分析は、生の歴史データを使い、関心ある一つの変数に他の要因となる因子がどのくらい影響しているかを計算する統計手法だ。eHarmony の場合、関心ある変数はそのカップルの相性だ。そして要因となる因子は、そのカップルの二九個の感情、ライフスタイル、知覚属性となる。

回帰分析手法が開発されたのは一〇〇年以上も前で、開発者はフランシス・ガルトン、チャールズ・ダーウィンのいとこだ。ガルトンが初の回帰直線を推計したのははるか昔一八七七年のことだ。オーリー・アッシェンフェルターがワインの品質を予測するのに使った簡単な式を思い出してほしい。あれは回帰分析で得られたものだ。ガルトンの最初の回帰分析も農業関連だった。エンドウマメの豆の大きさを、その親の豆の大きさから予測する式をつくったのだ。大きな豆の子孫は、平均または小さい豆の子孫よりは大きいが、もともとの親豆ほどは大きくない、というのがガルトンの結論だった。

ガルトンは別の回帰式を計算し、人間の息子と父親とでも似たような傾向があることを示した。背の高い父親の息子は平均よりは高いが、その父親ほどではない。回帰式で言うなら、回帰式で息子の身長を求める場合父親の身長につく係数は１より小さいということだ。ガルトンの計算では、父親の身長が平均より一センチ高ければ、息子の身長は三分の二センチほど高くなると予測される。

親のＩＱと子供のＩＱを比べたときにも同じパターンが見つかった。賢い親の子は平均よりは賢かったが、両親ほどではなかった。「回帰」なる用語自体が、この技法そのものとは関係ないところからきている。ガルトンがこの技法を「回帰」と呼んだのは、初めて推計したものがその傾向を示したからというだけのことだ――ガルトンに言わせれば「凡庸さに向けての回帰」、現代のわれわれは「平均値への回帰」と呼ぶものだ。

回帰はデータにもっともよくあてはまる方程式を導き出す。回帰式は歴史的なデータを使って推計されるが、それを使えば未来に起こることも予測できる。ガルトンの最初の回帰式は豆や子供の大きさを、その親の大きさの関数として予測した。オーリー・アッシェンフェルターのワイン方程式は、温度と降雨がワインの品質にどう影響するかを予測した。

eHarmony は嗜好を予測する方程式を作った。Netflix やAmazon 嗜好エンジンとはちがって、eHarmony の回帰は当の人々が自分自身でも知らなかったり表現できなかったりする性格や人格的な傾向を使い、相性のいい人を引き合わせようとする。eHarmony は、自分では気に入るはずがないと思っていたような相手と引き合わせてくれるかもしれない。これは個々のメンバーの意識的な選択を超えて、無意識の隠されたレベルで機能する群衆の知恵だ。

データ主導のお見合いサイトは eHarmony だけではない。Perfectmatch はマイヤース・ブリッグス性格診断テストの改変版に基づいて利用者をマッチさせようとする。一九四〇年代に、イザベル・ブリッグス・マイヤースとその母キャサリン・ブリッグスは、精神分析家カール・ユングの人格タイプ論に基づいてテストを開発した。マイヤース・ブリッグス性格診断テストは人々を一六の基本タイプに分類する。Perfectmatch はこのM‐B分類を使って、歴史的に見て永続的な関係を築ける確率の高い人格同士をマッチングする。負けてはならじとTrue.com も顧客からの情報を集めて九九の人間関係要因を抽出し、結果を回帰式に入れて会員二人の相性指数を計算してくれる。つまり True.com は、あなたがいろいろな人とうまくやっていける確率を教えてくれるのだ。

この三つのサービスは数字をはじいて相性予測をたてるが、結果は全然ちがっている。eHarmony は、似た者同士をマッチングさせる。「われわれの研究が何度も示したことですが、知的にも、野心的にも、エネルギー的にも、スピリチュアル性でも、好奇心でも、よく似た者同士を見つけるのが重要なんです。いわば類似性モデルですね」とウォーレンは言う。

一方の Perfectmatch と True.com は、正反対の人格を探す。「内心だけでなく経験的にも、時には自分とまったくちがった相手に惹かれるし、またうまくやっていけるじゃないですか」とPerfectmatchの経験論者ペッパー・シュワルツは述べる。「マイヤース・ブリッグスでいいところは、特徴を抽出するだけでなく、それらの相性を教えてくれることなんです」

こういう結果面での対立は、データ主導の意志決定では本来ないはずのものだ。似た者同士がいいのか正反対がいいのかは、データが決めてくれるはずだ。でもだれが正しいか調べるのはむずかしい。業界では分析結果も、もととなるデータも、厳重に秘密にしているからだ。私のやったいろいろな調査のデータ（タクシーのチップ、少数民族優先採用政策、隠匿拳銃など）はネットから自由にダウンロードできるが、インターネットの出会い系サイトのマッチング則は部外秘だ。

「ヤフー！パーソナル」を開発したマーク・トンプソンは、この市場に社会科学の基準を適用するのは無理だと述べる。「ピアレビュー方式はここでは使えませんよ。ヤフー！ではこのシステム開発に二ヶ月、ぶっとおしで働いたんです。五万人について調査しました」

一方出会い系サイトのほうは、自分たちの主張を実証しようと競争しはじめている。True.comは、外部監査人が手法にお墨付きをくれた出会い系は自分たちだけだと強調している。True.comの元主任心理学者ジェイムズ・ホウランは、特にeHarmonyのデータ的な主張には批判的だった。

「連中の試験の基盤となるような調査を本当にやったかどうかも、何一つ証拠がないんですよ。何か科学的なことをやっていると主張したいなら（中略）学会にちゃんと報せてほしいもんです」

そう言われたeHarmonyは、自分のお見合いシステムが優秀だという証拠を多少は出しはじめている。調査会社を雇って、eHarmonyが一日九〇組の夫婦を作り出しているという結果を出した。年間にして三万組だ。これはないよりましだが、でも大した成功とはいえない。会員五〇〇万人の同サイトでは、五〇ドルの会費を支払っても式場に行ける確率は一パーセント以下ということだからだ。競合他社は、この結婚件数を一笑に付す。ヤフー！のトンプソンに言わせれば、こんな確率なら「スーパーでうろついていたほうが確率が高い」とのこと。

eHarmony はまた、自分たちのサービスで結婚したカップルが本当に相性が高いという証拠があると主張する。去年、同社の研究者たちはアメリカ心理学協会に対し、eHarmony 経由で相手を見つけた夫婦は他の手段で出会った夫婦よりずっと幸福度が高いという調査結果を発表した。この調査には深刻な弱点があるが、私がとても驚いたのは大規模出会い系サイトが単にアルゴリズム開発に絶対計算しているだけでなく、そのアルゴリズムが正しいと証明するのに絶対計算を使っているということだった。

だがこうしたサービスのマッチングアルゴリズムは、完全にデータ主導ではない。どのサービスも部分的には、顧客の意識的な嗜好に依存する（そうした嗜好が相性にきちんと影響するかどうかは関係なしに）。eHarmony は、紹介相手の人種を指定できるようにしている。これは顧客の希望に忠実なだけだが、これは契約での人種差別を禁じた南北戦争以来の法律に違反する可能性がある。

考えてもごらん。eHarmony は収益企業で、黒人顧客からも五〇ドルとるのに、白人顧客と同じ扱い（同じ相手に紹介すること）はしないわけだ。顧客が「白人専用」と希望した席にヒスパニックを案内しないようなレストランがあったら、かなり問題視されるはずだ。

eHarmony は同性カップルを認めないことでさらにもめている。創業者の奥さんで取締役副社長マリリン・ウォーレンは、「eHarmony は万人のためのもので、一切の差別はしません」と述べているが、これは明らかにウソだ。同社の四三六にのぼる質問の回答の結果としてコンピュータのアルゴリズムが最高の相性を出したとしても、同社は男同士を紹介することはしない。なんとも皮肉なことではある。eHarmony は競合他社とちがって、似た者同士が最高の相性だと述べている。でも性別となると、反対がいいのだと主張する。出会い系サイト上位一〇社のうち、同性カップルを認めないのは eHarmony だけだ。

なぜ eHarmony はこんなに逸脱しているんだろうか。ゲイやレズのカップルをマッチングしないのは、人々が永続的で満足のいく結婚相手を見つけるお手伝いをするという公称の目的に反するようだ。同性結婚が合法なマサチューセッツ州でもそうしたサービスをしないのだ。ウォーレンは「熱心なキリスト教徒」を自認していて、何年にもわたってジェイムズ・ドブソンのキリスト教原理主義的な「家族重視」運動に深く関わってきた。eHarmony は統計アルゴリズムがなんと言おうと、特定の合法結婚だけしか手助けするつもりはないのだ。それどころか、アルゴリズムが公開されていない以上、ある種の顧客に有利になるように、得点方式に何やら道徳に基づく歪曲を加えている可能性もある。

だがこうした新しい出会い系サービスの背後にある大きな発想——すべてに共通する洞察——は、データに基づく意志決定は大衆の意識化された嗜好に限られるものではない、ということだ。意志決定の結果を観察して、データ内部から成功につながる要因を絞り出すこともできるのだ。本章では、単純な回帰分析が予測を改善することで意志決定も変えているという話をしている。集計データをふるいにかければ、少し見れば——いや専門家が見ても——隠されている因果関係のレバーが明らかになる。そして専門家たちが、何らかの結果に対してある要因が重要な決定要因だと考えている場合でも、回帰分析を使えばそれにきっちり値段をつけられるのだ。

ガース・サンデムは著書『おたくの論理』で、回帰分析を使って有名人の結婚がどれだけ長続きするかを予測する式をおもしろ半分に作った（結果としては、グーグルのヒット数が多いほど結婚は長続きしない――特に最上位のグーグル検索結果にセクシー写真が出てくるときには！）。eHarmony、Perfectmatch、True.com はどれも似たようなことをしているが、利益を出そうとしてやっている。こうしたサービスは新しい絶対計算競争を展開している。それも現在進行形のゲームで、これまでとはまったくちがうものだ。

1.2　懐の痛みを調べるカジノ

同じ統計的な相性診断が、映画チェーンのロウズや大家電量販店サーキット・シティでも使われている。かれらは絶対計算を使って求人応募者を振り分けるのだ。雇う側としては、献身的に仕事をしてくれる応募者が欲しい。伝統的な入社試験では、応募者のＩＱを推定しようとしていたが、最近の試験は eHarmony の質問票と似ていて、応募者の人格傾向のうち三つの点を評価するようになっている。正直さ、親しみやすさ、外向性だ。データマイニングでは、こうした人格傾向のほうが伝統的な技能試験よりも、労働者の生産性（特に仕事で長続きするか）をうまく予測してくれることが示されている。バーバラ・エーレンライヒはミネアポリスのウォルマートで入社試験を受けて、「どんな会社にも一匹狼の居場所はある」という命題に

「はい」と答えたのがまちがった答えだったと知らされて唖然としたという。でも、回帰分析によれば、ウォルマートが一匹狼向きだと思う人はこの職場にはなじめず、やめる傾向が高いのだ。ウォルマートなどの雇用主が、単純作業を改めてもっと生き生きとした職場を作るべきだと議論することもできるだろう。でも単純作業は違法ではないし、そうした仕事に最も向いた従業員を捜す、統計的に裏付けられた試験が問題だとは私には思えない。

一見するとわからない予測因子をデータマイニングで探す手法は、よい職員を雇うためにだけ行われるものではない。企業がコストを抑えるのにも使われる。特に顕著なのは、不良在庫のコストを抑える手法だ。需要を予測できる企業は、在庫がなくなるのを予測できる。そして、在庫が切れそうにないのがどれかを知るのも企業には重要なことだ。大量の在庫を無駄に抱えるよりも、絶対計算を使ってジャストインタイムの調達をしたほうがいい。ウォルマートやターゲットなどの量販店は、なるべく手元に余剰在庫を置かないようにしている。データマイニング会社テラデータの本部長スコット・グナウは『テラ・データマガジン』にこう語った。

「棚にあるものがかれらの在庫のすべてですよ。私が棚からコーンを六缶買って、残り三缶になったら、だれかがそれをすぐに知って、次にやってくる補充トラックにコーンを積むようにします。すでにもう、客が商品を駐車場でトランクに入れている頃には、流通センターでその商品の補充がトラックに積まれているくらいのところまできていますよ」

こうした予測戦略は、需要見込みに関するきわめて詳細なデータに基づいている。二〇〇四年にハリケーン、アイヴァンがフロリダを襲う直前に、ウォルマートはすでにハリケーンの進路の店にイチゴポップタルトを大量にストックさせていた。ハリケーンにやられた他地域の店舗売り上げを分析したウォルマートは、人々がハリケーンの後ではポップタルトに群がるのを知っていたのだ。これは調理や冷凍が不要で、食器なしで食べられる甘い食べ物だからだ。企業はいまや、競合他社をデータマイニングで負かそうとして、収益性の隠された決定要因を明らかにして利用してやろうと苦闘しているのだ。

絶対計算の一部は企業内《インハウス》で行われているが、本当に巨大なデータ集合は外のデータウェアハウスに送られて、テラデータのような専門企業が分析している。この会社はまさに何テラバイトものデータを扱っている。世界的な小売業者上位の六五パーセント（ウォルマートやJCペニーなど）はテラデータを使っている。また航空会社の七割、銀行の四割も同社の顧客だ。

テラバイトものデータを処理することで、どの顧客がライバル社に奪われそうかが予測できる。

コンチネンタル航空は収益性の高い顧客について、他社への乗り換えにつながりかねないあらゆるマイナス体験をすべて記録しておく。いい目にあわなかった顧客が次に利用したときには、データマイニングソフトが自動的に割り込んで、クルーに合図を出す。コンチネンタル航空のカスタマーリレーションの部長を一時務めたケリー・クックはこう説明する。

「最近、客室乗務員がダラス＝ヒューストン間をご利用になったお客様に『お飲み物は何にいたしましょうか？　ああそれと、昨日のシカゴからの便でお預け荷物を紛失してしまいまして、本当に申し訳ありませんでした』と言ったんです。そのお客様はひっくり返って驚いていましたよ」

宅配便のＵＰＳは、もっと高度なアルゴリズムを使って顧客が別の会社に乗り換えそうな時期を予測する。ワインや出会い系で使われたのと同じ回帰式が、顧客忠実度の限界を予測してくれて、顧客が別会社に乗り換えようかと思う間もなくＵＰＳは行動を開始する。営業マンがすぐに顧客に電話して関係修復につとめ、潜在的な問題を解決して顧客喪失を大幅に引き下げる。

ハラーズ社のカジノは、顧客を逃がさずにどこまでお金を搾り取れるかについて、実に高度な予測を使っている。ハラーズ社の「トータルリワード」顧客は、ハラーズチェーンのカジノで遊んだあらゆるゲームについて、磁気カードに情報が記録される。ハラーズはリアルタイムで、一手ごと、スロットごとに、各プレーヤーがどれだけ勝っているか、負けているかを見ている。このギャンブルデータと、その顧客の年齢や、居住地の平均年収といったデータ（すべてデータウェアハウスにある）と組み合わせて分析するのだ。

ハラーズ社はこの情報を使い、それぞれのギャンブラーがいくらまでならお金をすってもそれを楽しめて、またここに戻ってきてくれるか、というのを予測する。同社はこの魔法の損失額数字を「痛みポイント」と呼んでいる。そしてここでも、痛みポイントは顧客属性を回帰式に入れることで計算されている。スロットマシンが好きなシェリーは、三四歳の白人女性で上中流の居住地からきている。するとシステムは、彼女の一晩あたりの痛みポイントは九〇〇ドルだとはじき出す。そしてシェリーがスロットマシンで九〇〇ドル近くすってしまったら、「幸運の大使」がやってきて、彼女をスロットマシンから引き離す。

テラデータのグナウの表現だとこんな感じだとか。

「カジノにきて、カードを入れて、スロットマシンで遊んでるとしますよね。で、痛みポイントに近づいてきたら、そいつらが出てきてこう言うんですよ。『今日はどうもツキがないようですね。店のおごりで、奥様と食事においでになってはいかがでしょうか。当店のステーキハウスがお好きなのは存じておりますし』こうなると、その人の気分は悪いほうから俄然よくなってカジノの印象も変わるでしょう」

人によっては、この種の手口は顧客から何度でもできるだけお金をむしり取ろうという研究でしかない。でも人によっては、これは顧客の満足度とロイヤルティを改善する研究なのだ、適切な顧客に適切な報酬を与えようとしているのだと言うだろう。実際には、どっちの面もある。私としては、中毒性もあり身の破滅につながりかねない体験を、ハラーズ社がさらに心地よくしようとしていることには困惑を覚える。でもハラーズの痛みポイント予測のおかげで、顧客の幸せ度はおおむね上がる。

ハラーズの、ニンジンを与える相手を選ぶ戦略は、他の小売り市場でも採用されつつある。たとえばテラデータ社は、ある航空会社が毎年お客がどれだけ飛行機に乗ったかだけを見て各種サービスを提供する方針をとり、プラチナ会員が最大のサービスを得ているというのを発見した。でもその航空会社は、その顧客がどれだけ利益をもたらしてくれるか考えていなかった。航空券が格安か、カスタマーサービスに電話をして余計なコストをかけたかどうか、そして最も重要な点として、運賃の高い路線に乗ってくれたかどうかを分析していなかったのだ。テラデータ社がこうした収益性に関わる属性を考慮して数字をはじいてみると、実はプラチナ会員のほとんどは利益をもたらしていないことがわかった。テラデータのスコット・グナウのまとめを借りれば「つまりこの会社は、自分に損をさせている人々に奨励サービスしていたというわけです」。

テラマイニングの発達はつまり、無料サービスの時代は終わったということだ。収益性の高い顧客に儲けの低い顧客を補塡させることはもうしなくてすむ。企業は儲けをもたらしてくれる人にサービスを集中できるようになる。だが買い手もご注意を！　このすばらしき新世界では、ハラーズやコンチネンタル航空のような企業が熱心にサービスしてくれるようになったら要注意だ。たぶんそれは、あなたが高値をつかまされているということなのだから。航空会社は、マイレージが多いだけの顧客に対してではなく、もっとも利益をもたらしてくれる乗客にアップグレードなどの有利な扱いをするようになっている。そうすれば航空会社は「人々にもっと儲けさせてくれるよううながせる」。たとえば、オンラインで航空券を買うよりもコールセンターで買うほうが値段が高くなるようにするのだ、とグナウは語る。

この超カスタマイズされた顧客セグメンテーションを使えば、企業は明らかに社会にとって有益な、新しいカスタマイズサービスを提供できる。プログレッシブ保険社は、データマイニングの新しい能力を活用して、きわめてせまい顧客集団に切り分けている。たとえば年齢三〇歳以上、大卒以上、クレジットカードの支払い履歴がある水準以上、事故なしのバイカー、という具合。それぞれの集団について、同社は、回帰分析を行って、その集団の損失と最も相関の高い要因を抽出する。このように要因の数を大幅に拡大して絶対計算することで、同社はこれまで保険を断られていたような顧客層についても、きちんと保険料をはじき出せる。

絶対計算はまた、顧客を絞り上げる新しい科学を創り出した。データマイニングを使えば、企業は人々の個別痛みポイントを予測し、それにあわせた個別価格を課せられるようになる。あなたの見送り価格が私のより高ければ、テラマイニングは企業に対し、その差額分を何らかの形であなたからむしり取れるようにしてくれる。絶対計算の世界では、消費者も安閑としていられない。他の顧客が価格を気にしてくれるから自分の価格も低くなるとはあてにできない。企業は各種の高度な手口を開発して、価格を気にする人々と価格を気にしない人々とで扱いに差をつけているのだ。

1.3 私の何を知っているか言ってごらん

テラマイニングのおかげで、企業が顧客より圧倒的優位に立てることもある。レンタカー会社のハーツは、売上データを何テラバイトも分析しているから、ガソリン代を事前支払いしたときにあなたがどのくらいガソリンを使い残すかについて、当のあなたよりずっとよく知っている。携帯電話会社シンギュラーは、定額プランの範囲をあなたが超える確率や、通話料をどれだけ使い残すかについてあなた自身より詳しい。オンライン家電店ベストバイは、販売店保証延長をしたときにどのくらいの確率で保証要求がくるかもよくわかっている。レンタルビデオ屋のブロックバスターは、あなたが延滞する確率を知っている。

いずれの場合にも、企業はある行動の一般化された確率を知っているだけではない。個々の顧客がどうふるまうかについて、おどろくほど正確な予測ができるのだ。企業のテラマイニング能力のすごさは、聖書の詩篇１３９の冒頭部を思わせる。

あなたはわたしを探り、わたしを知っておられる。
座るのも立つのも知り　遠くからわたしの計らいを悟っておられる。
歩くのも伏すのも見分け　わたしの道にことごとく通じておられる。

人には自由意志があるとはいえ、データマイニングは一種の集合的全能性のまねごとを可能にしてくれる。絶対計算のおかげで、企業はときにあなた自身よりも、あなたについて正確な予測ができるかもしれない。

だがそうやって出し抜かれる可能性に対する反応としては、統計分析を禁止するよりも、単に顧客にそうした分析が行われていることを報せるほうがいいかもしれない。こうした予測モデルの台頭は、新種の情報開示義務の可能性を示唆している。通常は、政府は企業にその製品やサービスについて説明する義務しか要求しない（「メイド・イン・ジャパン」等々）。いままでは企業は、当の消費者自身よりもその人のことを良く知っていることさえある。ならば企業に、消費者に自分自身について教えるよう義務づけるといいかもしれない。ガソリンの事前支払いをするときに、あなたのような人は車を返すときにタンク三分の一くらいガソリンを使い残しますよ、とレンタカー会社が教えてくれるといいかもしれない——だから事前支払いガソリンは実は一ガロンあたり四ドルにもなってしまいますよ、と。携帯電話会社は、統計モデルからみて加入プランが不適切なときには教えるよう義務づけられるかもしれない。

政府も手持ちの巨大データ集合を絶対計算して、それぞれの市民が自分自身についてわかるようにすればいい。絶対計算は本当に政府を一変させるだろう。税務署はいまは忌み嫌われるのが普通だ。でも税務署には大量の情報があって、それを分析して報せれば、人々の役にたつかもしれない。

人々が有益な情報を税務署に教えてもらう世界を想像してみよう。税務署は中小企業に、広告費を使いすぎてますよ、と教えたりできる。個人に対してこの所得階層の人間はもっと慈善に寄付をしているとか、老後年金にもっと積み立ててますよ、と教えたりできる。たぶん税務署は、中小企業の倒産確率（下手をすると離婚確率）さえかなり正確に計算できるだろう。実はクレジットカードのVISAは、カードでの購入履歴を元に離婚確率を予測しているのだ、と聞いたこともある（離婚するとカードの支払い遅延確率も変わるのだ）。もちろんこうなると話はオーウェル的になる。税務署から、あなたはもうじき離婚しそうですよ、なんて言われたくない人もいるだろう（少し先の章では、こうした絶対計算が本当によいことかどうかを検討する。個人的な事柄を正確に予測できるにしても、それを実際に予測していいかどうかは別問題だ）。だが、政府が市民人生の各種側面について予測できるのは重要なことだ。いまは単に税金をむしり取るところと思われている税務署は、情報提供者に変貌できるかもしれない。そうなれば名前も、現在の Internal Revenue Service（国内歳入庁）から Information and Revenue Service（情報歳入庁）に変わるだろう。

1.4 顧客の反撃

政府の支援がなくても、起業家たちは絶対計算を消費者保護ツールとして使うような新サービスを提供しつつある。消費者を助けてくれるこうした企業は、データ計算を使って売り手側による価格搾取の行きすぎに対抗してくれる。こうした動きの格好の標的は航空会社だ。航空会社はますます得体の知れない価格操作を行うようになっており、自分たちの「収益性」向上のためにあらゆる隙間を利用しようとするからだ。

消費者側に打つ手はあるのか？

そこへ登場したのが、ワシントン大学の計算機科学教授オーレン・エツィオーニだ。二〇〇二年の運命の日、エツィオーニは飛行機で隣に座った人が、自分よりずっと安く航空券を買ったことを知った。しかもその手法は単に、航空券の購入をぎりぎりまで待ったというだけのことだった。そこでかれは生徒に命じて、旅行日に近づくにつれて航空券価格が上がるか下がるか予想させた。ごくわずかなデータを元に、その学生は早めに買うべきか待つべきかについて、かなり正確に予想できるようになった。

エツィオーニはこの発想を大きく拡大した。かれの行動はまさに、消費者主導の絶対計算が、売り手側のデータ処理に基づく価格操作に対抗できるかを見事に示すものだ。かれはFarecast.com を作った。ここは現在最も低い航空券価格を検索できるウェブサイトとなっている。だが他の価格比較サイトよりもう一歩進めて、価格が上がりそうか下がりそうかについて、矢印で表示してくれるのだ。上がりそうだとわかったら、消費者としては急いで買ったほうがいいことになる。

Farecast の社長ヒュー・クリーンは語る。

「われわれのやっていることは、天気予報と同じですよ。別に完璧な予言ができるわけでもないし、今後もそんなことはないでしょう。でも本当に消費者のためになる価格比較をやっているんです」

ケンブリッジ市のフォレスター研究所副社長兼主任旅行アナリストのヘンリー・H・ハートフェルトは、Farecast は旅行者のために、情報の土台をそろえてくれるものだと述べる。

「Farecast は証券会社と同じで、いま行動すべきか待つべきかについて示唆を与えてくれるんです」

同社（もともとはハムレットという名で、モットーは「買うべきか買わざるべきか」だった）は強力な絶対計算に基づいて運営されている。五テラバイトのデータベースには、ＩＴＡソフトウェアから購入した五〇〇億件の価格データが入っている。このＩＴＳソフトウェアは、旅行代理店やウェブサイト、コンピュータ予約サービスなどに価格データを販売しているところだ。Farecast は、ほとんどすべての主要航空会社について情報を持っている。ＩＴＡにデータを提供していないジェット・ブルーとサウスウエストについては情報がないが、同じ路線の他の航空会社がどう価格を変えるかを見ることで、この二社についても間接的に価格を推定し、予測することさえできる。

Farecast は予測に一一五の因子を使い、それを毎日更新してすべての路線について予測を見直す。過去の価格変動だけを見るのではなく、航空券の需要や供給を変える各種の要因――たとえば燃料価格や気候やフットボールの優勝チームなど――も見ている。スーパーボールの出場選手がかわるだけでも差が出てくる。そしてそこから価格上昇が予測されると上向き矢印、低下が予測されれば下向き矢印が表示される。「バレエ鑑賞と同じですよ」とハートフェルトは述べる。「そのバレエダンサーの体験してきた長年の練習や苦労や血と汗と涙は見えません。観客席からは、舞台で優雅に踊るのが見えるだけです。Farecast では舞台の優雅なダンスだけを見せます。データ処理の部分は見えませんし、データ処理の部分はだれも気にしません」

Farecast は航空会社のテラデータ処理を逆転させている。航空会社が消費者からお金を搾り取るのに使う、まさに同じデータベースと同じ統計技術を使っているのだ。でも弱き者を助けるためにデータ処理をしているサービスは、Farecast だけではない。

大量データを処理して価格予測をするサービスはいろいろ登場している。Zillow.com はほんの数ヶ月で、ネット上で最もアクセスの多い不動産サイトになっている。Zillow は六七〇〇万件のデータ集合を計算して、売り手と買い手の双方が家に値段をつける手助けをしてくれる。

そして家の実売価格を予測できるなら、PDA（携帯用電子メール装置）の実売価格だって予想できないわけがない。アクセンチュアはまさにそれをやっている。アクセンチュアの情報技術グループ所属研究者ライード・ガーニは、過去二年にわたって五万件にわたる eBay オークションのデータをマイニングして、パームパイロットなどのPDAが最終的にいくらで売れるかを予測しようとしている。保険会社や当の eBay が、最低販売価格を保証してくれるような価格保護保険を提供するよう説得できるのではと期待しているのだ。ガーニ曰く、「eBay にすてきな商品を出したとしましょう。一〇ドル払ってくれれば、それが最低でも一〇〇〇ドルで売れることを保証します。売れなければ、差額はこちらが払いましょうという具合です」。もちろん、買い手もこうした予測には関心を持つだろう。いま入札すべきか、次の商品が出てくるまで待つべきかを教えてくれるビッドキャストソフトが、間もなくお近くのウェブポータルに登場することだろう。

時に絶対計算は、消費者が日々の生活を送る手助けさえしてくれる。インリックス社の「ダスト・ネットワーク」は、商用車五〇万台の速度データを計算して、交通渋滞を予測してくれる。タクシーや配達車両など、今日の大規模商用車両にはGPSが取り付けられていて、現在地だけでなくそのときの速度についてもリアルタイムでデータを送れる。インリックスはこの交通量データに気候や事故、下校時間やコンサート終演時間などを組み合わせて、A地点から

B地点に進む最速の手段について即座に助言してくれる。

一方、ガーニは絶対計算を使って買い物をさらにカスタマイズしようとしている。じきにスーパーマーケットの入り口で会員カードを示すと、これまでの買い物がデータマイニングされて、どの食料が切れそうかを予測してくれるだろう。ガーニは、スーパーが食料購入アドバイザーになる日を予想している。何を買いなさいとか、今日の買い物ではこんなバーゲンがありますよとか教えてくれるのだ。すぐれたデータ計算の予測力は、人々が同じことを繰り返すようなどんな活動にも適用できる。絶対計算は商業取引で片方を有利にするのに使えるが、それが売り手でなくてはならない法はない。データがどんどん無料で提供されるにつれて、Farecast や Zillow のような消費者サービスもそれを処理しようと登場するだろう。

1.5　信頼できる回帰分析

こうしたサービスは、価格動向を示すだけでなく、その推計にどれだけ自信があるかも教えてくれる。だから Farecast で消費者が調べられるのは、航空券代が下がりそうかどうかだけでなく、そうした予想があたる確率が八割だということだ。Farecast は、自分が正確な予測に必要なデータをすべて持っているわけではないことを知っている。持っている時もある。だから、最善の推測を教えてくれるだけでなく、その推測にどのくらい自信があるかを教えてくれる。Farecast はどのくらい自信があるかを教えてくれるだけでなく、ちゃんとそれをお金で裏付けてくれる。一〇ドル払えば「フェアガード」保険がかけられて、そこで提供される航空運賃が一週間は有効であることを保証してくれる。もしそれが変動したら、差額はFarecast が負担するのだ。

この予測の信頼性水準を教える能力は、回帰分析の最も驚異的な側面の一つだ。統計的な回帰分析は、予測を出すだけではない。同時にその予測がどのくらい正確なのかを報告してくれる。いやウソじゃない。回帰分析は、予測値の信頼性も教えてくれるのだ。ときにはまともな予想を出すには過去のデータが足りない場合もある。いやもっとすごい。回帰分析は、その回帰式全体の精度だけでなく、それぞれ個別の因子が与える影響についての予測精度についても、個別に判定してくれるのだ。

つまりウォルマートは、入社テストの回帰分析から三つのことを学べる。まず、ある求職者がどのくらいこの職場で続きそうかがわかる。次に、その予測がどのくらい正確かがわかる。この求職者は三〇ヶ月続くという予想が出るかもしれないが、それとは別に、回帰分析はその求職者が一五ヶ月以下しか続かない可能性も教えてくれるのだ。三〇ヶ月働くという予測がそこそこ正確なら、一五ヶ月以下しか働かない確率はかなり小さくなるだろう。でも最初の予想があてにならないものなら、こちらの確率は大きくなる。多くの人は、回帰分析の予測を本当に信じていいのか知りたがる。予測が不正確なら（たとえばデータが少ないとか不完全だとか）、それを信じるなと真っ先に教えてくれるのは、当の予測式そのものだ。伝統的な専門家が、自分の予測の精度について説明してくれたことがあるだろうか？

そして最後に、回帰分析結果はウォルマートに、回帰式の個別因子の影響がどれくらい正確だったかを教えてくれる。ウォルマートはその回帰式の結果は教えてくれない。だが回帰分析結果はウォルマートに「どの会社にも一匹狼の居場所はある」と考える人が、そう思わない人より勤続期間が二・八ヶ月短いと示すかもしれない。他の条件をそろえた場合、その個別の質問だけの影響は二・八ヶ月分ということだ。

回帰分析結果はもっと先にも行ける。「一匹狼」求職者がもっと長く働く確率も教えてくれるのだ。二・八ヶ月という予測の精度しだいでは、この確率または逸脱確率は、二パーセントかもしれないし四〇パーセントかもしれない。回帰式は、自分自身を確認するプロセスを実行する。雨が増えるとワインがどうなるか教えてくれるが、その影響というのが本当に信用できるかも教えてくれる。

1.6 人生いたるところマイニングあり

顧客記録や航空券価格、在庫などのテラマイニングも、世界の全情報をまとめようというグーグルの目標の前には形無しだ。グーグルは五ペタバイトのデータ記録容量を持つとされる。つまりは驚異の五〇〇〇テラバイト、五〇〇〇兆バイトだ。一見すると、検索エンジンがそんなデータマイニングと関係あるとは思えないかもしれない。グーグルはインターネット上で使われるあらゆることばの索引を作っていて「kumquat」を検索したら、この用語をたくさん使うウェブページを一覧にして送ってくれるだけだ。でもグーグルは各種の絶対計算を使って、検索者が本当に見たい kumquat ページを見つけ出してくれる。

グーグルは個人検索機能を開発し、過去の検索履歴を使って、その人が本当に見たいものを抽出するようにしている。マイクロソフトのビル・ゲイツと、全米カリスマ主婦のマーサ・スチュワートが「ブラックベリー」を検索したら、ゲイツの検索結果では電子メール用小型装置が上位に来て、スチュワートでは植物に関するページが上位にくるだろう。

グーグルはこの個人別データマイニングを、そのあらゆる機能に盛り込もうとしている。同社のウェブアクセラレータは、インターネットのアクセスを劇的に加速する――それもハードやソフトでの新機軸によるのではなく、人が次に読むページを予測することによって。グーグルのウェブアクセラレータは、たえずウェブページをネットから先読みしている。だから記事の最初のページを読むうちに、マシンは二ページ目と三ページ目をダウンロードし終えている。そして明日の朝にブラウザを立ち上げるよりはやく、グーグルは単純なデータマイニングで、あなたの見るサイトや見たいサイトを予測しているのだ（そしてそれはあなたが毎日見るサイトとほぼ同じだろう）。

ヤフー！とマイクロソフトは、必死でこの分析競争に追いつこうとしている。グーグルはもはや「ググる」という動詞にまでなっている。グーグルのおかげでどれだけ人生が改善されたか、私は拝みたい気分だ。でもインターネット利用者は移り気だ。本当に探しているものを一番上手に当てられる検索エンジンこそが、王座を独占することになるだろう。マイクロソフトやヤフー！がグーグルを計算で出し抜く方法を見つけたら、すぐに王座は取って代わられる。絶対計算の勝者こそがウェブアクセスの焦点となれるのだ。

1.7 一蓮托生

グーグルの絶対計算の核心が、ご自慢のページランク技術だ。「kumquat」なる単語を含む無数のウェブページのうち、グーグルはリンクの多いウェブページに高い得点を与える。グーグルから見ると、ページへのリンクはすべてそのウェブページに投じられた一票だ。しかも一票には格差がある。ランクの高いウェブページからの一票は、ランクの低い（だれもリンクしていない）ところからのリンクよりも価値が高い。グーグルは、ページランクの高いウェブページのほうが、利用者の本当に求める情報を載せていることが多いのを発見した。そして利用者が自分のページランクを操作するのはきわめてむずかしい。新しいウェブページをたくさん作ってリンクを張るだけではだめだ。そこそこ高いページランクのページからのリンクだけが影響する。他のサイトからリンクしてもらえるウェブページを作るのは、結構大変だ。

ページランク技術は、ウェブ関係者が「社会ネットワーク分析」と呼ぶものの一種だ。これはよい意味での一蓮托生だ。社会ネットワーク分析は、警察などが本当の悪者をつきとめるための科学捜査ツールとしても使える。

かく言う私も、そういうデータマイニングを自分で使ったことがある。

数年前に携帯電話を盗まれた。そこでネットに行き、その電話の通話記録をダウンロードした。ここでネットワーク分析が登場する。泥棒は、通話停止になる前に一〇〇本以上の電話をかけていた。でもその通話のほとんどは、ごく少数の電話番号相手だった。泥棒はある一つの番号に三〇本以上もかけていたし、その電話から私の電話に何本かかかっていた。そこでその電話にかけてみると、留守電サービスで、ジェシカの携帯にかかったと言う。三番目に多かった番号は、ジェシカの母親の番号だった（母親は娘が盗まれた携帯電話を持つ相手と通話をしていたということを知って、かなり意気消沈した）。

役にたたない番号もあった。泥棒は、近所の天気予報サービスに何度もかけていたのだ。でも五つ目の番号で、電話を取り戻してくれるという人が出た。そしてその通りにしてくれた。数時間後に、マクドナルドの駐車場で電話は戻ってきた。悪者がかけた電話番号を知っているだけで、相手がだれかをつきとめる役にたつ。実はまさにこのやり方で、マイケル・ジョーダン選手の父親殺害犯二人はつかまったのだった。この種のネットワーク分析は、テロリストをあぶりだそうとする我が国の努力でも使われている。「ＵＳＡトゥデイ」紙によれば、国家安全保障機関（ＮＳＡ）は二〇〇一年以来、二兆本の電話通話記録データベースを蓄えてきたとか。これは何千テラバイトというデータになる。「関心人物」がだれに電話をしているか調べることで、ＮＳＡはテロリスト網にだれがいるかをつきとめ、そのテロリスト網の構造自体もつきとめられるかもしれない。

ちょうど私が通話記録のパターンから電話泥棒をつきとめたように、ヴァルディス・クレブスは公開情報のネットワーク分析を使い、同時多発テロのハイジャック犯一九人がすべて、攻撃前にＣＩＡがすでにつきとめていたアルカイダメンバー二人とメールや電話二本以内でつながっていたことを示した。もちろん、事件の後では簡単なことではあるが、悪者の可能性がある人々を知っておくだけで、統計捜査官たちの方向性も変わったかもしれない。六万四〇〇〇テラバイトの価値を持つ重要な問題は、容疑者一人から始めるだけで、社会ネットワークのパターン分析だけから予想される陰謀を信頼できる形で突き止められるか、ということだ。国防総省は、そのデータマイニング業者——既出のテラデータ社も含まれる——がそれに成功したかどうか教えてくれない（無理もない）。でも、絶対計算が国土安全保障に役立ちそうだという点については、科学捜査経済学者としての私の経験から見ればかなり有望だと思えるのだ。

1.8 魔法の数字を探して

数年前、ニューヨーク市学校建設委員会の監査長官だったピーター・ポープが電話で助けを求めてきた。建設委員会は、ニューヨーク市の学校を刷新する一〇ヶ年計画で、一〇億ドルを費やすことになっていた。学校の多くはボロボロで、資金の相当部分は外構工事——屋根や外壁を修理して建物の箱をしっかり保つ作業に費やされていた。ニューヨーク市は建設談合や入札操作の歴史が長く悪質だったので、州は監査長官という役職を設けて、価格つり上げや無駄な支出を抑えようとしていた。

ピーターは最近法学部を出たばかりで、まったくちがった形で公共の利益を守る法律に興味があった。建設の競争入札や設計変更要求が正しく行われているか確かめるのは、死刑囚の弁護をしたり、最高裁で口頭弁論をしたりするほどの華やかさはない。でもピーターは、何千人もの学童が通う学校をまともにしたいと考えていた。かれやその部下たちは、文字通り命がけだった。犯罪組織は、自分たちの手口を荒らされるのは好まない。ピーターがこの捜査にとりかかると、すべての様相は一変してしまった。

私がピーターに呼ばれたのは、自分の建設工事入札で、特殊な詐欺が行われているのを発見したからだ。かれはそれを「魔法の数字」詐欺と呼んでいる。

一九九二年の夏、メリス建設のオーナーであるエリアス・メリスは、税務署査察を受けていた。メリスは税務訴追免除の代償として、盗聴器を身につけて、学校建設委員会と他の建設会社による入札談合について情報提供をすることに同意した。検察官の手下となったメリスは、プロジェクト上級担当者ジョン・ドランスフィールドと入札官マーク・パーカーとの会話を録音した。

入札官は、競争入札の席上で札を開封し、入札価格を一つずつ読み上げる人物だ。最低入札詐欺では、悪者入札者は自分がプロジェクトを請け負える最低の金額を書いて札に封をする。公開の入札箱の開封で、パーカーはその札を最後に開けるようにする。そしてその時点での最低入札価格を知っているパーカーは、実際に書かれている価格ではなく、その時点の最低価格より少し下の金額を読み上げる。結果としてその会社が落札し、次点との差はごくわずかですむ。それからドランスフィールドはホワイトを使って、悪者の札をごまかす――もとの金額を消して、パーカーが読み上げた金額を記入するのだ（実際の最低入札価格が、悪者の提示した最低金額より低ければ、こうした手口は使われず、単に札に書かれた金額が読み上げられる）。この最低入札詐欺のために、悪者業者は受注が増えるし、その受注金額も可能なかぎり高くすることができるわけだ。

ポープの捜査のおかげで、建設会社七社に属する一一人が浮かび上がってきた。こんどニューヨークでマンションを改装したいと思ったら、クライスト・ガゾニス電装社、GTS建設、バテックス建設、アメリカ建設監理社、ウォルフ&ムニエル社、シミンズ・ファロティコグループ、CZK建設は避けたほうが賢明かもしれない。この七社は「魔法の数字」詐欺を使って、少なくとも五三件の工事を落札し、その落札額は総額二三〇〇万ドルにのぼる。

ポープはこれらの悪者を発見したが、統計分析で「魔法の数字」詐欺の他の例をつきとめられるか知りたくて連絡してきたのだった。競争入札の生き字引ピーター・クラムトンと、有能な大学院生アラン・イングラムと組んだ私は、回帰分析を行ってどの入札官がインチキをしているかつきとめようとした。

これはまさに、大海の一滴を探すような作業だ。プロなら、入札すべてを細工したりはしないだろう。われわれにとっての鍵は、一番入札と二番入札との差が異様に小さい競争入札を探すことだ。他の要因――応札者数、予想入札価格、三番目に低い応札価格等々――を取り除くために統計的な回帰分析を使うことで、アラン・イングラムは新入りの入札官二人が担当する入札では一番と二番の入札価格の差が不自然なほど小さいことを示した。

入札官の名前すら知らなかったが(監査長官は番号でかれらを呼んでいた)、監査長官の事務所は新しい方向性を得た。アランはこの作業を博士論文で二章にわたり記述した。この捜査の結果は秘密だが、ピーターには大いに感謝され、今年のはじめに「悪者をもう二人捕まえた支援に感謝する」と言われた。

この最低入札詐欺のお話は、絶対計算が過去を暴けることも示している。絶対計算は、あなたが将来ほしがるものや、将来やることも予測できる。eHarmony とハラーズ、魔法の数字やFarecast はどれも、回帰分析が学術界を抜け出して、いろんなものの予測に使われている様子を示すものだ。回帰式は、だれでも使える——指定の因子を入力してやると、あら不思議、予測が出てくる。もちろんその予測結果もピンキリだ。川は水源より高いところを流れることはできないし、回帰予測もデータがダメなら使えない。データ集合が小さければ、いくら回帰分析をしたところで、あまり正確な予測はできない。でも直観主義者とちがって、回帰分析は自分の限界を知っているし、エド・コッチのニューヨーク市長時代のキャンペーン標語「わたしの出来を教えてください」に答えられるのだ。

第1章　あなたに代わって考えてくれるのは？　まとめ

【ポイント】
・回帰分析を使うと、様々な要因がどんな結果につながるか（そしてそれがどのくらい信頼できるか）を計算できる。
・このためには、回帰分析をかけられるような購買行動や顧客属性などの大量データが必要となる。
・だから何テラ（兆）バイトもの詳細な実績データを多くの企業が収集中。

【例】
大量データの分析によるパターン分析が人々の利便性を高める。
・アマゾンの「この本を買った人は……」紹介。
↓回帰分析により、各人の属性と購買行動の関連を分析している。
・出会い系・お見合いサイトで相性の高い相手を紹介。
↓ただしこれは相関のさせ方に特徴がある。相性がいいのは似た者同士か正反対の相手か？　計算機にかけても答えがひとつとは限らない。また人権分離や同性愛拒否を助長するおそれも。

逃げそうな客を検出することでつなぎとめることも。
・マイレージサービスで他社にいきそうな客を検出。
・カジノで負け越しすぎて二度とこなくなる寸前の客を検出。

→あまり負け越すと客は二度ときてくれない。顧客カードの属性を元に、その人が気持ちよく負けられる金額（「痛みポイント」）を算出。それを越えそうなら、フロア担当者がサービス券をあげたりして機嫌をなおしてもらう。

では消費者はしぼりとられるだけなのか？

消費者の味方になる絶対計算もある！

【例】Farecast.com

現在の航空券は、同じクラスのシートでも人によって支払う価格がまったくちがう。航空券価格は、出発日間際に投げ売りされるかプレミアがつくか？　路線や日時などで相関をとって傾向を調べ、利用者に教えてくれる！

【次章予告】

回帰分析は強力だが、過去の大量の実績データが必要。だがそれがなくても、リアルタイムで必要データをつくり出す方法がある。それが無作為抽出。次章ではこの手法を解説。

第2章

コイン投げで独自データを作ろう

過去のデータがなければ創ればいい。本のタイトルから宣伝文句まで、無作為抽出テストをやってみる

2.0 顧客が解約しようとしたら

一九二五年に現代統計の父ロナルド・フィッシャーは、ある医療的な介入が予想通りの効果を持つかどうか調べるのに無作為抽出テストの使用を正式に提案した。無作為抽出とは、母集団の対象から、人為的な制約をせず偶然によってサンプルを抜きだすことだ。人間を使った初の無作為抽出テスト（結核に対する初期の抗生物質に関するもの）は一九四〇年代末に行われた。そしていまや、食品医薬品局の奨励により、無作為抽出テストは医学治療が有効かどうかを証明する黄金律となった。

本章では、企業がそれに追いつこうとしている様子を描く。賢い企業は、回帰分析で予測精度が上がることを知っている。史上初めて、企業は回帰予測と独自の無作為抽出テストによる予測を組み合わせつつある。企業はコイン投げで独自のデータを作るのだ。無作為抽出テストが、データ主導意志決定で重要なツールになりつつあることを見てみよう。新しい回帰調査と同じように、これもうまく機能するのは何かという収益にかかわる質問に答えるための絶対計算だ。この二つの重要な絶対計算ツールを組み合わせた力を如実に物語るのは、「あなたのお財布に入っているのは何?」という質問を有名にした企業、キャピタル・ワンだ。同社はアメリカ最大のクレジットカード発行会社の一つで、絶対計算革命の最前線にいる。毎月二五〇万人が同社に電話をかける。そして向こうもそれを待っている。

キャピタル・ワンに電話すると、すぐに録音で、カード番号を入力するようにいわれる。そして担当者の電話が鳴るより先に、コンピュータアルゴリズムが起動して、その口座とあなたについての何十という特徴を分析する。絶対計算のおかげで、あなたが質問するより先に答えがきたりする。

たとえば、一部のお客さんは毎月自分の利用残高を聞くためだけに電話したり、自分の月々の支払いが届いたか確認するためだけに電話をかけてくる。コンピュータはそうしたお客さんを把握していて、自動システムに切り替える。するとメッセージはこうなる。「現在のお客様のご利用残高は一六四・二七ドルです。請求金額についてのご質問は1番を押してくださいいい……」あるいは「お客様からの最後の入金は二月九日でした。担当者におつなぎするには1を押してください……」二〇秒、三〇秒、あるいは一分かかったかもしれない電話が、これでたった一〇秒で終わる。みんな大喜びだ。

絶対計算はまた、お客様窓口への電話を販売機会に変える。顧客特製のデータ分析で、この種の顧客が買いたがる商品やサービスの一覧が出てくる。電話に出る担当者は、その場でこの一覧を見ることになる。アマゾンの「この商品を買った人はこんな商品も買っています」と同じだが、それが電話の担当者経由でくるわけだ。キャピタル・ワンはいまや、お客様窓口経由のマーケティングで年に一〇〇万件以上の売上をあげているが、こうしたデータマイニングによる予測がその大きな原因だ。ここでもみんな大喜び。

だがその喜び具合は人によってちがう。キャピタル・ワンは、可能な限り利益を自分で独占しようとする。たとえば顧客がカードを解約したがったら、統計的に裏付けられたアルゴリズムが働く。その顧客がどうでもいい人だったら、すぐに自動化されたサービスにまわされて、ボタンをいくつか押すだけで解約手続きは完了する。でもその顧客が収益源なら（またはそうなりそうだったら）、コンピュータはその電話を「慰留専門家」にまわし、引き留めるために各種エサの一覧をいっしょに示す。

ノースカロライナ州のナンシーは、一六・九パーセントの利息は高すぎると思って解約の電話をかけた。キャピタル・ワンは、ティム・ゴーマンという慰留専門家に電話をまわす。コンピュータは自動的に、ティムにもっと低い金利を三つ提示する――下は九・九パーセント、上は一二・九パーセント。ティムはナンシーを引き留めるのにこの中から条件を出せる。

ナンシーが電話で、金利九・九パーセントのクレジットカードが手に入ったんだと言うと、ティムはこう述べた。「そうですねえ、お客様。こちらも利息を一二・九パーセントにお下げできますが」。絶対計算のおかげで、キャピタル・ワンはこのくらいの下げ率でも多くのお客が満足するのを知っている（もっと低い金利のカードがあると先方が主張する場合でも）。そしてナンシーがそれで承知したら、ティムはすぐにボーナスがもらえる。でもデータマイニングのおかげで、いちばん得をしたのはキャピタル・ワンだ。

2.1 サイコロをふるキャピタル・ワン

キャピタル・ワンが抜きんでているのは、かれらが文字通り実験を恐れないからだ。消費者行動の過去データ分析で満足せずに、キャピタル・ワンは無作為実験をやって市場に積極的に介入するのだ。

二〇〇六年には、かれらは二万八〇〇〇件の実験をした——新製品のテスト、新しい広告戦略、新しい契約条件などの実験が二万八〇〇〇件だ。封筒の外側には「期間限定サービス！」と書くのがいいのか、「初年度利息二・九パーセント！」と書くのがいいのか？　キャピタル・ワンは見込み客を無作為に二つのグループに分けて両方試し、どっちの成功率が高いかを実地に調べるのだ。

簡単すぎるように思えるだろう。でもコンピュータにコインを投げさせて、表が出た人と裏が出た人で扱いを変えてみるというのは、これまでに考案された最も強力な絶対計算技法の一つなのだ。

過去のデータに頼ると、因果関係を抽出するのはずっとむずかしくなる。過去のデータを掘り起こして、化学療法と放射線治療とどっちが有効かを調べようとしたら、その他すべての条件についてコントロールしなくてはならない――患者の属性、環境要因、その他結果に影響しそうなもの文字通りすべて。でも大規模無作為抽出テストなら、そんなコントロールはいらない。患者が喫煙者か過去に心臓発作の病歴があるかなんてことは心配しなくても、標本数さえ十分に大きければ、どちらのグループにもだいたい同じくらいの比率で喫煙者がいるだろうと想定できる。

重要なのはサンプル数だ。サンプル数さえ大きければ、コインの表側のグループは、統計的に裏側のグループとまったく同じだと確信できる。そして表グループにちがった「治療」をするように介入すれば、純粋にこの介入だけの効果を計測できる。絶対計算屋はこれを「治療効果」と呼ぶ。データ解析の因果分析における聖杯だ。無作為化により二つの集団をあらゆる面で同一にできたら、その両集団の結果の差はすべて、治療や扱いの差からきたものだとわかる。

キャピタル・ワンは昔から無作為抽出テストを実施していた。一九九五年には、見込み顧客六〇万人の郵送リストを作ってもっと大規模な実験をした。同社はこの見込み顧客をランダムに一〇万人ずつのグループに分けて、それぞれのグループに、サービス期間の金利引き下げ率やその期間を変えた六種類の案内をそれぞれ送った。無作為化によって、キャピタル・ワンは二種類のデータを作った。最初、コンピュータ化されたコイン投げはそれ自体がキャピタル・ワンの作ったデータで、それをもとにかれらは、どの見込み客をどの集団に入れるかを決めた。もっと重要な点は、これらの集団の反応が、実験が人工的に現状を変えたから生じたものだということだ。統計的に似た集団の平均的な応答率を比較することで、キャピタル・ワンは各種案内の成功率を見極めることができた。そしてこの大量調査のおかげで、初期の割引金利は六ヶ月間四・九パーセントにするほうが、七・九パーセントを一二ヶ月続けるよりも成功率が上がることをキャピタル・ワンは知ったのだった。

学者は医学の内外で無作為抽出テストを大量に実施してきた。でも大きな変化は、企業がそれらを利用して企業方針を変えるようになったということだ。何がよく機能するかを見て、すぐに企業方針を変えられる。バスケットボールの八百長を暴く論文を学者が刊行しても、大した影響はない。でも企業が何万ドルも無作為抽出テストにかけたら、それはその結果によって自社の行動を変えたいと思っているからだ。

他の企業も後に続くようになった。南アフリカでは、クレジット・インデムニティ社は全国一五〇ヶ所に支店を持つ最大のマイクロクレジット会社の一つだ。二〇〇四年に同社は無作為抽出テストを使って「現金融資」をマーケティングした。これはアメリカでの給料日返済融資と同じで、「貧困労働者層」相手の短期の高金利融資だ。南アフリカではこれは大きな商売で、いつも六六〇万人が利用している。融資額は普通はたった一〇〇〇ランド（一五〇ドル）ほどで、平均的な借り手の月給の三分の一くらいだ。

クレジット・インデムニティ社は、同社を利用したことのある人にダイレクトメール五万通を送った。キャピタル・ワンのダイレクトメールと同じく、これらも三・二五パーセントから一一・七五パーセントまで各種金利の融資を提供するものになっていた。クレジット・インデムニティ社の実験の結果として、金利が低いほど需要が高いという結果が出たのは、経済学者としてはホッとするものだった。

だが利率だけではなかった。本当におもしろかったのは、クレジット・インデムニティ社が同時にダイレクトメールの他の部分も無作為化してあったということだ。同社によれば、勧誘の手紙の右上ににっこりほほえむ女性の写真を入れておくだけで、男性の応答率は跳ね上がるとか。その影響は、金利を四・五パーセント引き下げたのと同じ効果があるという。また市場調査会社に一週間ほど前に電話させて「今後数ヶ月で大きなお買い物をなさる予定はありませんか？　お住まいの修理ですとか、授業料ですとか、家電製品ですとか行事（結婚式等）ですとか、あるいは高金利の負債を返済するとか？」と尋ねさせると、効果はもっと大きいそうだ。

誘導尋問の力がかくも強いとは驚きだ。心地よい写真で注目を高めたり、営業とは関係ない文脈で融資が必要かもしれないと示唆するだけで、営業に応答する可能性は大幅に高まるのだ。

その写真や事前の電話が高い応答率の原因だとなぜわかるのか？　ここでも答えはコイン投げだ。五万人から無作為に選ぶことで、平均すれば写真つきの人と写真なしの人がそれ以外の面ではほぼ同じだと言える。だから集団の平均の差は、その扱いの差から生じている。

もちろん、無作為化しても、写真つきの案内をもらった人が、写真なしの案内の人とまったく同じということじゃない。写真つきの案内をもらった人の身長分布を見れば、ベルカーブ型の正規分布になっているだろう。でも重要なのは、写真なしの案内をもらった人の身長を見ても、同じ正規分布になっているはずだということだ。標本数が増えるにつれて、どちらのグループも分布がますます同じになるので、グループの応答の平均は、扱いの差によるものだということだ。

研究室での実験では、研究者たちは試験したいもの以外のあらゆる点で同一のマッチングされたペアを作ろうとして、あらゆる条件をコントロールする。実験室の外では、時にはその他のあらゆる点でまったく同じペアを作るのは絶対に不可能だ。でも企業は、完全にマッチした個体ペアがなくても、無作為化によってデータを作れる。無作為化プロセスは、一致する個体ではなく、一致する分布を作り出す。これで絶対計算屋は、手間暇かけて何十何百という潜在的に影響を与えかねない条件をそろえてコントロールしなくても、条件コントロール済試験と同じことができるのだ。

無作為のマーケティング試行が収益性の増加にとって持つ意味は説明するまでもない。利息を五パーセント下げるよりも、写真をつけておけばいい！　クレジット・インデムニティ社はこの結果を見て、まさにそれを始めるところだった。だが結果が分析された直後、同行は買収されてしまった。新銀行はその後の試験を中止したばかりか、クレジット・インデムニティ社の従業員を大量に解雇した――その中には試験を最も強力に支持した人々も含まれていた。皮肉なことに、こうした元従業員たちはテストの教訓を肝に銘じ、クレジット・インデムニティ社の競合相手のところでその結果を活用しているとか。

2.2 ご覧のウェブページは無作為化されているかも

偶然にまかせたテストは、銀行や貸金業に限られてはいない。Offermatica.com はインターネット上の無作為化をまさに芸術技にまで高めた。ロシュ兄弟、マットとジェイムズは、二〇〇三年にインターネット上の無作為化の容易さを活用すべく、オファマティカ社をたちあげた。マットが最高経営責任者、ジェイムズは社長だ。名前からもわかるように、オファマティカはオファーの試行を自動化した。

どっちのウェブページのデザインがいいか知りたい？

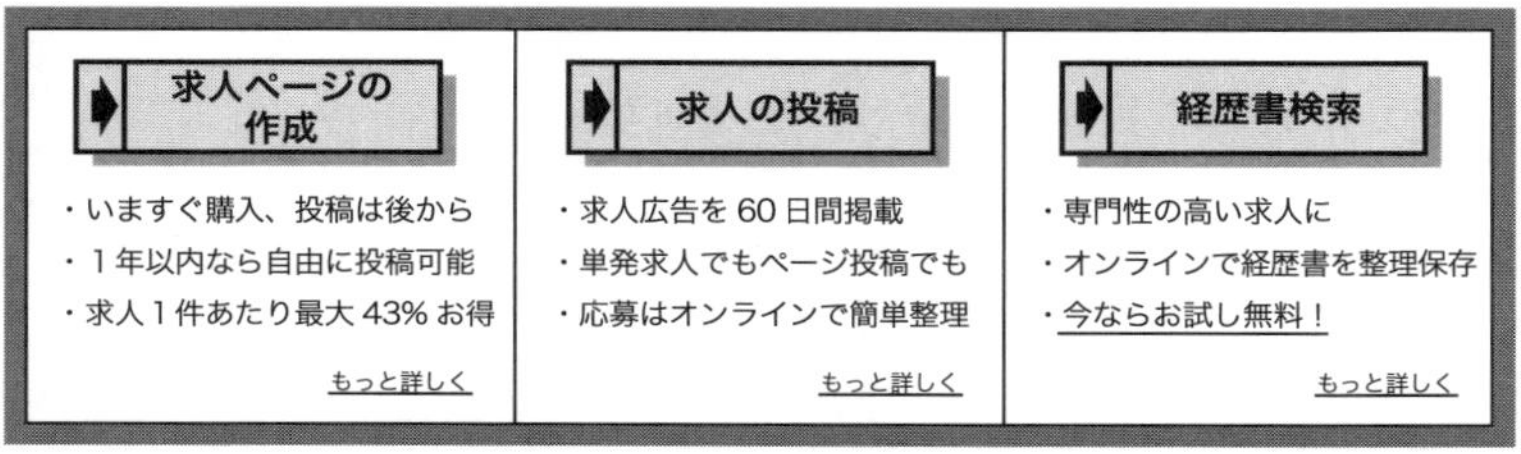
求人ページの作成
・いますぐ購入、投稿は後から
・1年以内なら自由に投稿可能
・求人1件あたり最大43%お得
もっと詳しく
求人の投稿
・求人広告を60日間掲載
・単発求人でもページ投稿でも
・応募はオンラインで簡単整理
もっと詳しく
経歴書検索
・専門性の高い求人に
・オンラインで経歴書を整理保存
・今ならお試し無料！
もっと詳しく

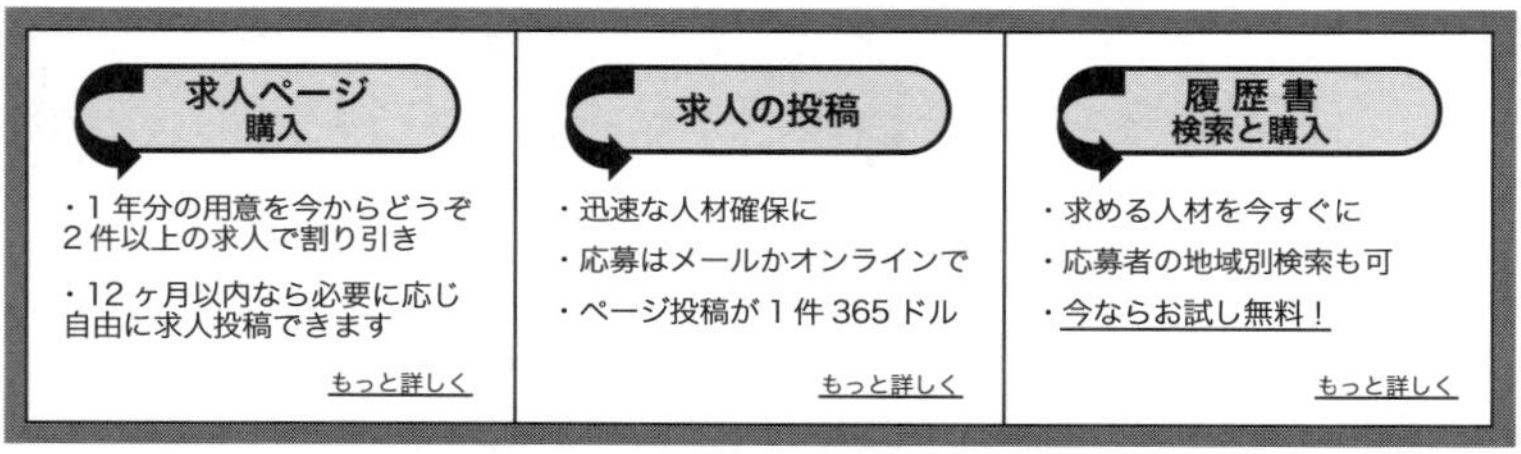
求人ページ購入
・1年分の用意を今からどうぞ 2件以上の求人で割り引き
・12ヶ月以内なら必要に応じ自由に求人投稿できます
もっと詳しく
求人の投稿
・迅速な人材確保に
・応募はメールかオンラインで
・ページ投稿が1件365ドル
もっと詳しく
履歴書 検索と購入
・求める人材を今すぐに
・応募者の地域別検索も可
・今ならお試し無料！
もっと詳しく

オファマティカのソフトは、人々がクリックするごとに、その二つのウェブページのどちらかを、無作為に送る。そしてどっちのページが「クリックスルー」が多いか、つまりは購買につながるかを、リアルタイムで教えてくれる。

さらに同社は、複数の試行を一度にやってくれる。クレジット・インデムニティ社が金利を無作為に選び、その一方で案内に写真を含めるかどうかを金利とは関係なく検討したように、オファマティカはウェブページのデザインを複数の条件について個別に無作為化できる。

たとえば、Monster.com は雇い主のホームページについて、七つのちがった点についての試験をしたいと考えた。たとえばリンクを「経歴書検索と購入」とすべきか、単に「経歴書検索」だけにすべきかとか、「もっと読む」リンクをつけるべきかどうか、といったことだ。全部組み合わせると、Monster.com は一二八種類のウェブページの変種をテストしようと考えた。だが「タグチメソッド[*1]」を使うことで、オファマティカはたった八つの「見本」ページを使うだけで、試験をしていない他の一二〇のウエブページがどういう成績をあげるか正確に予測できたのだ。

オファマティカのソフトウエアは、無作為化を自動化するだけでなく、インターネットからの反応分析も自動的にやってくれる。試験を実施しながらリアルタイムで、Monster.comは八種類のテストページがどんな成績をあげているかを示すグラフを更新し続けるのが見えるだけでなく、試験されていないページも実際の売上向上にどれだけ貢献しそうかをリアルタイムで知ることができる。それぞれのページの成績を示す線が、競馬の馬のようにグラフとなって画面を横切り、勝者と敗者をはっきり示す。考えてみて欲しい——何万もの観測に基づき、一二八種類のページのパフォーマンスについて即座に情報が得られるのだ。無作為化の効果もきわまれりという感じだ。オファマティカは、絶対計算がテクノロジーを活用して情報収集と分析とその現実適用との間の期間を短縮する好例となっている。オファマティカだと、試験してからマーケティングの変化までの時間はものの数時間ですんでしまう。

ちなみに、絵心に自信のある方は、前ページの二つの画面のうちどちらがよい成績をあげたかあててみよう。

個人的には、下の角の丸いアイコンのほうがいいように思う。モンスター社も最初はそう思った。下の画面は、当初 Monster.com が試験前に使っていたものだ。だが、ふたを開けてみると、雇用者たちは上の画面を見せたほうが、八・三一パーセント多く支出した。これはモ

＊1　この手法はそれを五〇年以上前に考案した田口玄一にちなんで名付けられている。かれは製造プロセスの複数の面を、従来必要とされていた試験のごく一部だけで試験するためにこれを使った。

ンスター社のeコマース業としては年間何千万ドルもの差となる。当初の直感を信用するかわりに、Monster.com は敢えて現状をいじってみて、どういう結果になるかを観察した。そして新しいデータを作って、その当初の直感を試したわけだ。

ジョー・アン繊維社は、もっと驚く結果を得た。複数の組み合わせを試せると、企業はもっと大胆になって、テストマーケティングでこれまでより大きな冒険ができるようになる。JoAnn.com なんていうサイトにインターネットでの試験ができるほどの訪問者は来ないだろうと思うかもしれないが、ユニークな訪問者は月に一〇〇万以上いるので、いろんな試験をするだけの量は十分にあるのだ。

そこで JoAnn.com のウェブサイトを最適化する中で、ちょっと大胆に、あまり意味のなさそうなミシンのプロモーションをやってみた。「ミシンを二台買ったら一割引！」こんなテストが大した効果をあげるとは思っていなかった。だって、ミシンを二台買おうとする人が何人いるだろうか？　だが驚いたことに、このプロモーションは圧倒的に高い成果をあげた。「みんなお知り合いを巻き込んで買っていたんです」とJoAnn.comの主任担当リンズリー・ドネリーは語る。値引きのために、顧客が営業をやってくれていたのだ。全体として無作為抽出テストのおかげで、訪問者一人あたりの売上は驚異の二〇九パーセント増となった。

ネット外の現実世界では、無作為抽出テストを統計的に有意となるほど十分なサンプル数で行う費用はかなり高く、可能な実験の数も大幅に限られることが多い。でもインターネットではすべてが変わる。「人々の集団にある経験を提示する費用は限りなくゼロに近づいています。だから提示できる経験の数は無限に近づくことになるんです」とオファマティカ社のCEOマット・ロシュは述べる。

オファマティィカ社は要するに、消費者が多種多様なオンライン体験にどう反応するかを見せてくれるのだ。だれが意志決定を行うかという点で、このやり方はまったくちがう決め方を示してくれる。マットは、人々の視線を企業が決めるときの戦いを目の当たりにした話をするときに活気づく。

「会議にでかけると、会議室には自分こそが権威という人がいっぱいいるんです。過去のデータを大量に持った分析屋。ブランド強化に何が有効かを神秘的な自信を持って語るブランド屋。そしてもちろん、肩書きという権威もあって、自分こそ何でも知っていると思っているボスがいます。でも欠けているのは消費者の声です。こうした各種の権威は、顧客の声のかわりでしかありません。オファマティィカ社でわれわれがやっているのは、消費者の求めるものに耳を傾けることなんです」

オファマティィカは、過去のデータを元に数字をはじく社内分析屋だけでなく、大学の研究室ですさまじい対照実験を行う「ユーザビリティ専門家」とも対決することになる。ユーザビリティ専門家は、実験室で確立されたいくつかの原則に大いに自信を持っている――たとえば「人々はまず左上の隅を見る」とか「人は青より赤に注目する」とか。ロシュは反論する。「現実の世界では、広告はものすごい数のその他の入力と競合しています。対照実験なんてものは存在しません。ユーザビリティ専門家は、他の情報の津波が押し寄せているのに砂でできた真実の城にしがみついているんです」。代替案を何度もテストするのは実に安上がりだから、学者の原則を盲目的に受け入れる必要は何もない。

グーグルの利口な人々がこの無作為化の波に乗っているというのも不思議でも何でもないだろう。オファマティィカと同じく、かれらも顧客にちがった広告を見せて、どの広告が一番人気があるかを簡単に調べさせてくれる。ビールのアドワーズ広告に「味わい最高」と書くべきか「コクの王者」と書くべきか？　グーグルなら両方を順に示して、どっちの広告のほうがクリックされやすいかを教えてくれる。人々がグーグル検索を行う順番はかなりランダムなので、二つの広告を順番に入れ替えると無作為化とほぼ同じことになる。それどころかグーグルは、最初は広告を入れ替わりに示して、やがて自動的にクリック率の高いほうだけを示すようにしてくれる。

本書のタイトルを決めるにも、まさにこのテストを行った。もともとの仮題は「The End of Intuition（直感の終わり）」だったけれど、「Super Crunchers（絶対計算者たち）」のほうが本書の肯定的なメッセージをよく伝えるかな、と思ったのだ。そこでグーグルのアドワーズで実験した。「データマイニング」「数値計算」といったことばで検索する人は、次ページに示されたタイトル案のどちらかを示されることになる。

するとランダムな人々は、「Super Crunchers」と表示された広告を六三パーセントクリックしやすいことがわかった（ちなみに原著の副題「絶対計算が開くビジネスの新たな地平」も人気が高いこともわかった）。ものの数日で、二五万ページビューに基づく現実世界からの反応が得られた。私はこれで満足だった。そして本書「Super Crunchers」もまた絶対計算の産物だと言えることを誇りに思う（訳者注：ちなみに本書の邦題『その数学が戦略を決める』は絶対計算を使わず日本版の編集者の直感だけで決めている）。

その数学が戦略を決める		専門家の時代は終わった
絶対計算が開く ビジネスの新たな地平 www.bantamdell.com	または	絶対計算が開く ビジネスの新たな地平 www.bantamdell.com

2.3 役に立つ創造性とは？

これまでの無作為抽出テストすべてに共通しているのは、結局だれかが試験対象となる各種代替案を考えなくてはならないということだった。ミシンを二台セットで売りましょうとか、調査会社に一週間前に電話させましょうとか、だれかが思いつかなければ試験もされない。無作為抽出テストは、直感の終わりではない。単にその直感がテストにかけられるということだ。

昔なら、企業は全国テレビコマーシャルに社運を賭けなくてはならなかった。ウェブだと、各種の広告キャンペーンをサイコロで振って、最高の結果を挙げるキャンペーンを見つけてそこに集中すればいい。創造的なプロセスはいまも重要だが、でも創造性は試験プロセスの一入力にすぎない。

実はアドワーズの無作為性を使えば、最も有効な広告を書ける人物をきちんと選り出せてしまう。広告代理店は、求職者に顧客のグーグル広告を改善させてみて、その成績で採用を決めればいいかもしれない。多くの見習いが企業経営の資質を競うテレビ番組『アプレンティス』で、出演者たちがドナルド・トランプの一存ではなく、あるウェブページの一般向け売上をどれだけ向上させられたかによって採点されるようになったらどうだろう。無作為ウェブ試験の可能性はほとんど無限だ。代替案の無作為抽出テストは、クリック率や売上を増やしただけでなく、ウェブアンケートの記入率も高めている。無作為化はどんなウェブページの成績でも上げられる。

これはオンライン新聞のレイアウトにもあてはまる。有名オンライン誌の『スレート』、『MSNBC』、そして『ニューヨーク・タイムズ』ですら、無作為抽出テストから学べることはある。実はオファマティカ社長ジェイムズ・ロシュによると、すでにウェブ刊行物向けの作業を開始しているとか。仕事を持ち込むのは購読担当部署だ。だが、「編集者たちがオンライン購読の増加ぶりをみると、かれらはオファマティカを使って主要な事業を動かすもの、つまりページビューや広告クリック率の改善にもオファマティカを使えるという発想を受け入れるようになります」とジェイムズは語る。

慈善団体や政治活動も、どのウェブが寄付金を最大にするか調べられる。実は慈善団体はすでに、オフラインの無作為抽出テストで施しの泉を探求している。

実験経済学者ディーン・カーランとジョン・リストは、非営利支援団体がクレジット・インデムニティ社と同じような形でダイレクトメールの効果を試すのを手伝っている。

五万通以上の手紙を過去の寄付者たちに送って新たな寄付を募った。人々が寄付をすると、スポンサー企業がその金額と同額、またはそれ以上の金額を寄付する仕組みとなっている(これをマッチング寄付という)。スポンサー企業がどのくらいの金額を出すかは、手紙ごとにちがっている。一部の手紙はマッチング寄付はない。一部は、その人の寄付と同額をスポンサー企業が寄付する。そして他の手紙では、その人の寄付額の二倍、三倍の寄付額をスポンサー企業が寄付する仕組みになっていた。同額のマッチング寄付があると、寄付額は一九パーセント増えた。だが驚くべき結果は、二倍、三倍のマッチング寄付があっても、同額マッチングに比べて寄付額は増えないということだった。この簡単な調査で慈善団体は強力な新しいツールを手に入れた。自分の寄付で最大限の効果を発揮させたい寄付者は、それを同額マッチングの一部として使ってもらうのがいちばんいいわけだ。

何度も何度も目にするのが、意志決定者は自分の組織の力を過大評価しすぎるということだ。そうした直感は自分ではもっともらしく思えるし、やがて自分でもそれを信じ込むようになってしまう。無作為抽出テストは、それが正しいかどうかを調べる客観的な方法だ。そして試験は、果てしない道だ。嗜好は変わる。昨日はうまく行ったものが、明日もうまく行くとは限らない。無作為抽出テストで定期的に再試験しなおすことが、マーケティングの努力を最適なものに保つために必要となる。絶対計算は、基本的にはデータ主導型の意志決定に関するものだ。そして無作為抽出テストの継続により、意志決定を動かす新しいデータは絶えず供給されることが確実となる。

2.4 無作為化――朝飯前ではありません

ここまで読んだら、無作為化の力は単にマーケティングにだけ有効かと思うかもしれない

――ダイレクトメールの効力を最大化したりウェブ広告の効果をあげたり。だがそんなことはない。無作為抽出テストは労使関係や顧客関係の改善にも使われている。

コンチネンタル航空の顧客リレーション部長ケリー・クックは、顧客ロイヤルティを強化する手段を調べるのに、コイン投げアプローチを使った。コンチネンタル航空があいまいに「輸送上の事象」と呼ぶものが生じたときに、どういう対応をするのがいちばんいいか知りたかったのだ。ちなみにこの事象というのはみんなの体験したくないような事象、たとえばフライトの大幅遅延とかキャンセルとかだ。

クックはこうした輸送上の事象に耐えたコンチネンタル航空顧客を無作為に三つのグループに分けた。その後八ヶ月にわたり、一つのグループはその事象について正式なお詫びの手紙を受け取った。二番目のグループは、お詫び状に加えてコンチネンタル航空のプレジデントクラブへのお試し入会期間が与えられた。そして第三のグループは比較の基準として、何も受け取らなかった。

これらのグループが、コンチネンタル航空での経験をどう思うか尋ねられたとき、何も受け取らなかった比較基準グループはまだかなり怒っていた。「でも他のグループは、自発的にお詫び状が送られてきたことでびっくりしていた。そしてお詫び状を受け取った二つのグループは、その翌年にはコンチネンタルのチケットに費やすお金が八パーセント増えていた。これは手紙を受け取った顧客四〇〇〇人だけで見ても、六〇〇〇万ドルの追加売上ということだ。このプログラムをコンチネンタル航空顧客上位一割に広げてから、同社は本当ならよその航空会社に乗り換えてもおかしくない顧客から、追加で一億五〇〇〇万ドルの売上を得ている。

特に見返りもなくお詫び状を送るだけでも、顧客の印象と行動はがらりと変わった。そしてお試し入会も、新しい収益源となった。コンチネンタル航空プレジデントクラブへのお試し入会をもらった顧客の三割は、お試し期間終了後も自腹でクラブに残ったのだった。

だが小売業者もご用心。顧客は、同じ商品が別価格で提供されているのを知ると怒ることもある。二〇〇〇年九月に報道されたことだが、ある人が自分のコンピュータのクッキー（これはその人がアマゾン・コムの常連だということを示す）を削除したら、DVDの表示価格が二六・二四ドルから二二・七四ドルに下がったという。多くの顧客は突然、アマゾンがインターネットに細工をしているのではないかと不安になりだした。同社はすぐに謝って、その価格差は無作為の価格テストの結果だと述べた。CEOジェフ・ベゾスははっきりと述べた。「顧客の属性に基づいた価格テストはしたことがありませんし、これからもしません」

また無作為抽出テストについて新しい方針も発表したが、これはこの手法を使う他の企業にとってもお手本になるかもしれない。「今後こういう試験をする場合には、その試験商品を買った顧客には、試験期間終了時に自動的に最低価格で商品を提供することにします——どの顧客も最低価格で買い物ができることを保証します」。高い値段でテストしたからといって、注文を受けたときにその金額を請求すべきだということにはならない。

こうした値段についての無作為抽出テストは、他の無作為抽出テストよりも問題が大きい。オファマティカがウェブページの各種視覚要素を無作為化するとき、それは不要な障害を除くことで顧客の体験を改善しようとしてのことだ。こうした実験の結果は、売り手にとっても買い手にとっても本当の意味で得になる。だがキャピタル・ワンで見たように、無作為化は顧客からどれだけお金をむしり取れるか調べるのにも使える。オファマティカやアドワーズは、市場がどのくらいの値段なら受け入れるかを無作為抽出テストするのにも使える。

もっと陰湿な方法として、売り手は販売契約にどんな条件を入れるかについて無作為抽出テストをするかもしれない。一部の企業は、保証対象外条項をウェブサイト上で隠そうとして、倫理面でも法規制面でも白黒ギリギリのところまできている。そうした企業が無作為抽出テストをして、対象外条項をトップページで明示しておくと売上が大幅に下がると知ったら、嫌な情報をどこかに隠しておくインセンティブができる。だがマット・ロシュは、こうした保証対象の試験ですら、かえって消費者の役に立ったりすると述べる。無作為抽出テストは、ある種の保証を明示することでかえって売上が増えることを示している。「ベリサイン社のセキュリティ証明書をつけておくと、ほぼ確実に売上が底上げされます。試験によれば、消費者は信頼を要求しています。これを実験ではっきり示さなければ、多くの企業は敢えてそんなものを表示しようとはしなかったでしょう」

2.5　ゲームに参加する

無作為抽出テストは、象牙の塔の白昼夢ではない。多くの企業がすでにこの手法を使っている。不思議なのはむしろ、なぜもっと多くの企業がキャピタル・ワンやジョー・アン繊維の顰《ひそ》みに倣《なら》わないのか、ということだ。ウォルマートだって無作為抽出テストをやればいいじゃないか？　ウォルマートは、消費者の過去の行動を元に未来を予測するのは得意だ。だが同社は少なくとも公式には、無作為抽出テストはやっていないと述べている。情報管理は過去のデータに限られる場合が多い。企業は過去の情報を集めるのはとても得意だが、産業全体としてはこれまで述べてきたようにランダムに対象グループをつくりだすことによって、そこからさらに新しい情報をつくりだすにいたっていない。

本章の例を見れば、そんなにむずかしい話ではないのがわかる。ほとんどのコンピュータにもある、エクセルの「=rand()」関数を使えば、コイン投げを勝手にやってくれる。頭のいい高校生ならすぐに無作為抽出テストをやって結果を分析できる。実験の準備も簡単だし、分析も単に両者の平均、つまり「処理済み」と「未処理」の平均点を較べればいいだけだ。オファマティカが二つのウェブページのクリック率平均値を説明するとき、まさに行われているのはそういうことだ（まあ確かに、複数試験の分析にタグチメソッドを使うときには、これよりちょっと複雑になるが）。

データ収集と結果分析が実に簡単だから、分散不均一性だの最良線形不偏推定量だのについて聞きたくもない人々でも、結果がすぐに理解できる。もっと高度な統計回帰分析は、統計屋以外にはわかりにくいし信用もしにくい。統計屋はどこかで「信用していただくしかありませんな、私は多変量回帰分析をちゃんとやってるんです」と言うしかなくなる。無作為抽出テストを信用するほうがずっと楽だ。それでも外野は、研究者がちゃんとコインを投げたかどうか信用しなくてはならないが、それ以上はない。二つの集団の差が両者の扱いだけなら、その扱いが両者の差の原因だというのはかなりはっきりしている。

無作為化はまた研究者を余計な作業から解放して、どんな質問をするか、必要な情報を作るにはどうすべきかという問題に専念させてくれる。過去データに基づくデータマイニングは、人々が過去に実際にやった行動でしか評価できない。中学で統計を教えると数学の成績が上がるかどうか知りたいと思っても、これまで統計を教えた中学校がなければ分析できない。でも無作為抽出テストを行う絶対計算者たちは、一部の生徒を無作為に選んで統計の講義を受けさせ、選ばれなかった生徒よりも成績が上がるか調べれば、この問題の答えに必要な情報が得られる。

これまで企業は、もっと定性的なデータに頼ってきた。グループインタビューは、「そこらの一般人」が新旧製品についてどう思うかを調べる方法だ。だが未来のマーケティング担当者は、多変量回帰や過去のデータベースのマイニングといった社会科学手法を採用するだけでなく、科学の無作為抽出テストも活用するようになる。

企業は、情報の価値を認識している。データベースは自分がよい決定をするのに使えるばかりではなく、他人に売れる商品ともなる。だから企業が自分や顧客のやることを昔よりしっかり記録しているのも当然だ。だが企業はもっと積極的に、足りない情報は何かを調べて、データのギャップを埋めるような行動をとるべきだ。そして何が何を引き起こすかという情報を作るには、無作為抽出テストに勝《まさ》る方法はない。

なぜこれをやる企業がいまだに少ないのか？　もちろん、伝統的な専門家が自分の縄張りを守っているだけということもある。自分たちの大切な方針をきちんとした試験にかけたくはないのだ。下手をすると、自分がまちがっていることが示されてしまうかもしれない。だが導入が比較的遅い原因の一部は、タイミングの問題かもしれない。無作為抽出テストは、試験を行う前に仮説を立てる必要がある。本書でも、編集者と私は試してみたい題名を決めるのに大騒ぎしたものだ。一方、回帰分析なら研究者は手をこまねいて、何を試験するかは事後的に決めればいい。無作為抽出テストだと、事後的な回帰分析よりもっと積極的な取り組みが必要で、このちがいがアメリカの企業文化に無作為抽出テストの浸透しない理由になっているのかもしれない。

だが定量データがますます商品として囲い込まれ、売買されるようになるにつれて、企業も無作為抽出テストを広告や価格、商品属性、雇用方針などに適用するようになるだろう。もちろんすべての意志決定を事前に試せるわけではない。一部の意志決定は、初の月着陸ロケットの発射や新技術への一億ドル投資などのように、やるかやらないかのどちらかしかない。それでも相当数の意志決定では、人間行動の源泉についての強力な新情報は、いますぐにも創り出されるのを待っているのだ。

本書は社会科学手法が学界から地に足のついた意志決定の現場に入り込んでいるという話だ。便利な新技術を採用するのは、ふつうは企業のほうが政府より何歩も先を行っている。これは絶対計算技術でも同じだ。儲けるチャンスがあれば、それをかっさらうのは、官僚よりは企業だ。だが無作為化は珍しく政府が先を進んでいる領域となっている。いささか倒錯的な話だが、二大政党制のチェックやバランスのおかげで、企業の一枚岩的な管理体制よりも、無作為抽出テストを受け入れる素地ができていたのかもしれない。政策の内容面では合意できない政治的な競合者たちも、無作為抽出テストのやりかたについては超党派的な合意ができる。一部の州だけに政敵の好む政策を試験させて、そのかわり政敵にも他の州にこちらの政策を実験するよう認めてもらう。自分の好きな政策を承認してもらうだけの票が得られない官僚でも、無作為化実証プロジェクトの資金なら支持が得られるかもしれない。こうした実証プロジェクトは通常は小規模だが、無作為化政策の結果は、その後の政策にすさまじい影響を与えることもある。

第2章　コイン投げで独自データを作ろう　まとめ

【ポイント】

・過去の実績データを使わずにリアルタイムでランダムにデータを集める方法：無作為抽出

・回帰分析の困ったところ：

使うデータに偏りがあったり、見たい属性についてのデータが不十分だったりすることも多い。

またデータ処理も非常に専門的で、結果も素人にはわかりにくい。

そもそも、分析すべき過去のデータがないことが多い！

・無作為抽出テストとは？

AとBの人気度を調べたい場合、十分に大きな母集団を用意して、そこから無作為に人を選び、AとBを見せて反応を見ればいい。母集団が大きければ、その他の条件からくる影響は相殺しあって無視できる。

↓得られた結果はそのまま（一切統計処理なしに）AとBの人気度の差と見なせる！

しかも大きな母集団を確保するのは、インターネットの普及できわめて簡単になっている。

【利用例】

・ローン会社が食いつきのいい新規融資募集方法を検討。
↓融資金利を下げるのと、DMに微笑む女の子の写真をつけるのとどっちが有効？（女の子写真がかなり有効！）事前に市場調査のふりをして「車を買い替えるご予定は？」などときいて暗示をあたえておくと、応募者数がぐっと増える、等々。
・クリック率の高いウェブサイトやタイトルを調べる。
↓どっちのデザインがいいか？　エイヤで決めるのではなく、無作為に両方見せて人気の高い方を使えばいい。これを専門にやってくれる業者もあり、複数の条件を同時に調べることも可能。
・同じ商品に高価格を支払う顧客の選別。
↓アマゾンがかつて実験。一円一銭の価格差を気にする人には最低価格、細かい価格差を気にしない人には高価格を提示したら？（ただし消費者からの猛反発にあって中止）

【次章予告】

こうした手法は、民間企業が使っているだけではない。政府が政策検討を行うときにも利用している。次章では、政府や公共部門での絶対計算利用例を概観する。

第3章

確率に頼る政府

子供を学校に通わせたらば現金を支給。貧困脱出に関する政策は有効か？　政府もサイコロをふるのだ

はるか昔の一九六六年、MITの経済学部院生ヘザー・ロスはとんでもないことを思いついた。負の所得税（NIT）について無作為抽出テストを行いたいといって、政府の補助金を申請したのだった。NITは、所得が一定額以下に下がったら政府がお金をくれる制度で、実質的には仕事で稼ぐ金額にかかわらず、最低所得を保障する制度だ。ヘザーは、NITが人々の働くインセンティブを引き下げるかどうか調べたかった。経済機会局がこの研究費を認めたおかげで、彼女は五〇〇万ドル相当の博士論文を書くことになった。彼女の発見だと、NITは人々が恐れたほどは雇用を引き下げなかったが、まったく予想外のこととして、離婚率ははねあがった。無作為に抽出してNITを与えられた貧困家庭は、離婚しやすくなったのだ。

ロスの試験が与えた最大の影響は、政策を政府自身がどう評価するかというプロセスの面でだった。ヘザーは医療での無作為化手法を単純に政策問題に適用しただけだが、これは内外で公共政策に関する無作為抽出テストが何百と行われる大潮流の端緒となったのだった。アメリ

カの立法府は何が有効かを調べる手法として、ますます無作為化を採用するようになっている。無作為化手法の採用は、党派性のある問題ではなく、よいものと、ダメなものやひどいものを見分ける中立的な手法だ。政府は無作為抽出テストにお金を出しているだけではない。その結果はついに、公共政策を動かすようになってきているのだ。

3.1 支出を抑えるための支出

一九九三年にラリー・カッツという名の若き秀才が問題に直面していた。労働局の主任経済学者として、かれは失業保険にちょっとした変更を加えれば年間二〇億ドルの節約になることを議会に納得させようとしていた。失業者に職探しの支援を与えるためにちょっと追加でお金をかければ、失業者たちが失業手当を申請する期間が短縮できるはずだ、とラリーは考えたのだ。新しい訓練プログラムにお金をかければ、二〇億ドル節約できるという発想は、疑り深い政治家たちにはなかなか納得してもらえなかった。だが、そこで大人しく引き下がるようなラリーではなかった。肉体的には、かれは威圧的なところはない。すでに四〇代になった現在でさえ、ラリーは立派なハーバード大学教授というよりは（実際ハーバードの教授なのだが）、ひょろひょろしたティーンエイジャーのように見える。だがかれは怖いくらい頭がいい。昔、ラリーと私はMITでルームメイトだった。いまでも覚えているが、大学院で最初の週に、講義助手が超幾何分布なるもの――これまでまったく習っていないもの――を使わないと解けないとんでもない問題を出した。ほとんどの学生には手も足もでない問題だ。でもカッツは、独自にその分布を導き出して、問題を解いてしまった。

ラリーは口ぶりも穏やかだしおちついてはいるが、自分で正しいとわかっている発想を守るときには一歩もひかない。そしてラリーは、自分の求職支援についての発想が正しいことを知っていた。無作為抽出テストをやっていたからだ。かれの秘密兵器は、パトリック・モイニハン上院議員が一九八九年に、連邦法に実証ベースの条項を追加してから各州が実施した、一連の福祉受給から仕事への試験だった。この条項によれば、州は失業保険料の支払いを引き下げる新しい方式を実験してもいいが、それはそのアイデアが「実地試験において無作為に割りあてられたプロジェクト参加者と対照群を含む」評価計画に支持されなくてはならない。

モイニハン議員の気まぐれのおかげで、無作為抽出テストが一二以上も行われた。多くの州は、職探し支援を提供すると州の失業保険料支払いが下がるかどうかを調べる試験を行ったのだ。求職支援は新しい職能訓練を提供するのではなく、新しい仕事への応募と面接の受け方について助言するものとなっていた。こうした求職支援試験（これはミネソタ州、ネバダ州、ニュージャージー州、サウスカロライナ州、ワシントン州で行われた）が目新しかったのはもう一つ、これらが二種類のデータベース意志決定、つまり回帰分析と無作為化を組み合わせていたからだ。

求職支援プログラムは、まず回帰方程式をつかって、自力で仕事を見つけられなさそうな労働者を予測した。この回帰分析のおかげで統計的なプロファイリングができて、支援を必要とし、それが最も効果をあげそうな人物に支援を集中することができるようになった。プロファイリングの段階が終わったら、無作為化がやってくる。この試験は、適切な失業者を、支援受給者と不受給者の対照群とに無作為に振り分けて、この介入の影響を直接計測できるようにした。つまりこの調査は回帰分析と無作為化の両方を使い、公共政策の改善を行ったことになる。

こうした失業保険の試験は、何がうまくいって何が失敗するかについていろいろ教えてくれた。支援を受けた失業者は、受けなかった人に較べて一週間ほど早めに新しい職を見つけた。ミネソタ州は最も強力な求職支援を提供したが、失業は驚くべきことに四週間も短縮された。プログラム参加者が新しい職で得た給料は、参加しなかった人の給料と同じくらいだった。

政府から見て最も重要な点として、プログラムはかかった費用を上回る節約をもたらしていた。失業手当の支給額減少と、早めの雇用からくる税収増により、求職支援の費用をずっと上回る収益が得られた。求職支援に一ドルかければ、政府は二ドルほど節約できることになる。

ラリーはこの試験の結果を使って、求職支援を義務づければ、一九九三年の不景気で見込まれていた失業手当の増加分予想額二〇億ドルをずっと上回る利益が得られると議会を説得した。ラリーは淡々と、このプログラムの有効性に関して議会の指導層が持ち出す反対論を潰していった。無作為抽出テストの透明性のおかげでラリーの仕事はずいぶん楽になった。他のあらゆる点で似通った失業者でも、求職支援を受けたほうがはやく仕事を見つけられる。その原因が求職支援だというのは明らかだった。無作為抽出テストの圧倒的な力とカッツの知性を前にしては、反対論に勝ち目はなかったのだ。

こうした求職支援の対象者を統計的にしぼったことで、費用削減効果は絶大だった。支援をあまりに多くの失業者に提供したら、その費用はふくれあがってしまう。これは早期教育プログラムを悩ませた問題とまったく同じだ。子供に早期教育をほどこせば犯罪は減るし、教育費用は監獄収監費用より三倍も安上がりだと主張する人はたくさんいる。でもこの比較で問題となるのは、子供の数のほうが囚人の数より圧倒的に多いということだ。幼稚園前の教育が後の犯罪率を引き下げるにしても、子供全員に幼稚園前の教育を受けさせるとなったら、そんなに安上がりにはならない――というのも、ほとんどの子供はどのみち犯罪を犯したりはしないからだ。警察が人種に基づくプロファイリングをしたら、当然のように悪評が立った。でもリスクの高い子供に努力を集中させる鍵は、人種以外によるプロファイリングなのかもしれない。四、五歳の子供が一六歳とか一七歳とかになって犯罪を犯しやすいかどうかなんてわかりっこない、と思うかもしれないが、これはまさに未熟なブドウを前にしてオーリー・アッシェンフエルターがやったことじゃなかったっけ？　求職支援の試験は、政府支援を賢く振り向けるために統計的プロファイリングが使えることを示している。

3.2 アイデアの真の州実験室

求職支援など無作為抽出テストの成長は、独立州が集まった連邦制という発想がきちんとした「民主主義の実験室」になれるという考え方を初めて実行に移しているということだ。実験室という譬《たと》えはつまり、それぞれの州が自分なりに最高と思ったやり方を実験してみて、アメリカ全体としてはそれを見渡してお互いに学び合えばいいということだ。

すばらしい。問題はその実験の設計だ。実験にはよい対照群が必要となる。多くの州レベルでの実験で困るのは、その結果をどう較べたらいいかよくわからないということなのだ。アラスカとアリゾナではかなり状況がちがう。州は実験の余地をたくさん与えてはくれる。でも本物の実験室では、ラットに実験の設計をさせたりはしない。無作為抽出テストへ移行すると、州は自分で実験できるが、このやり方だとちゃんとした対照群もできる。いまや州は、データ主導政策決定を実行するのに使える高品質なデータを作りつつある。だれも読まずに棚でほこりをかぶって忘れられる昔のケーススタディとはちがって、無作為化した政策実験は現実世界の意志決定に、絶対計算的な影響を与える見込みが高い。

そして無作為抽出テストは勢いを増している。いまや何百もの政策実験が行われているのだ。ラリーは住宅都市整備局出資の試みとして、貧困家庭に対して低貧困率（つまり中流）地区でしか使えない家賃補助券を与えたらどうなるかという調査を主導している一人だ。[*1]

この「チャンスのあるところへ引っ越す」（ＭＴＯ）試験は、五都市（ボルチモア、ボストン、シカゴ、ロサンゼルス、ニューヨーク）の極貧世帯に対して無作為に家賃補助券を与え、それが雇用や学業、健康や犯罪などにどんな影響を与えるか調べるというものだ。結果はまだそろっていないが、最初の結果を見ると、貧困児童を（裕福な学校のある）裕福な地域に移したところで、学業面でも犯罪削減の面でも、あまり効果はないようだ。女の子は引っ越すと少しは成績や健康が改善するが、少年は成績がかえって下がるし犯罪率も上がってしまう。だが最終的にどんな結果が出るにしても、ＭＴＯデータは初めて、暮らす地域を変えると人生が変

＊1　これは、貧困世帯が貧困から抜け出せないのは環境が悪いからだ、貧困世帯同士が足を引っ張り合い、ドラッグや犯罪に子どもたちが巻き込まれやすくなり、そうした柄の悪い地域にはまともな企業もこないために就職機会もなく、貧困脱出できなくなるのだ、という発想からきている。したがって貧困家庭をそうした環境から裕福な地域に転居させれば、貧困脱出しやすくなる、という主張が行われている。

わるかについての最も基本的な情報を政策立案者にもたらすことになる。

無作為抽出テストが政治家に教えるのは、どんな政策を施行すべきかということだけではない。そもそもどうやって選挙で当選するかも教えてくれる。政治科学者ドナルド・グリーンとアラン・ガーバーは、政治科学に無作為抽出テストを持ち込もうとしている。票の獲得に何をすればいいか知りたい？

無作為化した実地試験をしてみよう。ダイレクトメールがいいか電話での投票依頼がいいか？　試してみよう。対立候補に対する批判広告をラジオで流すと、自分や相手の支持者の投票率にどう影響するだろうか？　一部の都市でだけ広告をうち、残りで打たないようにして、結果を較べてみればいい。

3.3 偶然に注意を払う

可能性はまさに果てしない。一部の人にだけ無作為に適用できるような政策はすべて無作為抽出テストにかけられる。しかし無作為抽出テストは、連邦準備制度の金利設定には使えない――一部の人に高い利率をかけて、一部の人には低い利率をかけるのはむずかしいからだ。そしてスペースシャトルの設計にも使えない。一部のシャトルにはプラスチックのOリングを使い、残りには金属製のOリングを使うなんてことはできないからだ。だが無作為抽出テストの適用が可能な企業や政府の方針はいくらでもある。

いままで私は、企業や政府のアナリストが意図的に無作為抽出テストを使って影響を調べた例を説明してきた。でも絶対計算をする者は、他の目的で導入された無作為化プロセスにただ乗りすることもできる。実はすでに、政策を実施する前に無作為化による実験をするようはっきりと求める州法は三〇〇〇以上もあるのだ。データを作るのに自分でコイン投げをしなくても、別の過程で生じた無作為化プロセスの影響を見ることもできる。一部の大学はルームメイトを無作為に割り当てるので、ルームメイトがお互いの飲酒にどんな影響を与えるか試すことができる。カリフォルニア州は投票用紙に候補者一覧が書かれる順番を無作為化しているので、名前がてっぺんにある候補者は得票にどんな影響があるかを試せる（結論としては予備選挙だとかなりの影響があるが、人が党の政策に応じた投票をしがちな一般選挙だとあまり関係ない）。

だが既存の無作為化の利用としてずばぬけて強力なのは、刑事裁判で裁判官を無作為に割り当てる手法だ。連邦裁判所では、裁判をその管轄区の刑事裁判官に無作為に割り当てるのが長年の標準手続きだった。アルファベットの抽選と同じく、無作為の裁判割り当ては、公平性の確保（そして汚職の防止）のために導入された。

ジョエル・ワルドフォーゲルの手にかかると、刑事裁判での無作為化は、刑法における核心的な問題の一つに答えるツールとなる——刑期を長くすると、再犯率は上がるか下がるか？

ワルドフォーゲルは赤褐色の髪でちょっとハゲつつあるいたずら者で、絶対計算屋の中でも飛び抜けた冗談好きとして知られる。そして頭の回転も実にはやい。ジョエルはしばしば、社会で見過ごされているものに光を当てる。ワルドフォーゲルはクイズ番組の出場者たちがシーズンごとにどのくらい学習したかを調べた。そしてクリスマスの「デッドウェイトロス」も推計しているーーたとえばあなたの叔母が、あなたが絶対に着ないようなセーターを大金をはたいてクリスマス・プレゼントとして贈り、それが無駄になるような場合だ。かれは、ビジネススクールを付加価値で順位付けしたりするような人物だーーつまりそれぞれのビジネススクールが、卒業生の期待給料をどれだけ増やしてくれるかを調べたりする。

私に言わせれば、かれの最も重要な数値計算は、裁判官ごとの判決特性を検討することだった。何度も見てきたように、各地区のそれぞれの裁判官に事件が無作為に振り分けられるということは、それぞれの裁判官は似たような性格の裁判を担当しているということになる。カンザス州の裁判官はワシントンＤＣの裁判官とはちがった裁判を担当するが、無作為の割当のおかげで、同じ地区の中の判事を較べれば、民事と刑事裁判との比率は同じくらいになるだけでなく、本当に重い懲役刑を受けるべき犯罪者の裁判の比率も同じくらいになる。

ワルドフォーゲルがひらめいたのは、無作為な裁判割当は、裁判官をその量刑特性に応じてランク付けできるようにしてくれるという単純なことだった。同じ区域内の裁判官が似たような裁判を担当しているなら、地区内での刑事裁判の量刑のちがいは、その裁判官の性向のちがいに基づくものであるはずだ。もちろん、単に一部の裁判官が偶然にも、本当に長い懲役がふさわしい悪漢被告をたくさん担当してしまったという可能性はなくはない。だが統計は、ノイズと根底にある傾向とを区別するのが実にうまい。

連邦裁判官は、量刑のガイドラインにしたがう必要があるーーこの犯罪を犯した被告にはこの範囲の量刑という狭い範囲を定めたものだ。でもワルドフォーゲルは、裁判官によって量刑に大幅な差があることを発見した。確かに現代版の「首つり判事」と「温情判事」はいるのだ。いずれもガイドラインをねじまげて、量刑を増やしたり減らしたりする。

こうした量刑のちがいは、国が「法の下での平等」を提供したいと思うなら悩みのタネだ。だがワルドフォーゲル他は、こうした差に少なくとも一つ長所があることを指摘した――それは長い量刑が再犯率を増やすか減らすかを計る、強力な方法を与えてくれるのだ。

犯罪学者の聖杯は、投獄が犯罪者をもっとひどくするか、矯正できるかを調べることだ。強姦魔を懲役五年ではなく一〇年にしたら、出てきたときにまた強姦する確率は増えるだろうか減るだろうか？　これはとんでもなく答えにくい問題だ。一〇年くらう犯罪者は、五年食らう犯罪者とはちがうからだ。一〇年くらう囚人の再犯率が高いのは、別に監獄で犯罪傾向が高まるからではなく、もともと改善の見込みがない連中だったからなのかもしれない。

ワルドフォーゲルの無作為化の洞察は、この問題を迂回する方法を提供してくれた。個別の裁判官が判決を下した犯罪者の再犯率を見てみたらどうだろうか。裁判官たちは似たような種類の犯罪者を裁くので、それぞれの担当した犯罪者の再犯率は、その裁判官の量刑傾向が原因のはずだ。裁判を（厳格または甘い）裁判官に無作為に割り当てるのは、犯罪者たちを無作為に長い刑か短い刑に割り当てるのと同じ結果となる。ワルドフォーゲルがビジネススクールを、卒業生のその後の出来に応じてランク付けしたのと同じように、ワルドフォーゲルの無作為化活用は、受刑者のその後の成績に応じて裁判官をランク付けする。

で、答えは？　最高の証拠に基づくと、この論争ではどちらの側も正しくない。刑期の長短は、釈放後に再犯する確率に関係しない。ブルッキングス研究所の経済学者ジェフ・クリングによれば、首つり判事が判決を下した人々の釈放後の所得は、温情判事の判決を受けた人々の再犯率と較べて、統計的に差はない。受刑者の釈放後の所得は、再犯率のよい指標となる。つかまって監獄に逆戻りした人々は、課税所得がゼロになるからだ。もっと最近では、政治科学者二人、ダントン・ベリューブとドナルド・グリーンが、量刑傾向のちがう裁判官によって刑期を決められた受刑者の再犯率を直接調べた。長い刑期は、その囚人が外で犯罪を犯すことができないようにするだけでなく、首つり判事による長い刑期は、釈放後の再犯率増減とはまったく関係していなかった。「犯罪者はとにかくぶちこめ」論者たちは、長い刑期は受刑者の再犯率を高めたりしないと知ってホッとするだろう。だが、一方で長い刑期は別に将来の悪行を防ぐこともない。無作為抽出テストのおかげで、設問を変えるべきなのだとわかる。つまり、刑期の長短が再犯を防いだり更生にどう影響するかという設問ではなく、刑期の長短によって犯罪発生率が増えるか減るか、あるいは、犯罪者がもっと重罪を犯すことを抑止するか否か、といったふうに問題設定を変えることができる。

だがここでの大きなポイントは、相乗りの可能性だ。データを作るために無作為に介入するのではなく、既存の無作為化に相乗りできることもある。無作為の裁判官割り当てを使って犯罪学者たちがやっているのはそういうことだ。そしてこの私も、地元の学区の無作為割り当てを使って同じことを始めている。ニューヘーブンの学童の二割は、すでに生徒過剰の人気校に行きたいという申請を出す。生徒が多すぎる学校では、学童は抽選で選ばれる。これに相乗りすると何がわかるか見当がつくだろうか？　アミスタッド校に応募した学童を全員見て、入れた子と入れなかった子の試験成績を較べることができる。無作為化の相乗りは、この地区のほとんどあらゆる学校について、その付加価値をランキングできるような絶対計算情報を提供してくれるのだ。

3.4 偶然の世界

社会政策の無作為抽出テストは、いまや真に世界的な現象となっている。何十、何百もの有効性に関する規制の試験が、世界中のあらゆる場所で行われている。先進国よりは発展途上国のほうが、この無作為化手法を受け入れる面で先んじている。アメリカでなら何百万ドルもかかる実験が、第三世界ではほんの小額で実施できてしまう。

無作為抽出テストの広がりは、二〇〇三年にアビジット・バネルジーやエステル・デュフロ、センディル・ムライナタンがMITで創設した貧困アクション研究所の苦労のおかげでもある。この研究所は無作為抽出テストを使ってどの開発戦略が本当に成功するかを試すことに専念している。かれらのモットーは「研究を行動に移す」だ。世界中の非営利団体と手を組んで、この研究所はごく短い期間で公衆衛生手法からマイクロクレジット（貧困者への小額の融資事業）、エイズ予防から肥料の使用まで、あらゆるものについて何十もの試験を行ってきた。

研究所の原動力はエステル・デュフロだ。エステルの活力は底なしだ。ひょろひょろした登山家（しかもケニヤ山登頂を果たすほど優秀）である彼女は、フランス出身の若手経済学者で最高の評価を得ており、各種の巨額政府研究補助金を受けている。エステルはNGO（非政府組織）を説得して、かれらの補助金を無作為抽出テストに基づいて行わせようと精力的な努力をしてきた。

貧困削減のために無作為抽出テストを使うのは、ときには倫理的な懸念をもたらす――一部の困窮した家庭は、まったくの気まぐれで施策を受けられないことになるからだ。コイン投げほど気まぐれなものがあるだろうか？

デュフロは反論する。「ほとんどの場合、その計画がうまくいくかどうか、お金の使い道として最良かどうかは事前にはわからないんです」。小規模な無作為化パイロット調査をすることで、NGOはそのプロジェクトの規模を拡大する価値があるかどうか見極められる。つまり、無作為化しない一様な介入を全国に導入していいかどうかわかるわけだ。研究助手マイケル・クレーマーが見事にまとめているように「開発はやたらに無内容な流行に左右されます。何が機能するか、証拠がいるんです」。

他の国は、アメリカの法廷なら絶対に許可しないような政策でも試せる。一九九八年以来、インドは村落の評議会議長（プラダン）の三分の一が女性でなくてはならないと義務づけた。女性首長にすることを義務づけられた村落が無作為に選ばれた。そしてお見事、これまた女性首長が義務づけられた村落とそうでない村落とを較べるだけで、自然な実験ができてしまう。結果として、女性首長が義務づけられた村落では、女性の日常労働に結びついたインフラ――水や燃料の獲得――への投資が行われやすいが、男性首長は教育に投資を行う傾向がある。

エステルはまた、インドの学校で猖獗《しょうけつ》をきわめる教師の授業放棄を阻止するのも手伝った。非営利団体セヴァ・マンディールは、学童が政府の教育にアクセスできない僻地の地方部で、教師一人を配置した学校を作るのを大いに推進してきた。だが教師が大幅に授業放棄をするために、こうした学校の有効性は損なわれていた。一部の州だと、教師は約半分の授業に顔を出さない。

エステルは、カメラが役にたつか調べてみようと思った。セヴァ・マンディールの一二〇の単身教師校のうち、半分には改ざん不可能な日付と時間を記録するカメラを教師にわたした。「カメラ校」の教師たちは、生徒の一人に授業の最初と最後に先生の写真を撮ってもらうよう指示された。カメラ校の教師の給料は、授業実施率に比例する。

これだけの監視で大きな効果が上がった。カメラはすぐに効果を発揮したのだ。「二〇〇四年に計画が始まった直後から、教師の授業放棄率は四割（きわめて高い数字）から二割に下がりました。そして不思議なことに、この計画はそれ以来続いていて、かならず二割の改善になるんです」とエステルは語る。もっとよいこととして、カメラ校の生徒たちは学習の度合いも高い。プログラムの一年後、カメラ校の生徒たちは、標準試験で対照群より大幅に高い成績をあげ、通常学校に進学する確率も四割高くなった。

無作為抽出テストは次々と各国で採用され、無数の公共政策の影響を評価するのに使われている。ケニヤでの無作為抽出テストは、寄生虫駆除プログラムが強力な影響を持つことを示した。そしてインドネシアでの無作為化試験は、事後監査をするという脅しがあるだけで道路建設工事の質が大幅に上がることを示した。

だが近年の開発政策における無作為化社会実験として最も重要なものは、教育、健康、栄養状態のためのプログレッサ計画だ。この実験の評価に招かれた研究者六人の一人ポール・ゲルトラーは、メキシコのエルネスト・ゼディィロ大統領（当時）がこの計画を始めた理由を話してくれた。「ゼディィロ大統領は一九九五年に選ばれたんですが、もともと想定外の人だったんです。もとの候補者が暗殺されたので、当時教育大臣でテクノクラートだったゼディィロが大統領になりました。そして、メキシコの貧困を大きく削減したいと考え、政権の他の人々と協力してきわめて独特な貧困削減プログラムを考案したんです。それがプログレッサ計画でした」

プログレッサは条件つきで現金を貧困者に支給するプログラムだ。「現金を得るには、まず子供を学校に通わせること。現金を得るには、妊娠中には出産前診療を受けること。栄養状態のモニタリングを受けること。発想としては、貧困家庭の子供は貧困のままという世代間の貧困継承を破ることだったんです」とゲルトラーは語る。

責任ある親となることを条件に現金を与えるというのは画期的な発想だった。そしてお金を受け取るのは母親だけだ。というのもゼディロは、母親のほうが父親よりも子供のためにお金を使うという調査を信用していたからだ。ゼディロは、もしこの計画で子供たちが大人になったときに健康と教育が改善される見込みがあるとすれば、それは継続的に実施されなくてはならないと考えた。一年ですむような問題ではないのだから。

ゼディロにとって最大の問題は、自分が大統領でなくなってもプログレッサが続くようにこの計画を構築することだった。「メキシコでの政治状況のために、それまでの貧困撲滅計画は、通常は大統領が替わるたんびに変えられていたんです」とゲルトラーは語った。「信じられないことですが、候補者は現行政府のやっていることはダメだから完全に変えなくては、と言うんです。これは候補者が現行政権と同じ党の人物でもそうなんです。だからそれまでは、何か計画をやっても五年後か六年後に新大統領がやってきて、すぐに前政権の政策をすべてつぶし、一からやりなおしていました」

ゼディロは当初、プログレッサを五〇〇万世帯で実験しようとした。だが、時間がないのでは、と懸念していた。ゲルトラーはこう続ける。「政権が五年続いて、プログラムの立ち上げに三年かかるなら、新政権が登場して計画が潰されるまでに、まともな成果をもたらすための時間はほとんどありません」。そこでゼディロは、ずっと小さいが統計的にはとてもサンプルの大きな調査、五〇〇以上の村落で無作為抽出テストを実施した。規模が小さければ、計画の立ち上げと実施は一年ですむ。プログラムの評価も、独立した外国の学者が担当した。これはまさに実証実験だった。ゲルトラーによれば、「評価でこのプログラムが高い費用便益率（費用対効果）を持っていることがわかれば、次期政府がそれを無視して潰すのはとてもむずかしくなるだろう、とゼディロは考えたんです」。

そこで一九九七年から、メキシコは五〇六の村で二万四〇〇〇世帯以上に対し無作為抽出テストを始めた。プログレッサ計画に指定された村では、貧困世帯の母親たちは子供たちが定期検診を受けて、八五パーセントの登校率を実現したら、三年にわたり現金補助と栄養補助剤を提供される。現金支給額は、その子供たちが自由市場で得る賃金のだいたい三分の二だ（だから子供の年齢とともに増える）。

プログレッサ村落はすぐに教育と健康面で大幅な改善を見せた。プログレッサ村の少年たちは、非プログレッサ村の少年たちより一〇パーセント高い登校率だった。そしてプログレッサ村の少女たちは、対照群より二割高い就学率を見せた。全体として、ティーンエージャーは最初の二年の評価期間で、プログレッサ村の生徒たちは通学期間が半年長くなり、学校を辞める率も低くなった。

健康面での改善はもっと劇的だった。深刻な病気の件数は一二パーセント下がり、ヘモグロビン値で見た貧血症も一二・七パーセント下がった。対照村落の子供たちは非プログレッサ村落より身長が一センチ近く高くなる。こんな短期間で一センチも追加で身長が伸びるのは、健康状態改善の指標としてはかなりのものだ。ゲルトラーは身長の劇的な伸びについて、三つの理由を挙げている。「一つは、発育阻害児に栄養補助剤が与えられたことです。第二に、感染率を下げる出生前と出生後のケアが行われたこと。そして第三に、要するに食品全般を買うだけの追加のお金があったことです」

改善のメカニズムにはもっと驚くべきものもあった。評価者たちはプログレッサ村落の新生児の体重が一〇〇グラムほど増え、低体重児の比率は数パーセント下がったことを知った。「これは規模として相当なものです」とゲルトラー。だがその理由が謎だった。プログレッサ村落の妊婦は、非プログレッサ村の妊婦より食事がいいわけでもないし、出産前の通院回数が多いわけでもない。答えは、プログレッサ村落の女性たちはもっと要求度が高くなったということらしい。ゲルトラーはこう説明する。

「プログレッサ村落では集会が開かれて、出産前診断を受けるときはこんな検査をされるはずだというのを教えられたんです。身長体重をはかるはずだ、貧血症の検査をするはずだ、糖尿病の検査をするはずだ等々。そしてそれが女性たちの要求に火をつけ、本来受けるべきサービスを要求するだけの手段と情報を提供したんです。次に、医師たちをインタビューしました。すると医師たちはこう言うんです。『ああ、あのプログレッサの女性たちね。もう本当に頭痛のタネです。やってきてあれもやれこれもやれと要求するんです。何から何まで話をしろと。おかげで彼女たちにはすさまじく時間を喰われます。本当に扱いにくい』」

プログレッサ計画は実に人気が高いものとなった。申請率は九七パーセント。不確実な未来の利益のために犠牲を払えとお願いするかわりに、プログレッサは子供の未来に投資するなら極貧の母親にいますぐ現金を渡す。そして実証プロジェクトで後継政府がそれを潰しにくくなるというゼディロのもくろみはドンピシャだった。二〇〇〇年の選挙でヴィンセンテ・フォックスが大統領になると（そしてこれは現職大統領が対立党の大統領に平和的に権力を移譲したメキシコ史上初のケースだった）、かれも健康と教育分野におけるプログレッサの成功を無視するのはむずかしかった。ゲルトラーは語る。

「そして評価を新大統領に示すと、フォックス政権はしばらくしてこう言いました。『残念ですが、この計画はおしまいにしなければなりません。でもプログレッサに替わる新しい計画を始めます。名前はオポルテュニダデスで、受益者もその便益も管理構造もまったく同じですが、計画の名前をもっとよいものにするんです』」

無作為化による証拠の透明性と第三者評価は、政府に計画の継続を納得させるための鍵となった。ゼディロの企みは、政治経済的な問題を大きく解決したことになる。

二〇〇一年にメキシコは、プログレッサ（オポルテュニダデス）を都市部にも拡大して二〇〇万世帯を加えた。二〇〇二年の予算は二六億ドル、メキシコのＧＤＰの〇・五パーセントにおよぶ。プログレッサは絶対計算が現実の世界にどう影響を与えているかという好例だ。絶対計算はしばしば、大量のデータ集合、すばやい分析、結果をずっと広い人口に適用する可能性をもたらす。プログレッサ計画はこの新現象の三つの側面をすべてはっきり示している。二万四〇〇〇世帯以上に関する情報が集められ、分析され、たった五年で当初の百倍の人々に適用された。これほど大規模なマクロ経済的影響を持つ無作為抽出テストはない。

そして無作為化手法は、メキシコの政策決定方式も革命的に変えた。ゲルトラーは語る。

「プログレッサ評価の影響はとにかくすさまじいものでした。議会は新しい法律を作って、あらゆる社会計画は評価されなくてはならないと定め、それが予算決定プロセスの一部になったんです。だから今ではかれらは、栄養改善計画から雇用計画、マイクロファイナンス計画から教育プログラムまですべて評価しています。そしてそれがよい公共政策に関する議論の基盤となりました。議論はいまや、何がうまくいくかに関する事実でいっぱいです」

さらに条件つき現金支給というプログレッサの発想は、世界中で野火のように広がっている。ゲルトラーはこの調査の影響について語るときには生き生きとしてくる。

「プログレッサでわれわれは、無作為抽出テストが大規模で可能だということを証明し、そうした情報が政策や意志決定にとても役立つことを示しました。プログレッサのおかげで、いまや世界中の三〇ヶ国で条件つき現金支給プログラムが実施されているわけです」

ニューヨーク市ですら、いまや条件つき現金支給を導入すべきかどうか積極的に検討している。プログレッサ実験は、現実的なプログラムが極貧児童を文字通り成長させるのに有用だと示した。

プログレッサ的な無作為抽出テストの手法もまた広まっている。ゲルトラーはプログレッサ計画の評価に関与してから、世界銀行に招聘されて人間開発の主任エコノミストになった。最近かれはこう語ってくれた。

「過去三年、世界銀行にプログレッサ的な活動の評価手法について技能研修を行っています。世界銀行による一〇〇以上の活動の評価をするんです。そしてそれをモデルにして、この手法を世界的にスケールアップしています。いまやそれは世界銀行に根をおろし、本当に他の国に広がっていますよ」

かつてマーク・トウェインは、「事実は頑固だが統計はもっと融通が利く」と述べた。だがプログレッサのような政府プログラムやオファマティカのようなソフトウェアは、無作為抽出テストの単純な力——融通の利かなさとでも言おうか——を示している。コインを投げて、似たような人々をグループに分けて別々の扱いをし、それぞれのグループに何が起きたかを見る。この種の絶対計算には、数字恐怖症の人ですら無視できないような純粋さがある。ゲルトラーはこう述べる。「無作為化は、あらゆる障害を取り除くか、少なくともそれを明るみに出してくれます。その結果、これらの事実を無視して政治的判断をすることが難しくなるのです」

ある意味で、無作為抽出テストは絶対計算革命の一部とするにはあまりに単純すぎるようにも思える。だがそれが、程度こそちがえ同じ要素を持っていることを見てきた。無作為抽出テストはますます大きな対照者プールを使って行われるようになっている。キャピタル・ワンは、何十万人に対して無作為化した融資募集のダイレクトメールを送っても平気だ。そしてオファマティカの例は、インターネットが、無作為抽出テストから評価・実施までの期間を短縮したことを示している。政策をこれほど短時間で試して調整することはいままで不可能だった。だが最も重要な点として、無作為化がデータ主導の意志決定にインパクトをいかに持つかということを我々はこの章で見てきた。無作為抽出テストの単純明快さは、政敵でさえも無視しがたいものだ。コイン投げという何の影響もなさそうなものが、世界の仕組みにすさまじい影響を与えるのだ。

第3章　確率に頼る政府　まとめ

【ポイント】

・政府も無作為抽出テストを使って自分の政策をきちんとテストできる。
・すでにこうしたテストを義務付け、効果を実証しようとする動きあり。
・実績を実証的に示すことで政治的な横槍にも強くなる。

従来の政策決定は、時の政治家や官僚の勝手な思い込みやイデオロギーに基づいて行われていた。その成果を判断するにしても、政策がよかったのか別の条件が変わったせいなのかわからず、だれも政策失敗の責任をとらずうやむやになるのが通例。

でも絶対計算の進展によって、政策についてもその有効性をテストして、本当に効果のある政策をきちんと判定することが可能になった。

国民から無作為にサンプルを選んで、その政策のありとなしを比較してみればいい！

【例】

・失業対策に求職支援指導をするのは有効か？
→これまでは、その有効性をきちんと評価できなかった。でも無作為抽出で、追加の研修費用を上回る失業手当削減と税収増があることが実証された。
・貧困世帯を高所得地域に移住させるのは有効か？
↓貧乏は環境が悪い、機会は高所得地域に多いので貧困者は貧乏なままだ、という説が一部で根強かった。だが実際に無作為試行してみると、どうも移住させても効果なさそう。
・投獄は犯罪を減らすか、かえって再犯率を高めるか？
↓投獄すると犯罪者が町からいなくなるという説と、牢屋で犯罪者ネットワークができてかえって犯罪が増えるという説がある。これを厳しい判事と甘い判事にあたった犯罪者のその後の比較で検証すると、どっちでもないらしい。
・貧困削減で、貧困者が登校したりクリニックにきたりしたら金を払う制度は有効か？
↓きわめて有効で、成績や人々の栄養状態は大いに改善。それを定量的に示せたので、政権交代でもプログラムはつぶされずにすんだ。

【次章予告】
　医療の分野はきちんとした科学に基づく治療が行われていると思われがちだが、意外にもかなり古い体質となっている。現在そこに、データに基づいた医療を導入しようという動きが顕著。だがそれは、医師の地位を決定的に引き下げる動きでもある。次章はこの動きをまとめる。

第4章 医師は「根拠に基づく医療」にどう対応すべきか

症状の入力によって医者の気がつかないような可能性まで提示してくる絶対計算のソフトが開発された

一九九二年に、オンタリオのマクマスター大学からのカナダ人医師二人、ゴードン・ガイヤットとデヴィッド・サケットは、「根拠に基づく医療」(EBM＝Evidence-Based Medicine)なる宣言を発した。基本となる発想は単純だ。治療法の選択は、最高の根拠に基づくべきで、最高の根拠とはできれば統計からくるべきだということだ。ガイヤットとサケットは、別に統計調査だけを頼りにすべきだと言ったわけではない。ガイヤットは、統計的な根拠が「決して十分ではない」と言っている。単に治療法の決定において、統計的な根拠がもっと大きな扱いを受けるべきだと述べただけだ。

医師が統計的な根拠を特に重視すべきだという発想は、いまだにあれこれ議論の的となっている。EBMをめぐる闘争は、もっと一般的な絶対計算をめぐる闘争と同じものだ。絶対計算は究極的には、統計分析が現実世界の意志決定に与える影響に関するものだからだ。

EBMをめぐる論争のほとんどは、現実世界の治療法決定を統計が左右すべきかどうかというものだ。ＥＢＭの統計調査は二つの中核の絶対計算技術を使う。多くの調査は第１章で見たような回帰方程式で推計する。そのデータ集合はすさまじく大きいのが普通だ——何万、何十万、何百万もの被験者を使う。そしてもちろん、こうした研究の多くは無作為化の力を活用し続けている——ただしいまや、そこにかかっているものはずっと増えた。ＥＢＭ運動の成功のため、一部の医師が結果を治療決定に導入する速度が高まった。インターネットによる情報収集力の進歩で、新しい影響力を持つ技術ができて、いまや新しい証拠が決断を左右するスピードは空前となっている。

4.1　一〇万人の命

医学治療の実証試験は一〇〇年以上も前からある。一八四〇年には、偉大なオーストリアの医師イグナッツ・ゼンメルワイスがウィーンの産院について詳細な統計調査を完成させている。ウィーン中央病院の助産部門における助教授だったゼンメルワイスは、検死解剖室を出てきたばかりの医師見習いが診察した女性は死亡率がきわめて高いことに気がついた。友人にして同僚のヤコブ・コレチカがメスで手を切って死んだのを見て、ゼンメルワイスは産褥熱《さんじょくねつ》が感染すると結論づけた。そして診療所の医師や看護師が、患者を診る前に塩素入り石灰水で手を洗えば、死亡率は一二パーセントから二パーセントに下がることを発見した。

この驚異的な結果は、やがて病気の原因が細菌だという理論のもとになるものだが、猛反発をくらった。ゼンメルワイスは他の医師たちにバカにされた。なぜ手を洗うと死亡率が減るかという説明を十分に提示していないから、その理論は科学的根拠を欠いていると考える人もいた。医師たちは、患者を殺しているのが自分たちだと認めるのをいやがった。そして一日に何度も手を洗うのは、自分たちの貴重な時間の無駄だと文句を言った。やがてゼンメルワイスはクビになった。そして神経衰弱となり、精神病院に入れられて、そこで四七年の生涯を閉じた。

ゼンメルワイスの悲劇的な死や、何千人もの女性の無用な死は、もうはるか昔の話だ。今日の医師はもちろん清潔さの重要性を知っている。医療ドラマは、医師が手術の前に入念に手を洗っているのを見せる。だがゼンメルワイスの話は現代にも通用するものだ。医師たちはいまでも手の洗い方が不十分なのだ。今日でさえ、外科医が手を洗いたがらないのは恐ろしい問題となっている。だが最も重要な点で、この中核にある話はいまも同じだ。つまり、医師たちが統計調査に言われて自分たちのやり方を変える気があるかどうかということだ。この対立は、ドン・バーウィックの頭から離れないものとなった。

小児科医にして医療改善研究所所長であるドン・バーウィックは、ずいぶんとんでもない比喩の的となっている。経営の神様トム・ピーターースはかれを「医療安全のマザーテレサ」と呼ぶ。私に言わせればかれは現代のイグナッツ・ゼンメルワイスだ。一〇年以上にわたりバーウィックは医療過誤を減らそうと努力してきた。ゼンメルワイスと同じく、かれは医療システムのもっとも基本的な最終結果、だれが生きてだれが死ぬかに注目してきた。ゼンメルワイスと同じく、かれもEBMの結果を使ってきわめて簡単な改革を示唆してきたのだった。

一九九九年に起きたまったく別の二つの出来事が、バーウィックを医療制度全体の変革の旗手に変えた。最初は、アメリカ医療学会がアメリカの医療における過誤の広がりに関する大部の報告書を刊行したことだ。報告によれば、毎年病院で最大九万八〇〇〇人が、予防できたような医療過誤の結果として死んでいるという。

第二の出来事はずっと個人的なものだった。バーウィック自身の妻、アンが、珍しい脊椎部《せきついぶ》の自己免疫不全症で倒れたのだった。ものの三ヶ月で、アラスカで二八キロのクロスカントリースキー競走を完走できた彼女が、ほとんど歩けないほどになってしまった。

医療学会の報告を読んで、バーウィックはすでに医療過誤が本当に問題だと確信していた。だが本当にバーウィックが開眼したのは、妻の病院での劣悪な扱いだった。新しい医師が同じ質問を何度も何度も繰り返し尋ね、すでに試して効き目がないとわかっている薬を何度も注文しなおすありさまだった。医師たちが彼女の症状の悪化を食い止めるために薬物療法を使うのが「緊急の要請だ」と判断してから、最初の投薬が行われるまでに六〇時間も待たされた。そして三度にわたり、怯《おび》えきってひとりきりの状態で、担架にのせられたまま夜中に病院の地下室に置き去りにされた。

「わたしができる限りのことをしても（中略）まったく事態は改善しませんでした。頭がおかしくなりそうでした」とドンは回想する。アンの入院以前から、バーウィックは懸念はしていた。「でもその後わたしは過激派になったんです」。病院が遅々としていまだにゼンメルワイスの教訓に学んでいないのを座して見ているわけにはいかない。待ちくたびれたかれは、実際に行動を起こすことにした。

二〇〇四年一二月、かれは大胆にもその後一年半で一〇万人の命を救うという計画を発表した。「一〇万人の命」キャンペーンは、病院に避けられる死を防止するために六つの変化を導入するよう訴えた。その訴えは、別に高度なものではなかった。手術の精度を上げるような話でもない。先人たるゼンメルワイス同様、病院に基本的な手続きを変えるように要求したのだ。たとえば多くの人は手術後に呼吸器につながれている間、肺に感染症を起こす。無作為抽出テストによれば、病院のベッドの頭を上げて、患者の口をしょっちゅう掃除してやれば、感染率は大幅に下がる。バーウィックは、患者が実際に死んでいく様を何度も何度も見た。そして、そうした介入がリスクを減らすことを示す大規模統計による証拠がないか見つけようとした。EBM調査はまた、正しい薬が処方されて服用されているか確認するチェックや再チェックが重要だとした。また最新の心臓発作治療法の採用、問題が起きたら即座に緊急対応チームがかけつけることも重要だ。そこでこうした介入も、一〇万人の命キャンペーンの一部となった。

だがバーウィックの最も意外な提言は、最も歴史的な重みのあるものだった。かれは毎年何千人もの集中治療室患者たちが、胸の中心静脈カテーテルの挿管後に感染症で死んでいることに気がついた。集中治療室患者の半分は中心静脈にカテーテルを入れられるし、集中治療室での感染症は命にかかわる（致死率は二〇パーセントにものぼる）。そしてかれは、感染確率を下げる方法ついて統計的な証拠があるかどうか調べた。二〇〇四年の『Critical Care Medicine』に載った論文によれば、系統的な手洗い（それに患者の皮膚をクロルヘキシジンという消毒剤で消毒するなどの各種衛生手続き）で中心静脈カテーテルからの感染リスクが九〇パーセント以上低下するとされているのが見つかった。バーウィックは、あらゆる病院がこの手続きを採用したら、年間二万五〇〇〇人の命が救えると推計した。数値分析がイグナッツ・ゼンメルワイスに示唆を与えたのと同様に、バーウィックに命の救い方を示したのは統計分析だった。

バーウィックは、医療が航空業界からいろいろ学べると考えている。機長や添乗員たちは、昔より裁量のきく部分がずっと少なくなっている。かれはフライト毎に機長や添乗員たちが一語一語朗読しなければならない連邦航空局の安全警告の例をひく。

「これを何度も見るたびに、医師の裁量を減らすほうが患者の安全は改善されると考えます。そう主張するわたしを、医者たちはものすごく嫌っています」

バーウィックは強力なマーケティングの標語を作り上げた。かれは精力的に旅行するカリスマ的な講演者だ。かれのプレゼンテーションはときには、まさにキリストの再臨を祝う集会の様相を呈する。「この部屋にいる方は一人残らず、このフォーラム中に五人の命を救うのです」とかれはある講演で語った。かれは絶えず、自分の論点を伝えるために現実世界の実例を譬えに使う。保健医療は森林火災の落下傘部隊の脱走や、かれの娘のサッカーチーム、トヨタ、スウェーデン戦艦の沈没、ボストンレッドソックス、ハリー・ポッター、NASA、ワシとイタチの行動のちがいに譬えられたりしている。

そしてかれは数字にかなりこだわる。あいまいな目標ではなく、「一〇万人の命キャンペーン」は初めて決められた時間で具体的な数の人命を救うことを目標にした全国的な試みだ。

このキャンペーンには、三〇〇〇以上の病院が参加した。これはアメリカの病床数の七五パーセントに相当する。その三分の一くらいの病院は、六つの改革をすべて導入することに同意し、半分以上が少なくとも三つを導入した。キャンペーン以前には、アメリカの入院患者の平均死亡率は二・三パーセントだった。キャンペーンに参加した平均的な病院は病床数二〇〇、年間入院患者数一万くらいなので、一つの病院あたりの年間死者数は平均二三〇人ということだ。既存の研究から推定して、バーウィックは参加病院が年に八病床あたり一人の命を救えるとした――二〇〇病床の病院では年間二五人の生命だ。

キャンペーンでは、参加した病院は参加に先立つ一八ヶ月の死亡データを提供することになっており、実験の途中では月次報告を提出することになっていた。一つの病院だけを見るなら、入院数一万人の死亡者数の増減がただの偶然かどうかは判断しにくい。だが三〇〇〇の病院で事前・事後の比較を数字ではじけば、全体的な影響についてずっと正確な評価を下せる。

そして結果はすばらしいものだった。二〇〇六年六月一四日に、バーウィックはキャンペーンが目標以上の成果をあげたと発表した。たった一八ヶ月で、六つの改革は推定一二万二三四二人の病院死亡を減らした。この厳密な数字は、そのまま受け取ることはできない——というのも多くの病院は、予防可能な医療過誤を減らすためにすでに独自の努力を進めていたからだ。キャンペーンなしでも、参加病院の一部は仕事の仕方を変えて人命を救っていた可能性は高い。

だがどう見ても、これは「根拠に基づく医療」の大勝利だ。というのも、一〇万人の命キャンペーンは絶対計算をめぐるものだからだ。バーウィックの六つの介入は、別にかれの直感から生まれたわけではない。統計的な研究からきたものだ。バーウィックは数字を眺めて、何が実際に人々の死を招いているかを調べ、そしてそうした死のリスクを減らすことが統計的に証明された介入を探したのだった。

だがこれは、統計の親分のような代物だ。バーウィックはアメリカの三分の二の病床をカバーするまでキャンペーンを拡大した。その結果は驚くべきものだった。たった五〇〇日強で一〇万人の命を救ったのだから。データの公表から大量導入へ迅速に移行する可能性がここには示されている。中心静脈の感染症に関する研究は、一〇万人の命キャンペーン開始のたった二ヶ月前に刊行されたばかりだったのだ。

「ドン・バーウィックはノーベル医学賞を受賞すべきですよ。かれは存命中のどんな医師よりも多くの人命を救ったんですから」とサンディエゴ小児病院長ブレア・サドラーは語る。そしてバーウィックはまだ活動を止めてはいない。二〇〇六年一二月には、かれの医療改善研究所は五〇〇万人の命キャンペーンを発表した。二年で医療過誤五〇〇万件から患者を守るという計画だ。一〇万人の命キャンペーンの成功は、ＥＢＭの結果を医療機関すべてに普及させる可能性があることを示している。

4.2 昔からの思いこみはなかなか消えない

だが汚い手の問題が継続しているという事実は、医療コミュニティを統計の示す方向に向かわせるのがむずかしいことも裏付けている。統計調査が存在する場合ですら、医師はしばしば統計から導かれる治療法をおめでたくも知らない――あるいはもっとひどいことに意図的に無視する。それが自分の教わった治療法ではないからというだけで。一九八九年以来、特に症状のない人に対する典型的な年次健康診断で行われる多くの検査は、実はほとんど効果がないことが何十もの調査で示されている。症状のない人に定期検診を行っても全体的な寿命には影響しないようなのだ。年次健康診断のかなりの部分が時代遅れだ。でも医師はそれをやるべきだと言うし、それも大規模にやれとこだわり続ける。

コロンビア大学医学校の内科医であるバロン・ラーナー医師は、患者に毎年診察を受けろといい、常に心臓や肺の音を聴診器できき、肛門とリンパ腺を調べ、腹部の触診をする。

「患者さんが『今日心臓の音をきいているのはなぜですか』と尋ねたら、『心臓麻痺の可能性を見極める役に立つんです』とはいえません。わたしはそうしろと教わったし、患者もそれを期待しているというだけなんです」とかれは語った。

もっとひどいことに、統計的な証拠で強く否定されているにもかかわらず、臨床でいつまでも続いている「医療の思いこみ」があることが、大量の文献で示されている。実際問題として、多くの医師は以下のことを未だに信じている。

- ●ビタミンB12障害では錠剤は効かないから注射で治療しなくてはならない。
- ●眼帯を使うと角膜に炎症を起こした患者の快適さと治癒は改善する。
- ●急激な腹痛を起こしている患者にアヘン系の鎮痛剤を与えると、腹膜炎の兆候や症状が隠れてしまうので望ましくない。

だが慎重にコントロールされた無作為抽出テストで、これらの信念はどれもまちがっていることが証明されている。訓練を受けていない一般大衆が「通俗知識」だの効果の示されていない代替医薬品だのに頼ろうとするのは、仕方ないだろう。でも現場の医師が、なぜこうした医療の思いこみにこだわり続けるのだろうか？

こだわりの一部は、新しい研究なんかいらないという発想からきている。これは昔ながらのアリストテレス的な考え方が影響している。臨床試験という発想自体が、研究の主導原理となってきたアリストテレス的なアプローチに反しているのだ。このアプローチでは、研究者はまず病気の根底にある性質を理解しようとすべきだ。問題さえ理解できれば、その解決法は自然に導かれる。ゼンメルワイスが結果の発表に苦労したのは、なぜ手を洗うと人命が救えるのか、アリストテレス的な説明ができなかったからだ。病気の真の性質に関する演繹法的知識に基づくのではなく、ＥＢＭはそれぞれの治療がうまくいくかという帰納法的なアプローチがいかに有効かを示す。だからといって、医学研究はアリストテレス的なアプローチの基礎研究をやめろというわけではない。だがポリオワクチンを開発したジョナス・ソークと同じくらい、ゼンメルワイスや、バーウィックのような人が、医療従事者たちの手がきれいか確認してくれることは不可欠だ。

アリストテレス的なアプローチは、もし医師が病気の働きについてまちがった発想やモデルを採用してしまったら、ひどい結果をもたらす。多くの医師がまだまちがった治療法にこだわるのは、かれらがまちがったモデルを採用してしまったせいだ。モンタナの医師であり、「思い込みによる医療」への批判者として知られるロバート・フラハティが述べるように「病態生理学的に筋が通っているから、正しいはずだ」という考え方だ。

さらにある病気の治療法についてコンセンサスができあがってしまうと、医療界には大勢に流されろという巨大な力が働く。でももし先導者たちがあまりよくものを知らないなら、それに盲目的に追随するととんでもない方向に進みかねない。

仕組みはこんな具合だ。

いまでは、ビタミンB12は注射でも錠剤でも同じくらいよく効くことがわかっている——どちらも八割の場合にうまくいく。だがただの偶然から、ビタミンB12の錠剤を与えられた最初の数人の患者に効き目が見られず、注射を受けた人は効果があったとしよう。先駆的な臨床医師は、この口承的な証拠をもとに、生徒に対してビタミンB12の錠剤は栄養補助として効きませんよと話すだろう。続く医師たちは、注射だけをするようになる。これも八割くらい効くが、ずっと高価だし痛い。こんな具合に、情報の相互強化が生じ、きわめて少数のサンプルに基づく最初のまちがった洞察が、何世代にもわたる教育を通じて広まってしまう。

意志決定を左右できるほどきちんとした統計的調査がないことが多いといって、根拠に基づく医療を拒絶する医師もいる。今日でも、多くの医療手続きは裏付ける体系的なデータを持っていない。

『ニューヨーク・タイムズ』日曜版の「診断」コラムを執筆し、コネチカットのウォーターバリー病院内科医を務めるリサ・サンダースはこういう言い方をする。

「根拠に基づく医療は大躍進をとげましたが、医師が業務で行うもののうち、本当に根拠に基づいているものは、いまだにごく一部にすぎません」

リサは、一歩下がって根拠に基づく医療の台頭そのものを考えるのに最適な人物だ。一九九〇年代に医師として訓練を受けた当初から、彼女は力点ががらりと変わるのを身をもって体験してきたからだ。

「統計なんてほんの数年前までろくに教わりませんでしたから。わたしは変化の波の最も初期にいたんです」

サウスカロライナで生まれ育ったリサは真のルネサンス女性だ。医者になる前には、エミー賞を受賞したこともあるCBSのテレビプロデューサーだった。いまの彼女のコラム「診断」は、人気テレビシリーズ「ハウス」のもとネタになっていて、同番組で彼女は主任医学コンサルタントとなっている。彼女は根拠に基づく医療にはとても熱心だが、その限界も知っている。

彼女は固有の熱心さで語る。

「いま、入院患者みんなに身体検査の項目すべてについて教えているところですが、でもそれがどれくらい役に立つかとか、どのくらい重要か、その予測力がどのくらいかについては話しません。ほとんどの場合、われわれにもわからないからです。話そうとはします――知っている限りのことは。でもそれはいまだに巨大なグレーエリアで、医学の根本的なツールの一つ――身体検査と病歴検査――が現時点ではあまり根拠に基づいていないことを考えると、まあとにかくおかしな話でしょう。だから現状はそういうところなんです。まだ始まったばかりです」

ある意味で、常に根拠に基づく答えがあるとは限らないのは、驚くべきことではない。医学研究はとんでもなく高価だ。高いので、行われる研究の量も減るし、どんな質問が調査対象になり報告されるかについても偏りが出る。製薬会社は自分の薬が有効だと証明する研究には資金を出すが、自分の独占でない治療法が同じくらい有効かどうかいちいち検討したりはしない。

そしてきちんとした実証研究があっても、目下の患者に関係ある情報は提供しないかもしれない。臨床試験のプロトコルでは、共存病をたくさん持つ患者は常に対象から外すことによって、ひとつの処置がひとつの病気にどう影響するかだけに注目しようとするし、試験から女性や少数民族を排除するという残念な伝統もあるからだ。

また医師たちが、お粗末になされた統計研究に抵抗するのは正しいことだ。一部の研究は正しい問題設定をしてないし、十分な変数をコントロールしていない。

数年前に、カフェイン消費が多すぎると心臓病のリスクが高まるという結論を出した調査があった――でもその研究は、患者たちの喫煙の影響を補正していなかった。喫煙者はコーヒーの消費も多く、心臓疾患の真の原因は喫煙であってカフェインではなかった。この種の抵抗は、

「根拠に基づく医療」と完全に一貫性を持つ。EBMは単に、医者が各種の証拠の質を評価して、治療法を決めるときには高品質で体系立った研究をそれなりに重視して欲しいと言うだけだ。問題は、多くの医師が関係あるEBMの結果についてまったく評価しないということだ。それはかれらが、そうした研究の存在をまったく知らないからだ。

4.3 「調べてみてはいかが?」

統計の結果自体を医師が知らなければ、いくら統計があってもその医者の行動は変わらない。統計分析が力を持つためには、意志決定者に伝える伝達メカニズムが必要だ。絶対計算の台頭はしばしば伝達技術の改善が伴っており、意志決定者がリアルタイムでデータにアクセスしてそれに対応できるようにしてくれる。無作為抽出インターネット試験での応用では、こうした伝達リンクの自動化さえ行われている。グーグルのアドワーズは、結果をリアルタイムで伝えるだけでなく、最高の結果をもたらすバージョンにウェブページの画像を自動的に変えてくれる。絶対計算の結果が早く手に入れば、それだけ意志決定者の選択も変えられる。

これとはまったく対照的に、EBM運動以前の医療は、医療の結果を広める手法がきわめて遅く非効率であることが足かせになっていた。医療学会の推計では「無作為抽出の対照試験から生まれた知識が臨床の実践に組み込まれるまでには平均で一七年かかり、その時点ですら適用はきわめてばらつきがあった」とのこと。医学での進歩は人間の平均寿命に一回の割合で起こると言われる。医師たちが医学校や実習期間で学ばなかったことは、最後まで学ばずじまいになる可能性が高い。

他の絶対計算の文脈でもそうだが、ＥＢＭは重要な結果が広まる時間を短縮しようとした。ＥＢＭの要求の中で最も中心的だが最も強い抵抗にあっているものは、医師たちが自分の個別患者の問題を研究しろという呼びかけだろう。ゼンメルワイスが毎日何度も手を洗えと医師によびかけて反発を買ったように、「根拠に基づく医療」運動は、医師たちに時間の使い方を変えろと要求する図々しさを持っていたのだ。

もちろん医師たちは患者全員について個別患者毎の調査をする必要はない。ただの風邪の症状を持った患者がやってきたとき、いちいち調査を始めるのでは時間がずいぶん無駄になる。そして緊急病棟では、調べている暇がない。だが臨床医師につきまとって調べた学者によれば、新しい患者の三人に一人は、最新の研究を調べたら役にたつような問題を提示する。そしてこの比率は、新たな入院患者だとさらに上がる。でも、こうした研究の対象となった医師たちの中で、実際に手間暇かけて答えを調べようとした人はほとんどいなかった。

「根拠に基づく医療」に対する批判者たちは、しばしば情報がないことを言い立てる。多くの例では、日々の臨床判断の中で生じる無数の疑問に導きを与えるだけの高品質な統計研究は存在しないと主張される。こうした抵抗のもっと深い理由は、まさに正反対の問題だ。個々の医師がまともに吸収しきれるのを遥かに上回る、根拠に基づく情報がありすぎるのだ。冠動脈関連の心臓疾患だけでも、毎年三六〇〇本以上の統計調査論文が刊行される。この分野の進歩についていくには、毎日一〇本以上の論文を読まなくてはならない（週末も含め）。論文一本一五分で読むとしても、一日二時間半をたった一種類の病気に関する論文を読むために費やさなくてはならない。「そしてそんなことをしたら時間の無駄です。ほとんどの論文はダメな論文ですから」とリサは語る。

明らかに、医師たちにそこまでの時間をかけて統計調査の山を漁れというのは、まったく現実的ではない。当初から「根拠に基づく医療」の推進者たちは、変化の激しい大量の医療研究データベースから意味のある高品質の情報を臨床医師が引き出すための、情報検索技術こそが重要だと理解していた。

実際、一九九二年の最初の論文で、ガイヤットとハケットは水晶玉をのぞき込み、新人医学実習生が「四三歳で既往症なしの男性が大発作を起こすのを目撃した」場合にどう対応するかというシナリオを書いている。年配の実習生や当直医にどうすればいいかきくかわりに、根拠に基づく臨床家は「図書館に向かって『グレイトフル医療プログラム』を使って、コンピュータ化された文献検索を行う。（中略）検索は実習生にとって二ドル六八セントかかり、プロセス全体は（図書館までの往復時間と記事のコピーを取る時間を含めて）三〇分ほどしかかからない」。実習生が図書館にでかけて論文を見つけ、コピーするのにたった三〇分というのは、いまから思えばとんでもなく楽観的だったが、一九九二年以来、この三〇分の調査という発想をただの妄想ではなくしてしまうことが起きた。アル・ゴアの友だち、つまりインターネットだ。時々忘れがちなことだが、初のウェブブラウザは一九九三年まで登場しなかったのだ。

リサはこう語る。「現場の医師、患者の面倒を見ている医師が、系統的に根拠に基づく医療を実践できるようにしてくれたのは、テクノロジー――コンピュータとインターネット――だったんです。いまやだれもが最新最高の医学研究に、自分のデスクからアクセスできます。たとえば、変形関節症に関節鏡利用手術が有効か、あるいは心臓疾患防止のために閉経後のホルモン交換がいまでも有効な治療法と見なされているか、すぐにわかるんです」。ウェブのおかげで、あらゆる診察室にはバーチャル図書館が置けることになる。

ウェブの検索技術のおかげで、医師が個別患者の個別問題に関連した結果を見つけるのはずっと楽になっている。史上空前の高品質な統計論文があるけれど、同時に医師たちにとっては、大海の一滴を見つけるのも、空前の速度で可能になっている。コンピュータを使った各種の専用検索エンジンが、いまや医師たちを関係ある統計調査につなぎあわせてくれるようになっている。Infotriever、DynaMed、FIRSTConsult などはどれも、マウスを数クリックするだけで最先端研究の概要を見つけてくれる。

こうした結果の概要版には、通常はウェブリンクがついていて、医師はそれをクリックすれば元の論文やそれを引用したその他の論文すべてを読める。でも原論文をクリックしなくても、最初の検索結果だけでも「根拠の水準」なる記述を見るだけでかなりの判断はつく。今日では、あらゆる研究には点数がつけられ（根拠に基づく医療のためのオックスフォードセンターが開発した一五項目の段階評価だ）、読者は手短に根拠の質が読み取れる。最高の点数（『1a』）は、複数の無作為抽出テストがあって似たような結果を出している場合にだけ与えられる。最低の得点は、専門家の意見だけに基づく治療を示唆するような論文に与えられる。

証拠の品質を簡潔にまとめる方向への変化は、根拠に基づく医療運動の最も重要な影響の一つかもしれない。いまや臨床医は研究の提言を評価するにあたり、それをどこまで信用すべきかずっと判断しやすい。絶対計算ですばらしいことの一つは、それが予測するだけでなく、その予測の厳密さを同時に教えてくれることだ。同じようなことが、こうした根拠の水準を明らかにする動きにもあらわれている。ＥＢＭは治療法を推奨するだけでなく、医師にその推奨を裏付けるデータの品質も教えてくれる。

こうした証拠の採点は、根拠に基づくアプローチがうまくいかないという一派に対する強力な答えとなっている。一部の反対者は、医師たちが答えるべき問題すべてに答えられるだけの調査がそもそもないと言って、この方式がうまくいかないと主張する。採点は、権威ある統計的な証拠がなくても、専門家が目先の問題に答えられるようにしてくれる。専門家は単に、その分野における目下の知識の限界を明らかにすればいいだけだ。証拠採点の水準もまた、情報検索においては単純ながら確実な進歩だ。苦境にある医師はいまや大量のインターネット検索結果を眺めて、ただの伝承と、もっとしっかりした複数の研究に基づく内容とを識別できる。

インターネットの開放性は、医療文化さえも変えつつある。回帰分析や無作為抽出テストの結果は、医師だけでなくキーワード数件でググる暇があればだれにでも見られる形で公開されている。医師たちは、（若手の）同僚が読めと言うから論文を読むだけでなく、患者たちに追い越されないためにも論文を読まざるを得なくなっている。車の買い手がショールームを訪れる前にネットで検索をかけるのと同様に、多くの患者は Medline のようなサイトにでかけて、自分のどこがおかしいかを調べようとする。Medline ウェブサイトはもともと医師や研究者向けだった。いまや訪問者の三分の一以上は一般大衆、つまり患者だ。

そして Medline はこれに対応して消費者向け健康誌を一二誌追加し、患者専用の姉妹サイト MEDLINE plus を開始した。つまりインターネットは情報が医師に広まるメカニズムを変えるのみならず、影響力の技術、つまり患者が医師の選択に影響を与えるメカニズムを変えているわけだ。

技術は絶対計算が現実世界の決断を変えるにあたりきわめて重要だ。企業や政府の意志決定者が調査を委託するとき、その結果を伝えるメカニズムは通常は決まっている。この場合には、「技術」というのは結果を上司に手渡すだけのことかもしれない。だが関心ある一般的な問題に対する何百何千という自発的な研究があるとき、最も意味のある結果をどうやって迅速に検索するかという問題は、その結果が意志決定を左右する可能性が少しでもあるかを決めてしまう。

4.4
未来は今だ

「根拠に基づく医療」の成功は、データに基づく意志決定の見事な例だ。直感や個人の経験に基づくのではなく、系統だった統計調査に基づく意志決定だ。伝統的な叡智をひっくり返して、降圧剤のベータブロッカーが心臓疾患患者に有益なこともあると発見したのは絶対計算だった。高齢女性にはエストロゲン療法が役に立たないことを示したのも絶対計算だった。そして一〇万人の命キャンペーンにつながったのも絶対計算だった。

今のところ、医療分野でのデータに基づく意志決定の台頭は、治療法に関する問題に限られている。次の波はまちがいなく診断に関するものとなる。

インターネットと呼ばれる情報データベースは、すでに診断に奇妙な影響を与えつつある。『The New England Journal of Medicine』は、ニューヨークの研修病院での巡回を描いた記事を載せた。「アレルギーと免疫学の研修医が、下痢と異様な発疹（「ワニ肌」）、T細胞機能低下を含む複数の免疫異常、器官エオシン好性（胃壁粘膜）、周辺部のエオシン好性、さらにはX染色体に明らかに関連した遺伝パターン（男性親族数人が小児期に死亡している）に直面した」。当直医や病院職員たちは、長い議論を経ても正しい診断についてまったく合意に達しなかった。

ついに教授は、その研修医に診断を尋ねた。そして彼女は、診断を下しましたと述べ、症状に見事にあてはまる珍しいIPEXという症候群を報告した。どうやってその診断に達したのか尋ねられると、彼女はこう答えた。

「主要な特徴をグーグルに入れたら、すぐに出てきましたよ」

当直医は唖然とした。

「ウィリアム・オスラーは墓の中で悶絶していることだろう。診断をググった？（中略）われわれ医者はもう要らないというのか？」

当直医が即興でウィリアム・オスラーを持ち出したのは実にこの場にふさわしい。オスラーは、ジョンズ・ホプキンス医大の創設者の一人で、医療実習制度の父でもある――医療実習は、あらゆる臨床訓練でいまだに要石となっているものだ。グーグル診断やグーグル療法を知ったら、オスラーは確かに墓の中で悶絶するだろう。インターネットは若い医師が、叡智の主要な源として教職員に頼るという状況をかき乱すものだからだ。若い医師は、先輩医師たちの賢明な経験に頼らなくてすむ。自分たちにイジワルをして楽しんだりしない情報源に頼れるのだ。

多くの医学校や民間企業が、「診療決定支援」ソフトウェアの第一世代を開発しつつある。「イザベル」という名の診断プログラムは、医師が患者の症状を入力して、もっとも可能性の高い原因一覧を得られるようにする。患者の症状が、四〇〇〇以上の薬品の利用からくるものではないかということさえ教えてくれる。イザベルのデータベースは、一万一〇〇〇種類以上の病気を多数の臨床結果や実験室での結果、患者の病歴、個別症状と関連づける。イザベルのプログラマたちは、あらゆる病気の分類を作り上げて、それぞれの病気と関連しそうな雑誌論文の中の単語パターンを統計的に検索し、それをデータベースに教えた。この統計検索アルゴリズムは、個別の病気／症状の関係をコード化する効率を劇的に向上させた。そしてそれはまた、新しく登場した論文が高い予測関連性を持てば絶えず更新される。白か黒かのブール代数式検索ではなく、絶対計算による関連性予測はイザベルの成功にきわめて重要だった。

イザベルは、ある株式仲買人が診断の誤りに苦しめられた経験から生まれた。一九九九年にジェイソン・モードの三歳の娘イザベルは、ロンドンの当直医に水疱瘡の診断を下されて家に帰された。その翌日、彼女の器官が次々に停止しはじめ、当直の集中治療医ジョセフ・ブリットは、彼女が実は命にかかわる肉を食らうウィルスに冒されていることに気がついた。結局イザベルは回復したものの、父親はこの経験に大きな衝撃をうけて、金融の仕事をやめた。モードとブリットはいっしょに会社を創設して、誤診をなくすべく「イザベルソフトウェア」の開発にとりかかった。

診断ミスは、医療過誤の三分の一を占める。検屍解剖調査によれば、医師たちは命にかかわる病気を最大で二〇パーセント誤診している。「和解した医療過誤裁判を見れば、誤診は処方ミスの二倍から三倍多いんです」とブリットは語る。なんと言おうと、何百万人もの患者たちは、まちがった病気の治療を受けているのはまちがいない。そしてもっと困ったことに、『Journal of the American Medical Association』の二〇〇五年論説は、誤診の比率は過去数十年で目に見えた改善を示していないと結論づけている。

イザベルの野望は、診断科学の停滞を変えることだった。モードはあっさり述べる。「コンピュータはわれわれより記憶力がいいんです」。世界には一万一〇〇〇種類以上の病気があり、人間の脳はそれぞれがもたらす症状をすべて記憶するだけの力はない。イザベルは実際に、医療診断のグーグルという宣伝文句で売られている。それはグーグルと同じく、巨大データベースから情報を検索する支援をしてくれるのだ。

誤診の最大の原因は「はやすぎる結論」だ。イザベル・モードの当直医が水疱瘡の診断を下したように、医師は自分が正しい診断に達したと思ったら、他の可能性には目を閉ざしてしまう。イザベルは、他の可能性を指摘してくれるシステムだ。このソフトは本当に「以下の可能性は考えましたか?」というページを表示してくれる。他の可能性について早めに指摘してくれるだけで、効果はかなりのものだ。

二〇〇三年に、ジョージア州の田舎から四歳の少年がアトランタの病院に入院した。少年はずっと熱がつづいていて、もう何ヶ月も臥せっていた。医師たちは血液検査で白血病だとわかったので、翌日から強い化学療法を始めるように指示した（デヴィッド・レオンハルトの『ニューヨーク・タイムズ』の記事による）。

ジョン・バーグサーゲルは、同病院の上級腫瘍学教授だったが、少年の肌に生じた淡褐色の斑点に疑問を抱いた。これは通常の白血病の症状ではなかった。それでもバーグサーゲルはいろいろ書類作業があったし、明らかに白血病を示している血液検査を信用したい誘惑にかられた。「いったんある診療法の道を進み始めたら、そこからはずれるのはかなりむずかしいんです」とバーグサーゲル。

偶然にもバーグサーゲルは最近イザベルの広告を見て、このソフトのベータテストに応募したところだった。そこで次の患者に移る前に、かれはコンピュータの前にすわって少年の症状を入力してみた。「以下の可能性は考えましたか？」のてっぺん近くに出てきたのは、白血病の珍しい変種で、化学療法では治らないものだった。バーグサーゲルがこれまで聞いたことのない病気だったが、確かにそれは茶色い皮膚の斑点を示すという。

研究者たちは、イザベルが医師たちに、これまで検討していなかった大きな別の診断を指摘したケースが一〇パーセントくらいだと指摘する。イザベルは絶えず、試練にさらされている。毎週、『New England Journal of Medicine』は診断パズルを掲載する。患者の症歴を入力にペーストするだけで、イザベルは一〇から三〇の診断一覧を生み出す。そして七五パーセントの場合に、その一覧は同誌が（通常は検屍解剖を通じて）正しい診断だったとするものを含んでいる。そしてもっと詳細な入力欄に症状その他を手入力すれば、イザベルの正解率は九六パーセントに上がる。このソフトは、一つの診断に絞ることはしない。「イザベルは神のお告げではありませんから」とブリットは述べる。可能性のある診断について、見込み確率の順位をつけることもしない。でも原因を一万一〇〇〇種類の病気から、順位なしでも三〇の病気に絞り込むだけでもすさまじい進歩だ。

私はテレビドラマ『ハウス』が大好きだ。だがその主役となる医者は、診断家として圧倒的な能力を持つが、調べ物をまったくしない。いつも自分の経験とシャーロック・ホームズ的な推論の力をもって、毎週のように診療ウサギを帽子から引っ張り出してみせる。『ハウス』はドラマとしてはすばらしいが、診療システムの運営としては最悪だ。このドラマの脚本アイデアを推奨する友人リサ・サンダースに、主人公がデータに基づく診断と対決するエピソードを入れてはどうかと提案したことがある。カスパロフ対ＩＢＭのコンピュータのチェス王座決定戦のようなものだ。イザベル開発者のジョセフ・ブリット医師は、それではドラマにならないだろうと考える。「だって一話が一時間もたずに五分から七分で終わってしまいますから。イザベルは同じ医療ドラマでも『グレイズ・アナトミー』や『ER』のほうで活躍すると思いますよ。これらのドラマは短時間で多数の決断を下すような場面だらけですから」。人が機械に勝てるのは作り話の中でだけなのだ。

そして絶対計算は、診断の予測力をさらに向上させるだろう。現状ではこうしたソフトは基本的には雑誌論文を処理するだけだ。イザベルのデータベースは何万もの関連づけを持つが、結局のところは医学誌論文に刊行された情報をまとめただけだ。グーグルのような自然言語検索で武装した医師集団が、特定の病気と関連づけられた公刊済の症状を探して、結果を診断データベースに入力する。

現状では、医者の診察を受けたり、入院したりすると、そこで体験した診断結果は医療の集合的な知識にはまったく何の価値も持たない――例外的にあなたの医者が、それを論文に書いて投稿しようと考えたり、あなたの病状が何か専門研究に含まれでもしない限り。情報の観点からすると、ほとんどの人は無意味に死んでいる。われわれの生死に関することは一切次世代の役にはたたない。

医療カルテの急速なデジタル化のおかげで、医師たちは初めてわれわれ自身の集合的な医療体験に含まれる豊かな情報を活用できるようになる。ここ一、二年くらいでイザベルは、可能性のある診断を無差別に挙げるのではなく、個別の症状や病歴に応じてそれぞれの病気の可能性も示すようになる。ブリットはこの可能性を述べるにつれて活気づく。「たとえば胸の痛み、発汗、動悸を訴える五〇歳以上の患者がきたとしましょう。医者としてあなたは、昨年カイザー長期診療所でこうした症状が心筋障害であることが多く、動脈瘤である場合は少なかったことを知りたいと思うでしょう」

デジタルカルテがあれば、医師たちは症状を入力して検索にかけるまでもない。イザベルは自動的にカルテから情報を抽出し、予測を出せる。そしてイザベルはまさに、ネクストジェン社と組んで、重要なデータを補足できるように、系統だった柔軟な入力欄を持つソフトウェアを作ろうとしている。伝統的なカルテは、医師が脈絡なしにあとから重要だと思ったものを記入するが、ネクストジェン社はその場でもっと系統だったデータ収集を行う。「これを同僚たちの前で公言するのはいやなんですが、ある意味では医師という存在を、こうしたデータの入力役から排除するということになります。必要入力事項があらかじめ系統だった形できちんと決められた入力欄があれば、医師はそれに従うことになって、自分の判断で症例メモを書くよりずっと豊かなデータが得られるようになります。カルテのメモは伝統的にきわめて手短なものでしたし」とブリットは語る。

こうした巨大な新データベースをもとに絶対計算することで、医師たちは史上初めてリアルタイムの疫学を実践できるようになる。「考えてもみてください。イザベルは、同じ病院の四階に、同じ感染症と水腫症状の患者が一時間前に収容されたと教えてくれるようになるんですよ」とブリット。一部のパターンは、個別医師が気まぐれに診るよりも、総計した形でみたほうがずっと見つけやすい。

専門家の色眼鏡を通したデータだけに頼るかわりに、診断はむしろ医療システムを使う何百万もの人々の経験にも基づくべきだ。実際、データベース分析は最終的には診断を下すにあたって何を調べるべきかに関する意志決定の改善につながるかもしれない。これこれの症状の人だと、どんな試験が有益な情報をもたらしますか？　どんな質問をするのが最も役にたちますか？　その質問を尋ねる順番さえ教えてもらえるかもしれない。

ブリットは一九九九年に航空免許の勉強を始めたが、パイロットたちが各種機器による操縦支援をずっと容易に受け入れることに驚いた。ブリットはこう言った。「飛行機の先生に、どうしてこんなちがいが生じるのか尋ねてみましたよ。すると先生はこう答えました。『簡単なことですよ、ジョセフ。パイロットとちがって、医者は飛行機と心中しませんから』」

これは名台詞だ。だが「根拠に基づく医療」に対する医師の抵抗は、むしろ自分のこれまでのやり方を根本から変えろと言われてムッとしない人はいない、という点のほうが大きいと思う。はるか昔にイグナッツ・ゼンメルワイスは、医師が一日に何度も手を洗うべきだと主張する度胸を見せたときに、これを思い知らされた。ＥＢＭ支持者たちが、医師に担当患者のそれぞれについて最も適切な治療法について調べてはと言うと、同じ反応が働くのだ。多くの医師は実質的に、治療法選択の少なくない部分を絶対計算者たちに譲り渡している。リサ・サンダース医師は診断（これを彼女は自分の目的と呼ぶ）と、適切な療法を調べること（これは「本当に専門家の領域です」）とを区別する。ただしここで専門家というとき、それは絶対計算者であり、どの療法が最高かを示す統計研究を生み出し続ける博士群のことだ。だがまもなく、イザベルはこのプロセスで医師たちが占める位置も侵食するようになる。戦いは根拠に基づく診断に移るだろう。イザベル医療社は、自分たちが単に診断支援を提供するだけだと強調するのを忘れない。だが運命の日は近い。構造化された電子入力ソフトウェアは、やがて医師たちを単にコンピュータの出す質問に答えるだけの役割に限定してしまうかもしれない。

絶対計算革命はデータ主導意志決定の台頭だ。選択を、回帰分析や無作為抽出テストによって導いてもらうということだ。多くの医師は（その他本書で出会うあらゆる意志決定者と同じく）いまだに診断というのが、自分の専門性と直感に大きく依存した技芸なのだという発想にしがみつく。

だが絶対計算者にしてみれば、診断というのは予測の一種でしかないのだ。

第4章　医師は「根拠に基づく医療」にどう対応すべきか　まとめ

【ポイント】

・データ分析による単純な手続き改善で医療現場の死者は大きく減る。
・診断も治療法も、ググったり専用検索ソフトを使ったほうがミスもない。
↓医者たちの裁量を減らし、相当部分をコンピュータに任せるほうが人命を救えるのでは？　だが医師たちはこれに激しく抵抗する。

かつてゼンメルワイスは、医者がもっときちんと手を洗えば病院の死者は減る、と主張し、医者たちに総スカンをくらって不遇の死をとげた。だが現代の医師もあまり進歩していない。治療法や各種の手順も、絶対計算を通じてきちんと検証すればずっと効果が上がる！

【例】

・アメリカでは根拠に基づいた医療（ＥＢＭ）の動き。
・医者が手を洗う、患者の口をきれいにする等簡単な処置で死者激減（ドン・バーウィックの「一〇万人の命」運動）。

また問題として相当数の誤診でかなりの医療事故が生じている。

理由①：医者はインターンを終えたらほとんど勉強しないので古い誤情報が

いまだに生き残っている。
理由②：勉強したくても、新しい論文すべてにきちんと目を通すなど、実質的に不可能。

診断支援ソフト「イザベル」の登場
広範な医療論文をつねに狩猟し、データベースにアップデートしている。カルテの電子化にともない、柔軟な入力欄と「イザベル」が連動することでリアルタイムに、支援がうけられる。
ひとりの医師の知識の限界を超え、盲点となるような病気の可能性をあげてくる。

専門家である「医師」の役割や地位はどうかわるのか？

【次章予告】
医療の分野以外にもおこっている「絶対計算」の台頭で、専門家の役割はどうかわっていくかを見ていく。

第5章

専門家VS.絶対計算

専門家にできて絶対計算にできないことは何なのか。
互いの共存はあるか？　それぞれの限界と長所を探る

5.0 裁判の結果をあてる

これまでの章は、絶対計算の予測だらけだった。マーケティング計算者たちは、顧客がどんな商品を買いたいか予測する。無作為抽出テストは、人が処方薬（またはウェブサイトや政府の政策）にどう反応するかを予測する。eHarmony は人の望む結婚相手を予測する。で、どっちが正確なのだろう。絶対計算者か伝統的な専門家か？

実はこれは、研究者たちが何十年にもわたって問い続けてきた疑問だ。直観主義者や臨床家たちはほとんど例外なしに、自分の意志決定の根底にある変数は定量化もできないしだれでもわかるようなアルゴリズムにも還元できないと主張する。かれらが正しいとしても、統計予測に基づく意志決定ルールが、経験と直感に基づいて意志決定をする伝統的専門家の決断より精度が高いかどうか、試してみることはできる。言い換えると、絶対計算は専門家たちが本当に回帰分析や無作為抽出テストで導かれた方程式より優れた結果を出せるか、評価できるわけだ。一歩下がって絶対計算に、自分自身の強みを試させればいい。

ペンシルバニア大学の法学教授テッド・ラガーがまさにこれを思いついたのは、二〇〇一年に二人の政治科学者アンドリュー・マーチンとケヴィン・クインによる絶対計算論文の説明をセミナーで聞いているときのことだった。マーチンとクインは、裁判に関わる政治条件を変数としていくつか使うだけで、最高裁判所の判事がそれぞれどういう評決を下すか予測できるという論文を発表していたのだった。

テッドはそんなことは信じなかった。テッドはありがちな血の気のない学者とはまったくちがう風貌だ。引き締まった体育会系の体つきに四角いアゴと、がっしりしたハンサムな男なのだ（若き日のロバート・レッドフォードに焦げ茶色の髪をのせたところを想像してほしい）。セミナー室にすわりながら、かれはこの政治科学者たちが結果を表現するやり方が気にくわなかった。

「実際にはかれらは、予測の業界用語を使っていたんですよ。わたしはいささか懐疑派として観客に加わっていたんです」

かれが気に入らなかったのは、論文がやったのが過去を予測することだけだということだった。

「法学や政治科学の研究にありがちなことですが、基本的には回顧的だったんです」

そこでセミナー後にかれは講演者のところへいって提案をした。

「ある意味で、このプロジェクトの誕生は、わたしが講演のあとでかれらと話をして、その試験を未来に適用してみたらどうですか、といったところから始まったんです」

そして話をする中で、両者はトトカルチョをやることにした。「異領域間の友好的な競争」で、最高裁判所の裁判結果を二種類の方法で予測して精度を較べてみようというわけだ。赤コーナーには政治科学者たちの絶対計算予測、青コーナーには法学専門家八三人の意見だ。両者に出された課題は、二〇〇二年中に最高裁判所で議論されるすべての裁判について、事前に個別判事の審判を予測することだった。専門家たちは法学の真の精鋭たちで、法学教授、弁護士、評論家の集団だった（全体で三八人が最高裁判事の助手をつとめ、三三人が教授職についており、五人は現職または以前に法学部長だったことがあった）。絶対計算は、あらゆる場合にすべての判事について予測を出したが、専門家たちは自分が得意とする分野についての評決でのみ意見を求められた。

テッドは、これがまともな勝負になるとは思っていなかった。政治科学者たちのモデルは、たった六つの要因しか考慮していなかったのだ。(1)その判事の出身巡回法廷、(2)その裁判の争点領域、(3)原告の種類（アメリカ政府か、従業員か等々）、(4)被告の種類、(5)下級法廷判決のイデオロギー的な方向性（リベラルか保守か）、(6)被告がその法律や判決を違憲だと主張しているかどうか。「最初の感覚では、このモデルは評決意志決定のニュアンスを捉えるにはあまりに還元主義的すぎるから、法専門家のほうがよい成績をあげると思いました」とかれは語る。なんといっても、法や判例の詳細な知識が無意味なはずはないだろうから。

この簡単なテストは、法というのが何かという最も基本的な問題にも触れている。オリヴァー・ウェンデル・ホームズ判事は、以下のような発言で法実証主義の発想を創り出した。「法の生命はその論理にあるのではない。その経験にあるのだ」。ホームズにとって、法というのは「判事が実際にどうするかという予測」以上のなにものでもない。「法は科学であり、その科学のあらゆる入手可能な材料は印刷された本に書かれている」という、ハーバード大学学長クリストファー・コロンブス・ラングデール（かれはソクラテス的な法学教育を推奨していた）の見方をホームズは否定したのだ。ホームズは、正確な予測というのは「明示的なものも暗黙のものも問わず、その時代に感じられる必然性や、主流の道徳政治理論、公共政策の直感や、判事たちが一般人と共有する偏見をさえも遥かに超えたもの」と関係していると感じていた。

政治科学の主流統計モデルは、それが判事の偏見やイデオロギー的な視点に圧倒的な力点を置くという点でホームズ的だといえる。政治科学者はしばしば、こうした政治的イデオロギーが固定化していて、リベラルから保守に至る単一の数値スペクトルにしたがってきれいに並んでいると想定する。この種の絶対計算アルゴリズムが生み出す意志決定ツリーは、細やかなニュアンスなどかけらもない。最高裁判事九人が評決を下した過去六二八件の裁判に関する歴史的なデータを使いながら、マーチンとクインはまず、評決が全員一致の下級裁判所判決支持になるか、それとも逆転判決になるかを予測できるか調べた。それから同じ歴史的な裁判の実績を使って、全員一致でない場合に個別判事がどんな評決を下すかを最もうまく予測するフローチャート（要因の条件つき組み合わせ）をつきとめた。たとえばこの実際の研究で、サンドラ・デイ・オコナー判事の評決を予測するのに使われたフローチャートを見て欲しい（147ページ）。

この予測フローチャートはとんでもなく乱暴だ。最初の分岐点では、オコナーは下級裁判所が「リベラル」とされているときには必ず評決を覆すとされている。このため、二〇〇二年中に行われたミシガン大学ロースクールのアファーマティブアクション方針を違憲とする裁判で、このフローチャートは下級法廷の判決がリベラル（つまりアファーマティブアクション方針を合憲であるとした）というだけで、オコナーがその判決をひっくり返すだろうとまちがった予測をしている。「保守的」な判決の裁判だと、フローチャートはいささか複雑になり、出身巡回法廷、被告の種類、裁判の争点領域などで予測が条件付けられる。それでも統計的な予測は裁判の個別争点や過去の判例を完全に無視している。個別争点について大量の知識を持つ法学専門家のほうが、どう考えてもいい成績を挙げるはずだ。

統計モデルを使う場合でも、過去の裁判をデータ化するときには相変わらず人間が必要だということには留意してほしい。下級法廷の判決が「リベラル」か「保守的」かを判断するには、ある種の専門性が必要だ。この研究は、統計的な予測が主観的な判断と共存できるし、それに依存することもあるのを示している。統計的な判断が、専門家や臨床家の主観的な意見に左右されることもあるのだ。患者が「やばそう」かどうかという看護師の判断をルールの一つとして入れることは十分に考えられる。でも、これは技能として従来のものとはかなりちがっている。専門家は最終的な判断を下すのではなく、ある個別特徴の有無について意見を求められるだけだ。人間の専門家は、確かにそれなりの意見は述べられるけれど、その裁量の余地は絶対計算の方程式に制限され、最終的な方向づけを行うのは方程式のほうだ。

「試験を未来に向けてみよう」というテッドの単純なアイデアにより、同法廷の年度を通じて展開されるドラマチックなテストの舞台ができあがり、多くの関係者は興味津々だった。コンピュータと専門家たちの予測はどちらも、実際の評決が下される前に公開のウェブサイトに投

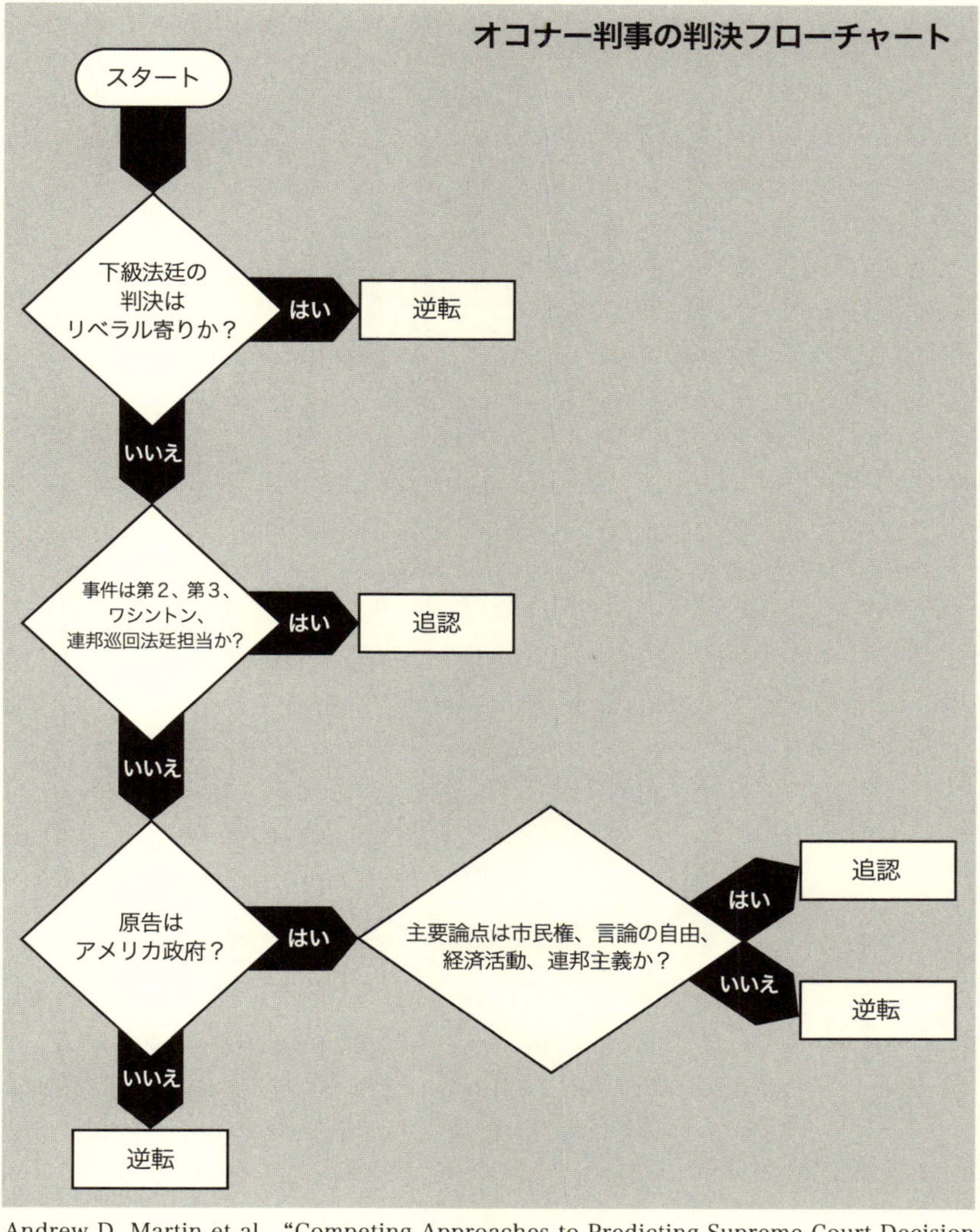

Andrew D. Martin et al., “Competing Approaches to Predicting Supreme Court Decision Making” 2 Perspectives on Politics 763(2004)

稿され、人々は各判事の意見が次々に下されるにつれて、結果を見ることができた。

専門家たちは負けた。

二〇〇二年度中に審議された裁判すべてのうち、モデルは下級法廷の判決支持／逆転の結果のうち七五パーセントを正しく予測したが、法専門家はたった五九・一パーセントにとどまった。絶対計算は特に、オコナー判事やケネディ判事といった重要な浮動票の予測に威力を発揮した。モデルはオコナー判事の評決を七〇パーセントの確率であてたが、専門家の成功率はたった六一パーセントだった。

ここまで極端にそぎ落とした統計モデルが、弁護士のみならず各裁判について詳細な情報を入手できたこの分野の専門家たちでさえかなわないほどの力を見せたのはなぜだろうか。ただの統計的な不都合（つまり偶然）だろうか？　法専門家たちのほうに偏りや傲《おご》りがあったせいだろうか？

これが本章の中心的な問題だ。手短に答えておくと、テッドの試験はもっとずっと大きな現象の一部でしかない。何十年にもわたり、社会科学者たちは絶対計算と伝統的な専門家たちの予測精度を比較し続けてきた。そうした調査を追う毎に、勝つのはいつも絶対計算という強い傾向が出てきているのだ。

5.1 ミールの「困った小さな本」

はるか昔の一九五四年、ポール・ミールは『臨床予測vs.統計予測』という本を書いた。この薄い本は、心理学者たちの間にすさまじい論争を引き起こした。これは「臨床」専門家たちが、単純な統計モデルに較べてどれだけ優秀かを調べた研究二〇種類ほどを比較した結果が書かれた本だ。対象とした研究は非常に多岐にわたっていて、分裂病の患者が電気ショック療法にどう反応するかから、囚人たちが保釈にどう反応するかまで見ていた。ミールの驚愕の発見は、調査の一つとして専門家のほうの予想が優れているという結果にならなかった、ということだった。

ポール・ミールはこの論争の火ぶたを切るのに最適な人物だった。かれは心理学の重鎮で、後にアメリカ心理学会の会長になる。今日にいたるまで精神医学分野では最もよく使われる人格診断であるMMPI（ミネソタ多面的人格目録検査）の開発にも貢献している。だがミールが人vs.マシンの論争を主導するのに最もふさわしい人物だったのは、かれが双方について情熱を抱いていたからだ。ミールは実験心理学者だが、臨床にも価値があると思っていた。その本を書いたのも、臨床経験が専門性をもたらすという主観的な確信と、「専門家たちによる診断上の判断や予想の信頼性・有効性に関するがっかりするような結果」との個人的な葛藤のためだった。

この本の結論のために、一部の人はかれが筋金入りの絶対計算屋にちがいないと考えた。自伝でミールは、セミナーの後の打ち上げで、実験心理学者の集団が「臨床屋どもをぎゃふんと言わせた」ことでかれを誉めそやしたと書いている。だがかれらは、ミールが精神分析を評価していて、オフィスにはフロイトの絵さえ飾ってあると知ってショックを受けた。ミールは、統計屋のほうが多くの点についてよい予測を出せるという研究結果は信用していたが、一方で精神分析の夢判断を、「統計化して客観化するのがむずかしい類推プロセスの見事な例」と述べていた。ミールはこう書いている。

　ウィーンで訓練を受けた臨床心理士に八五時間くらいの精神分析セッションを受けてきた（とかれらに話した）。そしてわたし自身の診療に対する態度はきわめて肯定的なものだった、と。（中略）それまで輝くほど温かかった場の雰囲気は、目に見えて冷え込んだ。高名な実験心理学者がいきなりとげとげしくなった。かれはわたしをにらみつけるとこう言ったのだ。「おいおいミール、頼むよ。きみはミネソタで科学的な訓練も受けてるし、ネズミを走らせる実験もして数学もわかってるし、さっきみたいな容赦ない講演だってできる人物だろう。そんな人が、フロイトの夢判断みたいなクソにどうして中身があると思えるんだよ?」

ミールはこの精神分裂じみた状態を五〇年も続けた。最初の研究――これをかれは茶目っ気たっぷりに「我が困った小さな本」と呼んでいた――は皮切りでしかなく、その後かれ自身も生涯にわたりこの問題に情熱を傾けたし、また他の人々による「人vs.マシン」研究の、文字通り一大産業の発端にもなったのだった。

研究者たちはいまや、意志決定に関する統計アプローチと専門家アプローチを較べた調査を何十何百と完成してきた。こうした調査では、結婚満足度から学問での成功度合い、企業の倒産やウソ発見まであらゆる分野で、絶対計算と専門家たちの予測能力の優劣が分析されている。データ集合さえ十分なら、どんな意志決定もどちらが優れているか判断できる。研究によれば、統計データベースを使った絶対計算家たちは、人々の性的嗜好を当てたり、満足のいくクロスワードパズルを作ったりする作業ですら、人間を上回る成果をあげられるのだ。

ごく最近、オランダのアインドホーヴェン工科大学教授クリス・シュナイダースは、プロの企業購買担当者たちより上手な買い物ができるかどうか調べてみた。シュナイダースは五二〇〇点以上のコンピュータ機器やソフトウェアの購買について、七〇〇以上のオランダ企業からデータを集めていた。それぞれの購買について、シュナイダースは三〇〇以上の取引条件――たとえば納期が守られたか、指定条件通りだったか、製品の説明書が十分だったか等――を情報として持っていた。

「ここには世の中の役にたつ情報があるはずだ、と思ったんですよ。そこで論文を抱えて企業をまわり、これにどういう意味があるかを説明して回ったら、一笑に付されました。『あんたに何がわかるね？　会社勤めの経験もないくせに。データなんか忘れることだ』とね。だからわたしはこの試験をしたんですよ。このデータが無意味だと思うんなら、まあ目にもの見せてあげよう、と思ったんです」とかれは話してくれた。

シュナイダースはデータの一部を使って、企業購買担当者の満足度を、取引の一四の側面と相関させる回帰式を推計した。一四の側面には、その業者の規模や評判、契約交渉に弁護士が関わっていたかなどが含まれる。そして別の取引の集合を使って、絶対計算による予測結果と、プロの購買担当者たちの予測とを戦わせてみた。ちょうど最高裁を使った試験と同じように、それぞれの購買専門家たちは一〇件ほどのちがった購買事例をわたされ、分析するように頼まれた。

これまでの調査と同じように、シュナイダースの購買担当者たちは、納期遵守状況、予算範囲内、購買満足度のいずれについても、単純な統計方程式よりましな成績を出せなかった。プロの担当者の判断は「せいぜいかまあ悪くない程度」でしかないことを発見した絶対計算方程式は、購買担当者たちよりもよい成績をあげた。経験豊富な担当者も、新人と同じくらいの戦果しかなかった。そして自分の専門業界の取引を評価した購買担当者も、他業界の取引を評価した担当者に比べて特に優れた成績は示さなかった。最終的には、調査は購買専門家たちは単純な回帰方程式にさえ勝てないことを示唆していた。シュナイダースは、この結果が一般的にあてはまると確信している。「過去の経験からある程度の歴史とある程度の定量データがあれば」回帰分析が勝つ、とかれは主張する。「絵に描いた餅じゃありません。わたしはこれを裏付けるデータを持っているんです」

シュナイダースの結果は、人vs.マシンの無数の比較におけるごく最近の例でしかない。生涯の終わり近く、ミールはミネソタ大の懐刀ウィリアム・グローブと共同で、こうした人vs.マシン研究一三六件に関する「メタ」分析を完成させた。専門家の予測が統計的な予測より明らかに精度が高いという結果が出たのは、一三六件のうちたった八件。あとの研究は、統計的な予測が専門家の予測を「明らかに上回った」ものと、両者に明白な差が出なかったもので半々となっていた。全体として、白か黒かの予測をしろと言われたら、こうしたきわめて多様な分野の専門家たちは、だいたい三分の二くらいの確率（六六・五パーセント）で当てた。だが絶対計算者たちは、四分の三近い正解率（七三・二パーセント）だった。専門家が勝った八つの研究は、特定の問題領域には固まっていなかったし、何ら共通の特徴を持っていなかった。ミールとグローブはこう結論している。

「こうした例外的な研究について最も納得のいく説明は、これがランダムなサンプリングエラー（一三六のうち八件の例外）と、臨床家が統計的方程式よりも多くのデータを提供されていたという情報的な優位との組み合わせから生じた、というものである」

5.2 なぜ人は予測が苦手か

この結果は悪夢じみたSFのようだ。ありとあらゆる分野で最高の専門家たちが、絶対計算の予測に負けてしまっている。なぜこんなことが？

人間の心には、よく知られている各種の認知的な欠陥や偏りがあって、これが正確な予測能力を歪めてしまっているのだ。人は、重要そうに思える特異なできごとをあまりに重視しすぎる。たとえば、人々は「ニュースになるような」死（たとえば殺人）の確率を系統的に過大評価し、もっとあたりまえの死因の確率を過小評価する。ほとんどの人は、家に銃があると子供に危険だと思っている。でもスティーヴン・レヴィットは、統計を見てこう指摘する。「平均的に見ると、銃を持っていて裏庭にプールがある家では、子供はプールで死ぬ確率のほうが一〇〇倍近く高い」

人は何かについてまちがった信念を抱いてしまうと、それにしがみつきがちだ。新しい証拠が出てきても、信念に反するものはつい軽視してしまい、既存の信念を裏付けてくれる証拠だけに注目してしまう。

実は、自分自身がどのくらい偏りのない推計ができるかを試せるのだ。以下の一〇問について、正解が九割の確率でこの範囲にあると思える上限値と下限値をあげてほしい。たとえば最初の問題については、以下の空欄を埋めるつもりで答えてもらえばいい。「わたしはマーチン・ルーサー・キング牧師の死亡時年齢が□歳から□歳の間だと九割くらいの自信をもって言える」。はっきりした答えを知らなくても心配しないこと——そしてググるのもなし。ここでの狙いは、正解を九割の確率で含むような信頼区間を構築できるかどうか見ることだ。

では問題。

1 マーチン・ルーサー・キング牧師の死亡時年齢は？ □歳～□歳
2 ナイル川は全長何キロ？ □キロ～□キロ
3 OPEC加盟国は全部で何カ国？ □カ国～□カ国
4 旧約聖書の「創世記」「民数記」といった「記」はいくつある？ □個～□個
5 月の直径は何キロ？ □キロ～□キロ
6 ボーイング747は空っぽだと重さ何キロ？ □キロ～□キロ
7 モーツァルトが生まれたのは何年？ □年～□年
8 アジア象の妊娠期間は何日くらい？ □日～□日

9　ロンドンから東京までは空路で何キロメートル？　□キロ〜□キロ
10　海でこれまでに知られている一番深い点は深さ何キロメートル？　□キロ〜□キロ

「ぜんぜんわかんない、見当もつきません」とかいうのはダメ。そんなのはウソだからだ。見当がつかないわけがない。海で一番深い点は、どう考えても深さ一〇センチ以上だろうし、一〇〇万キロよりは浅いだろう。左に正解を書いておいたので、自分の正解率を確かめて欲しい。やってみないとおもしろくありませんよ。

一〇問すべて、回答の範囲内に正解がおさまっていたら、あなたはあまりに自信なさすぎだ。これはやろうと思えばだれでも実現できてしまう——範囲を思いっきり広くとればいいだけだからだ。モーツァルトの生年は、紀元前三三年から一九八〇年の間のどこかです、と答えておけば一〇〇パーセントまちがいないに決まっている。だが実際には、これに答える人のほとんどは自信を持ちすぎてしまう——みんなついつい、狭すぎる範囲を指定したがるのだ。みんな実際以上にものを知っていると思いこんでいる。実はエド・ルッソとポール・シューメイカーが一〇〇〇人以上にこの試験をしたところ、ほとんどの人は四つから七つについてはずしてしまうとのこと。正答を九個から一〇個含むような範囲を挙げた人はたった一パーセント。九九パーセントの人は自信過剰だった。

だから人は偏った予測をしてしまいがちなばかりか、それについてとんでもなく自信過剰で

正解　1　三九歳　2　六七三八キロ　3　一三カ国　4　三九個　5　三四七六キロ　6　一七万六九〇一キロ（二七六・九〇一トン）　7　一七五六年　8　六四五日　9　九五九〇キロ　10　一一キロ

あるがために、新しい証拠が出てきてもその予測を変えたがらない。

実は偏りと自信過剰の問題は、予測が複雑になるにつれて一層悪化する。人は単純なことは結構上手に予測できる――たとえばコカ・コーラの缶を振ったら、中身が噴き出すかどうか、など。だが考慮すべき要因が増え、それぞれをどのくらい重視すべきかはっきりしないと、話は一気にややこしくなる。コカ・コーラの予測は、しょせんは一つの要因しかない。缶を振れば、結果はほぼ確実にわかる。だがノイズの多い環境だと、どの要因を考慮すべきかははっきりしないことが多い。こうなると、ついつい何年も経験を持つ専門家――野球のスカウトや医師――にひれ伏すというまちがいをしてしまいがちだ。こういう人たちは、自分が一般人より物知りだと自信を持っている。

自信過剰の問題は、学問的な実験だけに限られない。現実世界の意志決定もこれで歪められてしまう。チェイニー副大統領は、ごく最近の二〇〇五年六月ですら、『ラリー・キング・ライブ』に出演したときに、イラクにおけるアメリカの大規模介入はブッシュ政権の間に終息するだろうと予測した。「軍事的な観点から今日見られるような水準の活動は、明らかに低下すると思いますよ」とかれは自信たっぷりに述べた。「連中は、まあ言うなれば蜂起の最後っ屁みたいな段階にあると思ってます」

同政権のイラク戦争支出をめぐる自信過剰ぶりは、これをさらに上回るものだった。大統領経済諮問理事会議長だったグレン・ハバードは、二〇〇二年に「こうした介入の費用はどんなものであれ、きわめて小額になる」と予測した。

二〇〇三年四月、国防長官ドナルド・ラムズフェルドは、イラク再建の費用が高額になるという意見を否定した。「そもそも再建すべきものがそうそうあるとは思えませんな」と述べていた。

戦争の主要な立案者数名は、イラクの石油収入だけで戦費は十分にまかなえると確信していた……。

「アメリカの納税者以外でも、これの費用を負担してくれる資金源はたくさんありますから」と国防副長官だったポール・ウォルフォウィッツは予測した。「まずはイラクの人々自身の資産です。（中略）この国は、まちがいなく自分で自分の再建費用をまかなえる国なんです」

もちろんこうした予測を我田引水のウソだと一蹴するのはたやすいことだが、わたしはむしろ、こうした発言はこれら意志決定者が本気で信じていたことなのだというほうがありそうだと思う。かれらもわれわれと同じく、不利な証拠がでてきたときに信念を更新することがなかなかできないのだ。

こうした人間の欠点に比べて、絶対計算の予測がいかにうまく組み立てられているか考えて欲しい。まず何よりも、絶対計算者たちは予測にあたりどの要因をどれだけ重視すべきか見きわめるのがうまい。だからこそ予測も正確になる。変数がたった二、三個のずいぶん雑な回帰分析でも人間より予測がうまいのは、まさに変数の適正な重みづけがずっとうまいからだ。認知心理学者リチャード・ニスベットとリー・ロスはこういう言い方をしている。「人間の判断は、最高の回帰分析に劣るというだけではない。ほとんどどんな回帰分析にも劣るのだ」

専門家は自分で入れ込んでしまうが、統計的な回帰分析はエゴも感情ももたない。株式の評価にコンピュータモデルを使うシュワブ・エクイティ・レーティング社の上級副社長グレッグ・フォーサイスは「無感情になるのは金融の世界ではとても重要なことです」と言う。「金がからむと人はつい感情的になりますから」。絶対計算モデルは、過去の予測について感情的なこだわりがない。新しいデータが集まれば、統計式が再計算されて、新しい重みづけが個々の要素に対して行われる。

統計的予測は、自信過剰になることもない。Farecast.comは、航空券価格が上がりそうか予測するだけではなかった。それがどのくらいの確率で当たるかまで教えてくれた。無作為抽出テストでも同じだ——因果関係の根拠を示すだけでなく、その因果関係の根拠がどのくらいあてになるかも教えてくれる。オファマティカは新しいウェブデザインが売上を一二パーセントのばすと教えてくれると同時に、その影響の本当の値は、一〇・五パーセントから一三・五パーセントの間だと九五パーセントの信頼度を持って言えることも教えてくれる。統計予測はすべて、それぞれ信頼区間を備えているのだ。

伝統的な専門家とは対照的に、統計手続きは予測するだけでなく、予測のクオリティまで教えてくれる。専門家たちは予測のクオリティを教えてくれないか、教えてくれてもその精度について自信過剰だ。このちがいこそ、「根拠に基づく医療」ガイドラインの根底にある。伝統的な専門家によるガイドラインは、医師が何をすべき／すべきでないかについて、何ら温度差なしで一方的に申し渡すだけだった。「根拠に基づく医療」ガイドラインは、それぞれの療法の根底にある根拠の品質について医師にはっきり教えてくれるようになっている。根拠の品質を示すことで、医師（や患者）はそのガイドラインが鉄壁なのか、限られた情報に基づく精一杯の憶測でしかないのかの判断がつく。

もちろんデータ分析自体がまちがいだらけということもある。後で、データに基づく意志決定がとんでもない失敗に終わった例も挙げよう。でも動向ははっきりしている。定量予測に裏付けられた意志決定は、単なる経験に基づく決断と最低でも同程度か、通常は大幅にそれを上回る結果をもたらす。統計の優位性を示す証拠が増すにつれて、多くの人は専門家たちの決定権を多少は減らすべきだと主張するようになっている。ドン・バーウィック医師が述べたように、医師も航空機添乗員と同じく、もっと台本通りの手続きにしたがうよう義務づけられたほうが、よい成果をあげるかもしれない。

5.3 両方やってはいかが？

伝統的な専門家のノウハウをあっさり捨て去るのではなく、絶対計算と経験知識をいっしょに組み合わせてみたらよいのでは？　この二種類の知識が平和に共存する道はないのか？

この平和的共存の可能性を支持する証拠は、ないわけではない。伝統的な専門家は、統計的な予測の結果を見せられたときのほうがよい判断をする。伝統的な専門家の権威にしがみつきたがる人々は、専門家に「統計的支援」を与えて二つの知識形態を組み合わせるという発想を奨励しがちだ。診断ソフトウェアの提供者たちは、その目的が支援と示唆に限られると慎重に強調する。最終的な決断とさじ加減は、お医者さんに握っていてほしいのだ。人間は確かに統計予測の結果を与えられれば、予測も改善される。だがクリス・シュナイダースによれば問題は、絶対計算の支援をもってしても、人の予測は絶対計算のみの予測に劣るということなのだ。

「ふつうは、支援を受けた専門家の判断というのは、モデルの予測と支援なしの専門家予測の中間くらいになります。だから専門家のほうはモデルのおかげで改善されます。でも、モデルだけのほうが精度が高いんです」

人間はあまりにしばしばマシンの予測を無視して、自分のまちがった個人的な思いこみにしがみついてしまうのだ。

裁判予測をしたテッド・ラガーに、コンピュータの結果を参照できたらコンピュータのアルゴリズムに勝てると思うか、と聞いてみた。するとかれは、ついつい自信過剰の罠に陥りがちな自分に気がつくことになった。「そりゃ勝てるはずですよ」と言い始めたところで、かれは自分を抑えた。「でもダメかな。自分の思考プロセスがどうなるか、本当にはわかりませんから。たぶんモデルを見て、まあおそらくは、自分ならもっとうまくできるところはあるかな、とか考えるんでしょうねえ。そしてたぶん、多くの場合はかえってひどくしてしまうと思いますよ」

専門家と絶対計算技能を組み合わせるにしても、もっとずっと人間を矮小化して疎外するようなやり方を支持する証拠は増えている。一部の調査では、伝統的な専門性を活用する最も正確な方法は、統計アルゴリズムで追加因子の一つとしてそれを足しておくだけ、という結果が出ている。たとえばテッドの最高裁研究では、コンピュータに人間の予測が参照できるようにしておくと、リベラルな判事（ブレイヤー、ギンズバーグ、サウター、スティーブンス）については予測を専門家の判断に頼るようになる——というのも支援なしの専門家たちのほうが、絶対計算アルゴリズムよりもこれら判事については予測力が高かったからだ。

統計を専門家の選択に従属させるかわりに、専門家のほうが統計マシンの僕《しもべ》となるわけだ。

カリフォルニア州モンテレーの海軍大学院教授マーク・E・ニッセンは、コンピュータvs.人間で購買判断を比較したが、伝統的な専門家が最終判断を下す権限をますます奪われつつあるという根本的な推移があるという結果がでた。「領域としてもっともわくわくする部分は、実際に判断を握っているのがマシンであるような領域ですが、そのマシンは行き詰まったときに人間に助けを求められるだけの知恵をそなえているんです」とかれは言う。人間とマシンを対話させるのが最高ではあるが、両者の意見が分かれたら、最終判断は統計予測に任せるのがいい場合が多い。

専門家の裁量の低下は、特に仮釈放の場合に顕著だ。過去二五年で、一八の州が仮釈放制度を量刑ガイドラインに切り替えている。そして仮釈放制度を維持しているところでも、再犯率についての絶対計算評価にますます頼るようになってきている。人のクレジットスコアがローン支払いの可能性を強力に予測してくれるのと同様に、仮釈放委員会はいまや、囚人を釈放したときに暴力犯罪を引き起こす確率を推計するVRAG（暴力リスク評価ガイド）などの式を使い、数値得点として示される外部評価予測を使っている。それでも、統計的に示された行動方針から人間が逸脱したら、裁量の余地がいかに少なくても深刻なリスクが発生する。

たとえば困った事例としては、ポール・ハーマン・クラウストンがある。五〇年にわたり、クラウストンはあちこちの州で、自動車泥棒から窃盗から脱獄まで、あらゆる罪状で監獄に出入りしていた。一九七二年にはカリフォルニア州で警官殺害で有罪となった。一九九四年にはヴァージニア州ジェイムズシティ郡で加重性的暴行、誘拐、男色強要、未成年への暴行で有罪となっている。そして二〇〇五年四月一五日までヴァージニアの刑務所で刑期をつとめていたが、刑期終了六ヶ月前に義務づけられている仮釈放制度により刑務所を出た。

だがいったん出ると、かれは逃亡した。仮釈放で義務づけられる報告も行わず、性的暴行犯としての登録もしていない。いまやかれはヴァージニアで最重要指名手配犯の一人となっている。またアメリカの最重要指名手配のリストにもあがり、最近ではテレビ番組『全米指名手配犯』でも採りあげられた。だが、なぜこの七一歳の男は、刑期がほとんど終わっていたのにわざわざ逃げ、最重要指名手配犯になるようなことをしたのだろう。

この二つの質問に対する答えはSVPAだ。二〇〇三年四月に、ヴァージニア州は「性的暴力攻撃者法（SVPA）」を批准した全国で一六番目の州となった。この驚異の法律では、これに該当した人物は刑期をつとめあげた後でも「暴力的性攻撃者」の指定を受けて、州の精神病院に措置入院させられ、もはや公共の安全に対する無用のリスクをもたらさないと裁判官が納得するまで監禁しておけるのだ。

クラウストンはたぶん、自分が性攻撃者（法律では、「性的暴力による攻撃行動に従事しがちな傾向を抱かせる精神異常や人格障害を患った人物」と定義されている）と判断されることを恐れたのだろう。州がクラウストンを「最重要指名手配犯」に挙げたのも、まさにこれが理由なのだ。

州はまた、そもそもクラウストンが仮釈放されたこと自体でも面子《メンツ》を失っている。というのも、ヴァージニア州のSVPAは絶対計算を使った改良が含まれていたからだ。絶対計算アルゴリズムによって、性犯罪再犯率のリスクが高いと予測された囚人については措置入院プロセスが自動的に開始されるような「トリップワイア」が条文そのものに組み込まれているのだ。条文では、ヴァージニア州矯正局は（以下は条文そのままの引用）「性犯罪者再犯率急速リスク評価において四点以上の得点となった」。釈放前の囚人すべてについて、措置入院の可否について検討を行うように定められているのだ。性犯罪者再犯率急速リスク評価（RRASOR）は、カナダでの男性犯罪者を対象とした回帰分析に基づく得点システムだ。RRASORで四点以上というのは、その囚人が釈放されたら一〇年以内に性犯罪をまた犯す確率が五五パーセントということだ。

最高裁は五対四で、これまでのSVPAが合憲であるという裁決を下してきた——刑期を終えた人物を無制限に措置入院させるのは、憲法違反ではないということだ。ヴァージニアの制度がおもしろいのは、それが措置入院プロセスを開始するときに絶対計算を活用しているということだ。リスク評価ツール使用について最高の専門家であるジョン・モナハンはこう述べる。「ヴァージニア州の性的暴力攻撃者法は、明示的に保険統計的な予測機構の利用と、その機構における厳密な足切り得点を、法文の中で指定した初の法律です」

クラウストンはRRASOR得点が四点だったから、そもそも釈放されるべきではなかったのだろう。州は、かれらが法の規定通りにRRASOR得点を参照しなかったのか、それともかれを審査した委員会が、統計的な再犯率の結果にもかかわらず釈放を決めたのかについて、回答を拒否している。いずれにしても、クラウストンの一件は、人間の裁量が釈放というまちがいを生み出した事例のようだ。

というのも、もし我々がRRASORの予測を信ずるとすれば、クラウストンを仮釈放したこと自体がいずれにせよまちがいだからだ。だがこの結論にとびつく前に、クラウストンがなぜRRASORで四点となったかをずばり見てみよう。

RRASOR（発音は「レーザー」）システムは、以下に挙げたたった四つの要因で判断される。

1　性犯罪歴
なし：〇点
●罪状確定一回または起訴一～二回：一点
●罪状確定二～三回または起訴三～五回：二点
●罪状確定四回以上または起訴六回以上：三点

2　釈放時年齢
●二五歳超：〇点
●二五歳未満：一点

3　被害者の性別
●女性のみ：〇点
●男性含む：一点

4　被害者との関係
●親族：〇点
●親族関係なし：一点

出所：John Monahan & Laurens Walker『Social Science in Law: Cases and Materials』(2006)

クラウストンの場合、男を襲ったので一点、親戚以外を襲ったので一点、性犯罪での起訴歴三回なので二点、合計四点だ。クラウストンにはいささかの同情も抱けないが、この七一歳の人物は、一部は起訴されても確定はしなかった犯罪を根拠にして終身収監が望ましいと判定されたわけだ。さらにいえば、この法文トリガーは明示的に被害者の性別によって差別を行っている。こうした要因は、各種囚人が相対的にどれだけ責められるべきかを評価するためのものではない。単に再犯率予測のためのものだ。まったく罪のない行為（アイスクリームにバーベキューソースをかけるなど）が再犯率と統計的に有意な正の相関を持っていたら、RRASORシステムは少なくとも理屈のうえでは、そうした行動に基づいて得点を加えるようになるはずだ。

この絶対計算による足きりは、もちろん措置入院を義務づけるものではない。単に人間たちが、その人物を「性的暴力攻撃者」として収監すべきか検討するよう義務づけるだけだ。この決定を実施する州の役人は、絶対計算の予測を黙殺することが少なくない。この法が可決してから、検察局はこのリスク評価で四点以上獲得した囚人のうちで、措置入院を求めたのが七割程度にとどまり、そしてそうした囚人を措置入院させたいという州の申し出に対して裁判所が承認したのも七割程度にとどまる。

ヴァージニアの法律は、裁量を制限はするが禁止はしない。人間を収監しろという決定権を完全に統計アルゴリズムにゆずりわたすなどということは、多くの点で考えにくい。これを含む各種の文脈で統計的予測に完全に頼ってしまうと、ときには明らかにまちがっているとわかるような奇妙な決定がまかり通ってしまう可能性があるだろう。ポール・ミールはこれについて「骨折した脚《あし》の例」でずっと昔に論じている。絶対計算者が、ある晩に人々が映画を見に出かけるかどうか予測したがったとしよう。絶対計算方程式は、二五の統計的に確認された要因に基づいて、ブラウン教授は来週金曜日の夜に映画にでかける確率が八四パーセントと予測した。ところが、ブラウン教授は実は数日前に事故で脚を複雑骨折していて、腰から下は石膏で固められて身動きとれないこともわかっているとしたらどうだろう。

ミールは、この新しい情報を得たら統計予測に頼るのはバカげているということを理解していた。回帰式にだけ頼ったり、あるいは専門家の意見をただの回帰式の入力項目にすると、まちがった決断をする可能性が高い。統計的な手続きは、珍しい事象（たとえば脚の骨折）の因果的な影響は推計できない。信用できる推計をするだけのデータがないからだ。事象が珍しいからといって、それが起きたときの影響が小さいことにはならない。単に統計式だけでは影響がとらえきれないというだけだ。こうした状況で正確な予測が本当にしたければ、なんらかの裁量を持った脱出口を用意しておく必要がある――人間が式の予測を制御する手法を設けておかねば。

だが問題は、こうした裁量の脱出口にもコストがあるということだ。「人はないところにまで脚の骨折を見たりするようになりますから」とシュナイダースは語る。マーキュリーの宇宙飛行士たちは文字通り脱出口にこだわっていた。外側からしか開けられないカプセルの中にボルトで封じ込められるという発想には猛然と抗議した。裁量の余地を求めたのだ。だがその裁量の余地のおかげで、リバティベル七号の宇宙飛行士ガス・グリソムは着水のときにパニックを起こす余地ができてしまった。作家トム・ウルフの見事な記述によれば、グリソムは海軍特殊部隊が浮きを固定する前に、爆薬式ボルト七〇本をふっとばしてしまい「ドツボにはまった」。宇宙カプセルは海に沈み、ガスはおぼれかかった。

システム構築者たちは、決断を委ねる便益と同時にコストも慎重に考える必要がある。次から次へと各種の文脈で、統計的な予測を黙殺する意志決定者たちは劣悪な決断を下しがちだ。

本当に脚の骨折が起きているときには、専門家による制御も事態を悪化させない。だが専門家たちは自分がシステムに勝てるつもりなので自信過剰だ。人は、こうした拘束は他人には有効だが自分だけは例外だと思っている。だから、式が明らかにまちがっている場合以外でも制御を発動させてしまう。そしてそれが問題を引き起こすのだ。統計アルゴリズムに敢えて反し、暴力確率の高い囚人を釈放してしまう仮釈放委員会や措置入院審議会は、そうした高い確率の囚人が、低い囚人よりも再犯率が高いことを何度も何度も思い知らされる。実際、ヴァージニア州ではSVPAのもとで措置入院となった何十人もの囚人のうち、裁判官が――高いRRASOR得点にもかかわらず――社会への危険がもはや少ないとして釈放された人物は一人しかいない。そしていったん釈放されたこの人物は、子供を誘拐して肛門性交し、いまや新しい刑で投獄されている。

ここには重要な認知上の非対称性がある。統計方程式に完全にコントロールを委ねるのは、理性的に見て明らかにまちがっているような決断を行うという耐え難い結果をもたらすことになる。「骨折した脚」仮説はかわいいのだが、統計方程式に無条件に依存したら、きわめて悲劇的な事例が起こる――絶対にあわないとわかっている人に臓器を移植するような事態が起こりかねない。こうしたまれだが印象的な逸話は、意識の中で大きな役割を持つ。その結果、統計アルゴリズムを無視できるような裁量システムが、かえって精度が低いのだという証拠が忘れ去られてしまうのだ。

これは総じて人間の繁栄にどんな意味を持つだろうか。全体として最高の決断を得るというだけの話なら、専門家を意志決定プロセスの中でただの補佐役に引っ込ませるべき場面はたくさんある。われわれは、マーキュリーの宇宙飛行士と同じく、人間による制御の可能性が一切ないシステムには絶えられないだろう。だが最低でも、専門家が方程式の示唆を無視するときに、専門家がどのくらい正しかったかについてはきちんと追跡調査しておくべきだろう。脚の骨折仮説は、統計予測を無視して直感や理性の訴えにしたがうべき理由がきちんとあるような異例な状況が(当然ながら)存在することを教えてくれる。だが、一方では自分たちがどのくらいまちがえるかも把握し、裁量については確実に機械より人間が優れている場合に限ったほうがいい。「人的制御の水準、種類、状況については継続的にモニタリングしておくことが重要である」とマサチューセッツ大学の犯罪学者ジェイムズ・バーンとエイプリル・パタヴィナは最近書いている。「この種の評価についての簡単な経験則は、一〇パーセント則を適用することだ。もしその機関で、リスク得点に基づく決断の一〇パーセント以上も人間の裁量によって無視されているようなら、その機関はその領域で問題を抱えており、それを解決することが重要となる」。かれらは人的制御が本当に珍しい場合に限られるようにしたいのだ。わたしならばむしろ、人的制御の半分が実はまちがっていたということがわかったら、その人間たちは、マーキュリーの宇宙飛行士と同じく、人的制御しすぎているのだと提案したい。

これは多くの点で、意志決定において血と肉を持つ人間たちの役割について、かなり気が滅入るお話だ。それは人間の裁量がきわめて限られ、人間とその決断はマシンの出力に左右されている世界に見える。予測プロセスの中で、われわれ人間がマシンよりも上手にできることは(あるとすれば)一体何なのだろう?

5.4 人間の出番は残されているのか？

一言でいえば、仮説立案だ。人間に残された一番重要なことは、頭や直感を使って統計分析にどの変数を入れる／入れるべきではないか推測することだ。統計回帰分析は、それぞれの要因につける重みは教えてくれる（そしてその重みの予測精度も教えてくれる）。だが人間は、何が何を引き起こすかについての仮説を生み出すのにどうしても必要なのだ。回帰式は、そこに因果関係があるか試し、その影響の大きさを教えてくれるが、だれか（人間でも組織でも）がその試験そのものの仕様を決めなくてはならない。

たとえばアーロン・フィンクの例を考えてみよう。フィンクはカリフォルニア州の放射線医師で、包茎手術の公然たる支持者だった（自分の考えを広めるために自費出版までするような人物だ）。一九八六年、『New England Journal of Medicine』に、包皮切除された人物のほうがされていない人物よりもＨＩＶ感染率が低いのではと提案したかれの投書が掲載された。フィンクは何もデータを持っておらず、単に包皮の細胞が感染しやすいのではと思っただけだった。フィンクはまた、男子の八割が包皮切除されているナイジェリアやインドネシアのような国では、二割しか切除されていないザンビアやタイのような国よりもＡＩＤＳの拡大が遅いことにも注目した。データの海を見渡して、他のだれにも気がつかなかった相関を見破ったのはまさに天才といっていい。

一九九〇年にフィンクは他界したが、その前に自分の発想が実証的に裏付けられるのを見ることになった。ケニヤのエイズ研究者ビル・キャメロンは、フィンクの仮説を試す強力な手法を考案したのだ。キャメロンらは一九八五年に、ケニヤのナイロビで売春婦と性交し（ナイロビの売春婦の八五パーセントはＨＩＶに感染している）、その後ＨＩＶ以外の性病で診療所にでかけた人物四二二人を探し出した。テッド・ラガーの最高裁研究と同じように、キャメロンの試験は将来についてのものだった。キャメロンらはその男たちにＨＩＶや性病、コンドーム利用などについて説明し、今後は売春婦とは接触しないように依頼した。それから研究者たちは、これらの男たちと毎月二年にわたって面談し、こうした人々がＨＩＶ陽性になるか、なったらどんな条件下でかを調べた。簡単にまとめると、包皮切除していない男はしていた男に比べて八・二倍もＨＩＶ陽性になる確率が高かった。この小規模だが強力な研究は何十という研究を連鎖反応的に引き起こし、この結果はさらに確認された。二〇〇六年一二月には、全米健康研究所はケニヤとウガンダで実施中だった無作為抽出テスト二件を中断した。包皮切除された男性のＡＩＤＳ感染リスクは包茎男性の半分以下だということが初期の結果からわかったからだ。突然ゲイツ財団は、ハイリスク諸国で包茎手術の費用を負担することを検討しはじめた。

放射線医師のヤマ勘でしかなかったものが、結果として何十万人をも救うことになった。そう、演繹的な思考にもまだまだ大きな役割が残されているのだ。知に対するアリストテレス的なアプローチはいまでも重要だ。物事の本質についてはまだ理論化が必要だし、推測も必要だ。だが昔は理論化それ自体が目的だったけれど、いまやアリストテレス的なアプローチは、ますます出発時点の、統計試験の入力として使われるようになりつつある。理論や直感は、この世のフィンクたちにZを引き起こすのはXとYなのでは、と推測させてくれるかもしれない。だが（キャメロンたちによる）絶対計算がそこで決定的な役割を果たし、その影響の有無と大きさを試験してパラメータ化するのだ。

理論の役割として特に重要なのは、可能性のある要因をとりのぞくことだ。理論や直感がなくては、どんな結果にもまさに文字通り無数の原因がありえる。ワイン醸造の蔵元が七歳のときに食べた昼ご飯が、かれの恋の相手や、来年のワインの出来を左右しないとどうしてわかる？　データは有限なので、推計できる因果関係も有限個しかない。人間の直感は、いまでも試験すべきもの、しなくていいものを決めるのに重要なのだ。

無作為抽出テストの場合にはこれがもっと当てはまる。何を試験するかは、人々は事前に決めなくてはならない。無作為抽出テストは、何らかの処理の結果が対照群に比べて因果的にどう影響したかという情報を与えてくれるだけだ。オファマティカのような技術は、何十というちがった処理の影響を安上がりに検証させてくれる。だがそれでも、試せるものの数には限界がある。たぶんアイスクリームのどか食いがダイエット方法として有効かを無作為抽出テストするのは、ただのお金の無駄だろう。だが理論を知っていれば、体重を減らすことに金銭的なインセンティブをつけたら有効かどうか試すのはおもしろかろうということがわかるのだ。

だからマシンもまだまだ人間を必要としている。人間は何を試験するか決めるだけでなく、データを集め、ときにはそれを創り出すにも重要な役割を果たす。放射線医師は、組織異常の重要な評価を提供してくれるので、統計方程式にはそれを入力できる。同じことが個別囚人の矯正成功率について主観的に判断する仮釈放担当官についても言える。データベースを使った意志決定の世界では、こうした評価は方程式への入力でしかなく、その評価にどれだけ重きをおくかを決めるのは、統計であって専門家ではないのだ。

アルバート・アインシュタインは「本当に価値があるのは直感だ」と述べた。多くの点で、かれはいまでも正しい。だが直感はますます絶対計算の前段となりつつあるのだ。次から次へと事例の中で、統計分析に無知な伝統的専門家は統計モデルに負けつつある。ポール・ミールが死の直前に結論づけたように、

社会科学において、これほど質的に多様な調査がこれほど均等に同じ方向を示しているような論争は他に一つたりともない。フットボールの試合結果から肝臓病の診断まで、一〇〇以上の調査をひっくり返し、そして専門家にわずかでも軍配を挙げている調査がやっと半ダースほど見つかるか見つからないかという状況では、そろそろ現実的な結論を出さざるを得まい。


こうした結果は、自分ではなく他人の話であればずっと受け入れるのが簡単だ。要因をほんの数個しか見ていないような粗雑な統計アルゴリズムが、自分より優れた結果を出せるなどということを素直に受け入れられる人はなかなかいない。大学は、コンピュータのほうがよい生徒を選べるなどとは死んでも認めたがらないだろう。出版社は原稿を買うときの決定権をアルゴリズムなんかに死んでも渡すものかと思うだろう。

だがどこかの時点で、絶対計算の優位性というのは他人事ではない、ということを受け入れるべきだ。野球のスカウトだのワイン批評家だの放射線医学だの等々、一覧は果てしなく続き、やがては自分のところにもくる。現実にそれは起きつつある、とみなさんも納得してくれたと

願いたい。絶対計算は各種の文脈で現実世界の意志決定に影響を与えており、消費者として、患者として、労働者として、市民としてのわれわれに影響しつつあるのだ。

コロラド州判断政策研究センターの前所長ケネス・ハモンドは、臨床心理学者たちがミールの圧倒的な証拠に抵抗したがるのを、いささかおもしろがって眺めている。

なぜ臨床心理学者たちは、かれらの直感的な判断や予測が、あるルールに基づいた判断や予測にくらべていい線まではくるとはいえ、決してそれを超えることはないという発見に対して腹をたてるのだろう。人間の優れた視覚認知力が、各種状況で道具（距離計測器、望遠鏡、顕微鏡）によって改善されると知っても腹を立てる人はいない。答えは、その道具が事務員（つまり専門的な訓練のない人々）にも使えてしまうということのようだ。心理学者たちがその程度でしかないとしたら、それは心理学者の地位を貶《おとし》めるものとなるのだ。

臨床家を事務員に置き換えるというのは、もっと大きなトレンドの一部だ。裁量の余地を、伝統的な専門家から新種の絶対計算者たち、つまり統計方程式を左右する人々に移行させる、何か新しいことが起こっているのだ。

第5章　専門家VS.絶対計算　まとめ

【ポイント】

専門家と絶対計算のどちらが優秀かを比べると、ほぼ例外なく絶対計算が勝つ。

理由：人間は大量の条件にうまく重みづけができない。感情や先入観に左右されがち。

【例】

・最高裁の判事たちの判決予測。

・企業の購買担当による業者の評価。

いずれも、絶対計算が使った方程式は、きわめて変数が少ないもので、とても複雑な事象のすべてをとらえているとは考えにくいものだったが、それでも専門家は負けている。

絶対計算結果を人間が裁量で撤回すると失敗することが多い。

【例】

犯罪者の再犯リスク診断（絶対計算結果を人間が裁量で無視して犯人逃亡）。

↓専門家の知識は絶対計算の一入力として使うのがもっとも有効。

これにより専門家の地位は低下する。

↓人間の活躍は、中央で一括して行われる絶対計算のための仮説立案に移る。

【次章予告】

絶対計算への傾斜はすでに止めようのないトレンド。でもなぜこの動きがいま起きているのか？　次章ではそれを検討し、これが現代の必然であることを指摘する。

第6章

なぜいま絶対計算の波が起こっているのか？

どの要素に重みをつけて考えるか。それをするのがニューラル予測だ。興行収入を極大化する脚本も計算！

甥っ子のマーティーが持っているTシャツは、表には「この世には10種類の人間がいて……」と書かれている。これを読んで、その10種類が何なのか考え始めた人は、その時点ですでに負けだ。

Tシャツの背にはこうあるのだ。「それは二進数を知っている人と、知らない人だ」つまりデジタル化された世界では、あらゆる数は0と1で表現される。十進数で2は、コンピュータでは10と表現される。絶対計算革命の根底にあるのは、二進数バイトへの移行なのだ。

ますます多くの情報が二進数バイトとしてデジタル化されている。手紙はいまや電子メールだ。カルテから不動産登記や訴状提出まで、電子記録はいたるところにある。紙の記録から初めてそれを手入力するのではなく、データはそもそもの発端から電子的に記録されることが増えている——たとえばクレジットカードを読み取らせたり、コンビニのレジでシャンプーのバーコードが読み取られたりする時のように。いまや消費者の購買のほとんどすべてについて、電子記録が存在する。

そして情報が紙にしかない場合でも、安上がりなスキャン技術がはるか昔（そしてもっと最近）の過去の知恵を開放しつつある。わが義弟はかつて「死んだ木はググれない」と話していた。つまり本の文は検索できないということだ。でも今ならできる。わずかな月額料金で、Questia.com は六万七〇〇〇冊以上の本の全文にアクセスさせてくれる。Amazon.com の「なか見検索」機能を使えばインターネット利用者は、一〇万冊以上の全文検索結果から細切れを読むことができる。そしてグーグルは、規模から見ても視野から見てもヒトゲノムプロジェクトに匹敵することを試みている。ヒトゲノムプロジェクトは、たった一三年で三〇億の遺伝子を解読できると傲慢にも考えていた。グーグルの「書籍検索」は、今後一〇年で三〇〇〇万冊以上の本の全文スキャンを試みる野心的なものだ。ジェフリー・トゥービンが『ニューヨーカー』に書いたように、「グーグルは、これまで刊行されたあらゆる本をスキャンするつもり」なのだ。

6.1 九〇から三〇〇万へ

デジタルデータへのアクセス性の高まりは、私自身の人生の一部でもある。一九八九年、教鞭を取り始めた頃、調査員六人をシカゴ周辺の新車ディーラーに送り出し、ディーラーが女性や少数民族を差別するか確かめた。車の値段交渉についての共通のマニュアルに各調査官が従うように訓練した。可能性の高そうな質問に対しては想定問答集まで作った（答えにくければ「すみませんが答えたくありません」というものまで）。調査員たちは行動も話し方も同じだった。そして人種と性別以外の考え得るあらゆる点で同じだった。調査員の半数は白人男性で、残りは女性か黒人だった。古典的な住宅割り当て試験と同じで、女性や少数民族が白人男性とちがった扱いを受けるかどうか知りたかったのだ。

そして受けた。価格から原価をさしひいたディーラーの利益の部分でみると白人女性は白人男性より四割も高く払わされた。黒人男性は二倍以上高く払わされたし、黒人女性は白人男性の三倍以上を払わされた。調査員たちは、系統的に自分と同じ人種と性別の営業担当者にまわされた（そして不利な条件を与えられた）。

この調査が『Harvard Law Review』で発表される、とかなり報道された。テレビ番組『プライムタイム・ライブ』は、車の販売以外の各種小売り店で女性や少数民族が平等の扱いを受けるか試したエピソードを三回も放映した。多くの人は、他に客がだれもいないのに黒人客をひたすら待たせる靴屋の映像に怒りをおぼえた。もっと重要なこととして、この研究は小売業を掛け値なしの売買に向かわせるにあたり、ちょっとした貢献をしたのだった。

私の研究の数年後に、自家用車のサターンが同社の無差別方針を主題としたテレビコマーシャルを流し始めた。それは白黒写真の連続だけでできたコマーシャルだ。ナレーションでは黒人男性が、車を買って帰った父親の思い出を語る。父親は自分が不当な扱いを受けたとこぼしていた。そしてナレーターは、そんなことがあったからサターンの営業マンになった自分は気分がいいのかもしれない、と語る。これは見事なレトリックだ。厳しい写真映像には、自動車広告にはつきものの笑顔が出てこない。父親が人種のせいで不当な扱いを受けたと認識した子供の傷ついた写真があり、そしていまや差別しない営業マンとなった、生真面目そうな成人男性の誇らしげな写真が出てくる。コマーシャルは、サターンの値引きなし方針をはっきりとは言わない——だが父親の不当な扱いが人種のせいだと気がつかない視聴者はほとんどいないだろう。

ここでの本当に重要な点は、このすべての発端が、たった九〇の販売店で価格交渉をする調査員六人から始まったということだ。最終的には、いくつか追跡調査をして何百という追加の価格交渉の結果を得たが、最初に抗議が巻き起こったのは、とても小さな調査からだったのだ。なぜこんなに小さな調査だったのか？

忘れがちだが、これはインターネット以前のことだった。ラップトップは存在しないも同然で、あっても高価で巨大だった。結果としてデータはすべて紙で集められて、あとから分析用にコンピュータにパンチカード入力（それも何度も）されたのだった。当時は技術的にデジタルデータを作るのはむずかしかったのだ。

時は進んで二一世紀。いまでも私は人種と車を巡って数字をはじいている。だが現在のデータ集合はずっと大きい。過去五年で私は、ほぼすべての大手自動車ローン会社に対する大規模集団訴訟のためにデータをはじくのを手伝った。ヴァンダービルト大学の経済学者マーク・コーエン（ドタ作業はかれが負ってくれた）の熱心な手伝いもあって、三〇〇万の自動車販売データをはじいたのだった。

ほとんどの消費者は、いまでは車の値段は交渉次第だと知っているが、多くはフォード自動車信用やGMACといった自動車ローン会社が、ディーラーに、借り手の金利を上乗せする権利を与えていることは知らない。買い手がディーラー経由でローンを組むと、ディーラーは候補のローン会社に顧客の信用情報を送る。ローン会社はそれに対して「買い金利」――ローン会社が貸していいと思う金利――を私信で返す。そしてもしディーラーが顧客にそれより高い金利でローン契約させることができたら、ローン会社はそのディーラーに礼金――ときには何千ドルも――を支払う。たとえばフォード自動車信用は、このスーザンという人には金利六パーセントで貸すけれど、一一パーセントのローンを組ませられたらディーラーに二八〇〇ドル支払うよ、と告げる。借り手は、ディーラーがローンの金利に上乗せしているとは知らされない。ディーラーとローン会社はその上乗せ分の儲けを山分けするが、ディーラーのほうがかなりの部分をもらう。

私が作業をした一連の裁判では、黒人の借り手たちはローン会社の上乗せ方針が不当に少数民族に害を与えているとして訴えを起こしていた。コーエンと私は、白人の借り手たちは平均でローンの上乗せ分が三〇〇ドルほどだったのに対し、黒人借り手は七〇〇ドル相当の上乗せをされていた。またこの上乗せ分の分布はきわめて偏っていた。白人借り手の半分以上は、上乗せの認められないローンの条件を満たしていたので、一切上乗せを負担しなかった。でもGMAC利用者の一割は一〇〇〇ドル相当もの上乗せを支払い、日産顧客の一割は一六〇〇ドル相当以上の上乗せを負担していた。こうした上乗せの多い借り手は圧倒的に黒人だ。黒人はGMACの借り手の八・五パーセントを占めるだけなのに、上乗せ金利の負担率は一九・九パーセントにも及んでいる。このちがいはクレジット得点でも貸し倒れリスクでもない。ローン返済履歴の優秀な少数民族でも、似たような返済履歴を持つ白人借り手より高い上乗せ分を支払わされる場合が多かった。

こうした調査は、いまやローン会社があらゆる取引の詳細な電子記録を持っているからこそ可能になった。唯一かれらが記録していない変数は、借り手の人種だった。だがここでも救い主はテクノロジーだ。カリフォルニア州を含む一四の州では、料金さえ支払えば、運転免許データベースからの情報を公開してくれる——そこには名前、人種、社会保障番号が含まれる。ローン会社のデータ集合には社会保障番号も含まれていたから（これは信用チェックのためだ）、この二つのデータ集合を組み合わせるのは朝飯前だった。実は多くの人は州をまたがって引越しているので、コーエンと私は五〇州すべてで行われた何千何万もの取引の人種を確定できた。カンザス州で車を買った人の相当部分は、後にカリフォルニア州で運転免許を取っていたので、その人種もわかってしまった。一〇年前なら実質的に不可能だったような調査も、いまは簡単とはいわないが、比較的容易になった。そして実際、コーエンと私はあらゆる大手自動車ローン会社が方針を変えてから、この調査を何度もやりなおした。裁判はどれも大成功だった。ローン会社は次々に、ディーラーがローンに上乗せできる程度に上限を設けた。いまやあらゆる借り手は、その存在を知りもしないような上限値に保護されている。数百件の価格交渉に基づく最初の調査とはちがって、こうした何百万もの取引をめぐる統計調査は、情報がいまやすぐにアクセスできるデジタル記録に保管されているからこそ可能なのだ。

6.2 データ取引

州が自州市民の人種に関する情報を売ってくれるというのは、データの商業化のごく一部でしかない。デジタルデータは商品になった。そして公共・民間を問わず、売り手は集約情報の価値を知るようになっている。アクシオムやチョイスポイントのような営利目的のデータベース集約業者が大成功をおさめている。一九九七年の創設以来、チョイスポイントは七〇社以上の小規模データベース会社を買収した。そして顧客に対し、人々の信用報告だけでなく、自動車や警察、不動産記録、出生届や死亡届、婚姻届に離婚届などを含めたファイル一本を販売する。こうした情報の大部分はすでに公開されてはいたが、チョイスポイントの年商数十億ドルという数字は、ワンストップでデータが手に入ることには本物の価値があることを示している。

そしてアクシオムはもっと大きい。同社はアメリカのほぼあらゆる世帯について、消費者情報を維持している。アクシオムは「みんなが聞いたこともない最大の企業の一つ」とまで呼ばれ、二〇〇億件の消費者記録（生データにして八五〇テラバイト以上——ディスク一〇億枚でできた高さ三〇〇〇キロのビルを一杯にできる）を持っている。チョイスポイントと同じくアクシオムの情報の多くは公開情報を集めたものだ。でもアクシオムは公開の国勢調査記録と徴税記録に、アクシオムの顧客である企業やクレジットカード記録を組み合わせる。同社はCDI（消費者データ統合）の世界最先端をいく。最終的には、アクシオムはたぶんあなたがどんな郵便カタログを受け取るか、どんな靴を履いているか、犬好きか猫好きかさえたぶん知っているだろう。アクシオムはあらゆる人に一三桁の数字を振り、「ローリングストーンズ」から「悠久の高齢者」まで七〇の「ライフスタイル」分類に振り分ける。アクシオムにとって「流れ星」というのは三六歳から四五歳で、既婚だが子供はなく、早起きしてジョギングし、『隣のザインフェルト』の再放送を見て、海外旅行をするような人物だ。こうした分類は人生の年齢や出来事（たとえば結婚）にきわめて敏感に左右されるので、アメリカ人の三分の一近くが毎年セグメントを変える。このばかでかいデータベースをマイニングすることで、アクシオムは人々の今日のセグメントだけでなく、来年はどのセグメントに入りそうかも予測できる。

アクシオムの台頭は、情報が組織の壁を越えて流通する流動性が高まったことを示している。Amazon.com やウォルマートのような大規模小売業者は、集約した顧客取引情報を売る。クレスト社の歯ブラシをもう一段高い棚に置いたら売れ行きがどう変わるか知りたい？ ターゲット社が答えを売ってくれる。アクシオムはベンダー同士が情報を売買してもいいとしている。個々の顧客についてアクシオムの取引情報を提供すれば、小売業者は驚異的な規模のデータ倉庫にアクセスできる。

6.3 マッシュアップしよう

よく言われるインターネット上の標語「情報は自由になりたがっている」というのは、根本的にはデジタルデータを解放すれば、それだけ多くの利用者がそのデータを活用できるということだ。データベース主導型の意志決定は、他人の情報へのアクセス度が増したことで、ますますさかんになっているのだ。ごく最近まで、同じ会社内においてさえ、フォーマットの形式が違っていたり、違うソフトウェア会社によって開発されたものだったりするということで、二種類のデータベース相互がリンクすることはなかったのだ。つまり、多くのデータが、データ倉庫に孤立した状態でおかれていたということになる。

こうした技術面での互換性制約は、いまやなくなりつつある。あるデータ形式のデータファイルは、簡単に別の形式でインポート・エクスポートできる。タグ方式のおかげで単一の変数に複数の名前をつけることもできる。だからある小売店で大型の衣服は、「XL」というタグでも、フランス語方式で「TG」というタグでも共存できる。非互換独占形式で保管されたデータを結合するのが不可能だった時代は終わった。

さらにウェブ上には、すぐにも持ってきて既存データ集合に組み込めるような非独占情報が大量にある。コンピュータがいくつかのサイトをサーフィンして情報をデータベースに系統的にコピーするようプログラミングする、「データ漁り」はいまやあたりまえのことだ。一部のデータ漁りは迷惑なものだ——迷惑メール業者がウェブサイトから電子メールアドレスを漁ってきて送り先の一覧を作るように。だが多くのサイトは、データを漁られて他サイトで使われても何も言わない。投資家は不正や会計捜査を探して上場企業すべてについて四半期ごとの有価証券報告書を漁る。私はイーベイでのオークションデータを漁って、野球カードへの入札に関する調査のためのデータ集合を作らせたことがある。

多くのプログラマがグーグルマップの無料地理情報を、住所情報を含むありとあらゆるデータ集合と組み合わせている。こうしたデータの「マッシュアップ（混合）」は、犯罪多発地域をしめしたり、選挙の寄付者分布を示したり人種分布を示したりと、ほとんどなんについてでも驚異的な視覚地図を作り出せる。Zillow.com は公開の固定資産税台帳から家の規模や他の近隣特性を使い、その近辺での不動産取引情報と組み合わせて、住宅価格を予測する美しい地図を作り出している。

「データ共有財産化運動」のおかげで、人々がデータを投稿して他人のデータと結合させるようなウェブサイトができた。過去一〇年で、データ集合の共有規範は学界ではますます当然のこととなっている。アメリカの主要経済学誌『American Economic Review』は、研究者たちに、実証論文を投稿する際にはそれを裏付けるデータを中央ウェブサイトに投稿するよう求めている。だから多くの研究者たちは自分のデータ集合を自分のウェブページにあげておくようになったので、ほとんどあらゆる実証論文のデータを、グーグル検索ほんの数語で見つけてダウンロードできる(この私の大量のデータ集合もhttp://www.law.yale.edu/ayres/にある)。

アクシオムやチョイスポイントのようなデータ集約業者は、公開情報を見つけて既存のデータベースに統合するのを芸術の域にまで高めている。FBIは毎年都市ごとに盗難車情報を公開している。オールステイトは、毎年どの都市でどれだけ盗難防止装置が使われているかという情報を持っている。現在では、最初のデジタル形式はどうあれ、こうした二種類の情報を結合するのはかなり容易だ。いまでは、社会保障番号といった単一のユニーク同定子が一つもないデータ集合ですら結合してしまえる。似たようなパターンを探せば間接マッチングが行えるのだ。たとえば二種類のちがう記録から家屋購入記録をマッチングさせたければ、同じ都市で同じ日に起きた購入記録をさがせばいいかもしれない。

ただし間接マッチングの技法はまちがいも多い。後にチョイスポイントに買収されたデータベーステクノロジー社(DBT)は、ブッシュ大統領選出を左右した二〇〇〇年のフロリダ州選挙のとき、間接的に犯罪者を同定しようとしたために大問題を引き起こした。フロリダ州はDBTを雇って、登録有権者一覧から除外すべき人々の一覧を作らせた。DBTは登録有権者一覧と、全米のあらゆる州の前科者の一覧とをマッチングさせた。マッチングの最も直接的で堅実な方法は、有権者の名前と誕生日を必要な同定子として使うことだ。だがDBTは、ずっと広い網をかけて、潜在的な犯罪者たちを同定しようとした。フロリダの選挙管理委員会からの指示があったのかもしれない。いずれにせよそのマッチングアルゴリズムは、登録有権者と犯罪者名との間にたった九〇パーセントのマッチがあればいいということになっていた。現実には、これは偽陽性、つまりは登録有権者の中で、犯罪者でないのに犯罪者と同定されてしまった人々が山ほどいるということだ。たとえばタラハシの登録有権者ウィリー・Ｄ・ホワイティング・ジュニア牧師は、誕生日二日違いのウィリー・Ｊ・ホワイティングなる人物が刑事犯罪者として手配されていたので投票できませんと言われた。選挙管理委員会はまたＤＢＴに、ファーストネームの「ニックネームマッチ」もやれと指示し、ファーストネームと姓との順番はどうでもいいからマッチさせろと要求した。つまりデボラ・アンという名前はアン・デボラという人物ともマッチするわけだ。

　こうした低いマッチングでもかまわないという要件の組み合わせと、あらゆる州の刑事犯の組み合わせは、有罪刑事犯としてあげられたフロリダ有権者が五万七七四六人というとんでもない数の一覧を生み出した。懸念は、偽陽性が山ほどあるというだけでなく、排除有権者と呼ばれた人々の相当部分が黒人有権者なのではないかということだった。これは、アルゴリズムが人種に関しても一切ゆるめられなかったことから特に真実味を帯びている。刑事犯の人種と正確に一致した人だけが、有権者一覧から排除されたのだった。だからホワイティング牧師は、ミドルネームと誕生日が明らかにちがっても、ウィリー・Ｊ・ホワイティングとマッチされてしまうが、同じ名前と誕生日を持つ白人有権者は、犯罪者ホワイティングが黒人だったために、有権者一覧から外されることはない。

　データ集合のマッシュアップや統合は、かつてないほど容易になっている。だがＤＢＴの犯罪者一覧は警鐘を鳴らすものでもある。新しい統合技術は、意図的または意図せざるまちがいによって失敗することもある。データ集合の規模は、想像力を超えるほどにふくれあがっているので、絶えずまちがいの可能性を探して監査を続けることが重要となる。ＤＢＴの話が非常に頭が痛いのは、今日の統合やマッシングの基準から見て、犯罪者と有権者のデータがあまりに低劣なマッチングを実施されてしまったということだ。

6.4 あらゆるところにデータベースが

企業が情報をデジタル的にとらえて統合できる能力は、データの商品化の引き金となった。データを既存データベースに統合できるなら、そのデータにお金を出そうという気にもなるだろう。そしてだれかがいずれお金を払ってくれると思えば、データを集める気にもなるだろう。だから企業が前より簡単に情報を集めて統合できるようになった、という答えが「なぜ今？」という質問の答えに役立つだろう。

根底の部分では、絶対計算の近年の台頭は、技術面での進歩によるもので、統計技法の進歩によるものではない。統計的な予測技法に新しい展開があったわけではない。いま使われている基本的な統計技法は何十年、いや何世紀も存在していた。オファマティカのような企業が実に徹底的に使っている無作為抽出テストは、医療分野では何年も前から知られて活用されている。過去五〇年で計量経済学や統計理論は改善されてはいるが、中心となる回帰分析や無作為化技術は、ずっと昔から存在している。

さらにいえば、絶対計算革命は必ずしもコンピュータによる計算能力の累乗的な向上だけによるものでもないのだ。コンピュータ速度の向上は役にはたったが、計算能力の上昇は、データに基づく意志決定の台頭よりかなり前から起きていた。かつて、たとえば一九八〇年代以前、CPU（中央処理装置）は実に大きな足かせだった。回帰式の計算に必要な演算回数は、変数が増えると指数関数的に増える――変数が倍になれば、回帰式の推計に必要な演算は四倍になる。一九四〇年代には、ハーバード大の計算実験室は無数の秘書を雇ってそれぞれに機械式の計算機を持たせ、かれらが個々の回帰式の背後にある数字を手計算ではじき出していたのだった。私が一九八〇年代にMITで院生をやっていた頃、CPUはあまりに稀少で、院生などはプログラムの実行に割り当ててもらえる時間が早朝のとんでもない時間だけだった。

だがムーアの法則――計算能力は二年ごとに倍増するという現象――のおかげで、絶対計算はCPUの不足に足を引っ張られることはない。少なくとも過去二〇年、コンピュータはかなり高度な回帰式を推計するだけの計算能力を持ってきた。

現在の絶対計算の台頭のタイミングは、記録容量の増大のほうにもっと影響を受けている。われわれはいま、消去ボタンのない世界に移行しつつある。ムーアの法則は有名だが、現在の絶対計算の進軍にもっと貢献しているのはクライダーの法則――ハードディスクメーカーのシーゲートの主任技術担当マーク・クライダーが初めて提案した法則――だ。クライダーは、ハードディスクの容量が二年ごとに倍増するという法則をはっきり認識したのだった。

一九五六年にディスクドライブが導入されてから、一平方インチあたりに記録できる情報の密度は、驚異の一億倍にふくれあがった。三〇歳以上の人ならだれでも、ハードディスクがいっぱいになるのではと心配をしょっちゅうさせられた記憶が何度もあるはずだ。今日では、安価なデータ保存の可能性が、超巨大なデータ集合を保管する可能性に革命をもたらしたのだった。

そして記憶容量が増えるに従って、メモリーの価格は下がった。ギガバイトあたりの費用が年率三割から四割下がるという傾向はずっと続いている。ヤフー！は現在、一日一二テラバイトのデータを記録している。一方では、これはすさまじい量の情報だ——アメリカ国会図書館にあるあらゆる本の半分くらいに相当する。その一方で、この程度のディスク記憶は、別に何ヘクタールものサーバや何十億ドルもの費用はかからない。いま、だれでもデスクトップにテラバイトのハードディスクを追加したければ、四〇〇ドルほどですむ。そして業界専門家によれば、数年でその値段は半額になるという。

こうした巨大ハードディスクを生産するための血で血を洗うような競争を主導しているのは、ビデオだ。ＴｉＶｏなどのデジタルビデオ録画機が家庭用ビデオエンターテインメントの世界を刷新するには、それなりの記憶容量が必要だ。テラバイトのドライブは、ＨＤＴＶならたった八時間分でしかない（音楽アルバムなら一万四〇〇〇枚）が、テキストや数字なら、六六〇〇万ページをつめこめる。

保存手段のコンパクトさと安さは、データの氾濫には重要な役割を果たしている。突然、レンタカーのハーツも宅配のＵＰＳも、各従業員に携帯端末機を渡して、個々の取引データを取得保管するようにしているが、それでも費用的に見合うのだ。データがサーバにダウンロードされるのは、ごくたまにのこととなる。いきなりあらゆる車はフラッシュメモリドライブを備え、小さなブラックボックスによって事故時に何が起こっていたかを記録するようになった。

小さなフラッシュドライブ（ｉＰｏｄから映画カメラから水中メガネから誕生日カードまで、ありとあらゆるものに隠されている）から、グーグルやflickr.comに至る何テラバイトものサーバーファームまで、超安価な保存手段の氾濫は、まったく新しいデータマイニングの可能性を開いた。最近の絶対計算の台頭は、われわれの人生のその他の部分を転換してきたのと同じ技術革命によって主導されている。タイミングを説明する最高の要因は、巨大な電子データベースを捕捉、統合、保管するためのデジタル革命が起きたことだ。いまや大量のデータが（ハードディスクに）存在するので、新世代の実証主義者たちが出てきてそれを計算にかけようとしている。

6.5 コンピュータをあなたが考えるように仕込めるだろうか？

だが、絶対計算革命に重要な貢献をしている新しい統計技法が一つある。それが「ニューラルネットワーク（神経系ネットワーク）」だ。ニューラルネットワーク方程式を使った予測は、実績豊富な回帰方程式に対する新進気鋭の競争相手だ。初のニューラルネットワークは、人間の脳の学習プロセスをまねるために学者が開発したものだった。ここには大きな皮肉がある。前章では、なぜ人間の脳が予測がヘタかという各種研究を詳細に検討した。だがニューラルネットワークは、コンピュータが人間の神経細胞のように情報を処理する試みだ。人間の脳は、情報スイッチとして機能する相互接続された神経細胞のネットワークだ。神経細胞のスイッチの設定次第で、個別神経細胞が刺激を受けたときに、隣の神経細胞に信号を送ったり送らなかったりする。思考というのは、神経細胞スイッチのネットワークにある特定の刺激が流れた結果だ。人が体験から学習するとき、神経細胞スイッチはプログラミングしなおされて、ちがった種類の情報に別の反応をするようになる。好奇心旺盛な子供が手を伸ばして熱いストーブにさわったら、その神経細胞スイッチはちがう発火をするようプログラミングしなおされて、次回に熱いストーブを見たときにはそんなに魅惑的に思えなくなっている。

コンピュータのニューラルネットワークの背後にある発想も、基本的には同じだ。コンピュータは、新しいまたは異なる情報に基づいて反応を更新するようプログラミングできる。コンピュータでは、数学的な「ニューラルネットワーク」は一連の相互接続されたスイッチで、これが神経細胞と同じく、情報を受け取り、評価して送り出す。それぞれのスイッチは数学的な方程式で、複数種類の入力情報について、その重みをはかる。

入力の加重和がそれなりに大きければ、スイッチが入ってそれは情報として次の神経細胞等式スイッチの入力として送り出される。ネットワークの最後には最後のスイッチがあり、それは以前のニューラルスイッチからの情報を集めて、そのニューラルネットワーク全体の予測出力として送り出す。回帰式アプローチのようにたった一つの方程式に適用するための重みを推計するのではなく、ニューラル式ではたくさんの方程式を使って、それが各種の相互接続スイッチであらわされる。

経験が脳の神経細胞スイッチを訓練していつ発火すべきでいつ発火すべきでないか教えるように、コンピュータは過去のデータを使って、方程式のスイッチを訓練し、最適の重みづけを行う。たとえばアリゾナ大学の研究者たちは、ツーソン・グレイハウンド公園でのグレイハウンド・ドッグレースで勝ち犬を予測するニューラルネットワークを構築した。日ごとの競技シート何千件に基づき、五〇以上の変数をそこに与えた――犬の身体属性、トレーナー、そしてもちろん、各種条件のもとでその犬がどのくらいの戦績を収めたか。好奇心旺盛な子供と同じく、こうしたグレイハウンド競走方程式の重みは、最初はランダムに設定された。それからニューラル推計プロセスが、同じ歴史データをもとにちがった重みをあれこれ何度も試した――ときにはまさに何百万回も――そして相互接続する方程式の重みづけのどれがもっとも正確な推計を出すかを確かめたのだ。その訓練で得られた重みを使って、将来のドッグレース一〇〇試合の結果をかれらは予測した。

研究者たちは、自分たちの予測と三人のドッグレースの予想専門家との予測とを競わせることさえしている。対象となる一〇〇のレースで、ニューラルネットワークと専門家たちはそれぞれ勝つと思われる犬に一ドルを賭けろと指示された。ニューラルネットワークは勝ち犬をうまく当てただけでなく、(もっと重要な点として)ネットワークの予測のほうがずっと多額の勝ち金額をかき集めた。実は専門家三人は、一人として予想でプラスの儲けは出せなかった――最高の予想屋でも六〇ドルすっていた――が、ニューラルネットワークは一二五ドル儲けた。いまや多くの賭け屋がニューラル予想に頼っているのも驚くことではなかろう(ニューラルネットワークと賭けをググれば、山ほど事例が出てくるはずだ)。

こんな技法のどこが目新しいのか不思議に思うかもしれない。なんといっても、昔ながらの回帰分析だって過去のデータを使って結果を予測するのだから。ニューラルネットワーク手法のすごさは、その柔軟性と細やかさにある。伝統的な回帰分析では、絶対計算者は式の具体的な形式を指定する必要があった。たとえば、もっと強力な予想をするためにその犬の以前の勝率に犬の平均的な順位をかけよとマシンに入力するのは、絶対計算者の仕事だった。ニューラルネットワークだと、研究者は生のデータを喰わせるだけでいい。ネットワークは、超相互接続された方程式群を検索することで、最高の機能を持つ形式をデータに選ばせる。犬の各種物理特性が、どう組み合わさって優秀な競走犬になるのかを調べる必要はない。ニューラル訓練がそれを教えてくれるのを待てばいい。回帰でもニューラル方式でも、絶対計算者はどういった要素のデータを入力するかは指定する必要がある。でもニューラル手法は、その影響の性質についてずっと流動性の高い推計が可能となる。データ集合の規模が大きくなるにつれて、ニューラルネットワークは、これまで伝統的な回帰分析では対応しきれなかったほどの、大量のパラメータを推計できるようになる。

だがニューラルネットワークは万能ではない。その重みづけ方式の細やかな相互作用は、一方でその最大の欠陥でもある。一つの入力が複数の中間スイッチに影響してそれが最終的な予測を左右するため、一つの入力が予測結果にどう影響しているのかを理解するのはほとんど不可能だ。

個別の影響がわからないという話の一部でもありまたその結果でもある点として、ニューラルの重みづけの精度もわからない。ご記憶だろうか、回帰分析はそれぞれの入力がどれだけ予測を左右するか教えてくれるのみならず、その予測がどれだけ正確かについても教えてくれる。だからグレイハウンドの例だと、回帰式ならばその犬の過去の勝率には〇・四七の重みをつけろというだけでなく、その予測の信頼区間も与えてくれる。「正しい重みが〇・三五から〇・五九の間にある確率は九五パーセントです」という具合に。だがニューラルネットワークのほうは、信頼区間は与えてくれない。だからニューラル技法は強力な予測結果は出すが、なぜそれがうまくいくのか、その予測がどれだけ信用できるのかについて説明するという点ではかえって劣る。

推計重みづけパラメータの多重性（これは通常の回帰分析よりも三倍も多くなりがちだ）はまた訓練データの「過剰フィッティング」[*1]にもつながりやすい。ネットワークに一〇〇件の歴史データを与え、それぞれ変数一〇〇個を与えたら、ネットワークはその一〇〇の結果すべてを完璧に予測できるようになる。だが過去のデータを完全に再現できるからといって、将来の結果が上手に予測できるとは限らない。むしろ過去の結果を無理に再現しようとして恣意的な重みづけをたくさん入れてしまうことで、ニューラルネットワークはかえって将来の予測がヘタになることも多い。ニューラル絶対計算者たちはいまや、予測する変数の数を意図的に制限してネットワークの訓練時間もしぼることで、この過剰フィッティングの問題を減らそうとしている。

6.6 大コケ映画を探せ

正直に言えば、ニューラル予測手法はかなり目新しく、ニューラル予測の推計方法にはまだまだ職人芸的なところが多い。有力な手法としてニューラル予測がどこまで回帰予測に迫れるか、まだはっきりしない。だがニューラル予測が少なくとも精度の面では、回帰予測と張り合えている現実世界の場面は確かにある。そしてそれが伝統的な回帰分析以上の成果を出している例すらあるのだ。

ニューラル予測はハリウッドにさえ影響しはじめている。ちょうどオーリー・アッシェンフェルターがボルドーワインの値段をテイスティングもしないうちに予測できたのと同じように、ディック・コパケンという弁護士は一フレームも撮影されていないうちから映画がどのくらいの興業収入をあげるか予測できると考えるだけの肝を持っていた。コパケンはわたしと同じカンザス市民で、ハーバード・ロースクールを卒業し、コヴィントン＆バーリング法律事務所のパートナーとして優れたキャリアを歩んでいた。そしてそこで弁護顧客のために数字をはじいていたのだった。何年も前にかれはルー・ハリスに委託して、車のバンパーの被害に関する認知度について情報を集めた。ほとんどの人は自分のバンパーに小さなへこみがあっても気がつきもしないという統計的な発見のため、運輸局は自動車メーカーに、人の気がつかないほどの小さなへこみくらいはできるような、安いバンパーを使ってもよいと納得させる根拠となった。

最近ではコパケンはニューラルネットワークを使い、まったくちがった種類の顧客のために数字をはじいている。法曹の現場から退いたディック・コパケンは、エパゴギクスなる会社（アリストテレスの帰納的学習の考えから採った名前）を創設した。この会社はニューラルネットワークを「訓練」して、主に脚本の特徴だけから映画の興収を予測しようとした。エパゴギクス社はあまり表には出てこない。顧客のほとんどは、自分たちが何をしているか世間に知られたくないからだ。

だが二〇〇六年の『ニューヨーカー』誌の記事で、マルコム・グラッドウェルがこの話をす

＊1　過剰フィッティングとは、変数の数が多すぎる統計モデルを指す。

っぱ抜いた。グラッドウェルが初めてエパゴギクスのことを知ったのは、大映画スタジオのトップたちに講演を行ったときだった。コパケンにいわせると、それは「保養地みたいな場で、みんなの携帯電話やブラックベリー（訳注：携帯用メール端末のこと）を全部没収して、撮影現場からも離れたところにみんなを数日カンヅメにして、大きなことを考えようとするんですよ。（中略）そしてその時はやりのグルか何かを連れてきて、いっしょに議論して考えをまとめる手伝いをしてもらうんです。そしてその年はそれがマルコム・グラッドウェルだったんです」グラッドウェルの仕事は重役に話をすることだったが、かれは逆に来世紀に映画の製作や見方を変えるようになるのは何かを重役に聞いた。コパケンは語る。

「経営会議の議長が、ニューラルネットワークによる予測をやる会社の話をして、それが実に正確なんだというんです。そして、これはかなり秘密だったはずなんですが（中略）スタジオのトップもそれに同調して、われわれがこのスタジオのために実施したテストがどれほど正確だったか、細かい話をしはじめたんです」

スタジオの親分は、パラダイム転換めいた実験の結果について自慢していた。エパゴギクスはそこで、脚本だけをもとに映画九本の興収を予測しろと言われていた――スターはおろか監督さえまだ決まっていない段階で。CEOが本当に興奮していたのは、ニューラル方程式が映画九本のうち六本の収益性を正確に予測できたということだった。多くの映画で、この式の興収予測は実際の値から誤差数百万ドル以内だったのだ。

九本中の六本は完璧とはいえないが、従来のスタジオは、興収予測で三分の一程度しか当てられなかった。コパケンと話したときには、かれはこのちがいに値段をつけてみせた。「大スタジオなら、われわれのアドバイスを受けて、しかもそれに耳を貸すだけの節度があれば、たぶんスタジオあたり年間一〇億ドルは追加で収入をあげられるでしょう」。つまりスタジオは現在では年間に一〇億ドルを無駄にしている計算になる。

いくつかのスタジオはすぐに（だが黙って）エパゴギクスのサービスにとびついた。同社の予測を使ってスタジオは、映画製作に何百万ドルもかける価値があるかを調べている。昔は「shoot a turkey」というのは「大コケ映画を撮る」ということだったが、エパゴギクス社ではこれは正反対の意味で、大コケ映画が作られないようにするということだ。

エパゴギクスのニューラル方程式は、映画の純益をどう高めるかもスタジオに教えてくれる。かれらの方程式は、どこを変えればいいか教えてくれるだけではない。その変化がどれだけ興収を増やすかを教えてくれるのだ。「あるとき見せられた脚本は、舞台がとにかく多すぎました。モデルによれば、観客は途中で場所がわからなくなるだろうとのことでした。アクションを一つの都市にしぼることで、興収も増えるし、製作費も抑えられると予測したんです」とコパケン。

エパゴギクスはいまや、予算三・五億ドルから五億ドルくらいのインディペンデント系映画を年に三本から四本製作しているスタジオと仕事をしている。できあがった脚本を検討するだけでなく、エパゴギクスはそもそもの発端から参加することになる。「大学っぽい共同作業的な感じでやりたいんだそうです。われわれは脚本家と直接やりとりをして、興収を最大化する脚本を作り上げるんです」とコパケン。

でも利益を最大化したいスタジオは、スターに大金を払うのもいやだと思っている。ニューラル方程式のびっくり箱の一つは、ほとんどの映画はもっと無名の（したがってお安い）俳優を使ったところで、興収は変わらないということだった。コパケンは語る。「うちのモデルでは、役者や監督も考慮はします。でも興収に対する影響を見ると、その影響は驚くほど小さいんです」。映画の舞台はかなり効いてくる。だがスターや監督の名前はどうでもいい。「史上興収上位二〇〇本の映画を見てください。その中で、当時のスターが出ている映画は実に少数なので驚きますよ」

スターシステムのような古い習慣はなかなかなくならない。コパケンによれば、スタジオ重役たちは、宣伝費を削るとか、もっと無名の役者を使うとかいった話になると「いまだに耳を貸さない」とのこと。ニューラル方程式によれば、スターや広告はしばしば費用に見合う効果をあげない。コパケンが指摘するように「ハリソン・フォードなんて、『スター・ウォーズ』以前はだれも知りませんでした」。

エパゴギクスは、スターをいじめてやろうという使命に燃えているわけではない。それどころか、スターのエージェントとして知られる強力なエンデバー・エージェンシー社は、エパゴギクスのサービスを顧客のために使おうとしている。コパケンは最近、エンデバーの創設者の一人、〝不屈の〟アリ・エマニュエルと面会した。アリ・エマニュエルは、明らかにHBOの人気テレビシリーズ『アントラージュ』に出てくるアリ・ゴールドのモデルになっている。「かれは車でいくつか大スタジオにつれていってくれて、パラマウントやユニバーサルの社長に会わせてくれました。その道中に、かれは七〇本も電話をかけたでしょうか。サシャ・バロン・コーエンからマーク・ウォールバーグから、ウィル・スミスのエージェントまで」とコパケン。エンデバーは、エパゴギクスが顧客に映画出演の決断をするときの支援をするのみならず、出演料を事前の定額払いにするか、興収の歩合制にするかを決めるのにも使えると考えている。エパゴギクスの世界では、確かに手取りが減るスターも出てくるが、賢いスターは契約の仕組みをもっと工夫するようになるだろう。

だが、業界の多くの人々はニューラル予測という発想を歓迎していないと書いても、驚く人はいないだろう。一部のスタジオは、プロジェクトにゴーサインを出すかどうか決めるのに統計が役立つという発想を一切拒絶する。コパケンは、スタジオのトップとの会合にヘッジファンドのマネージャを二人連れて行ったときのことを話してくれた。「ヘッジファンドの連中は何億ドルも集めてきて、われわれのテストに合格して興収を最大化するようにした映画に五億ドル出資するところから始めようというんです。もちろん成功したら、すぐに規模を拡大します。だからその場ですでに、もう大金が机に載っていたんです」コパケンは、それだけ外からの金があれば、スタジオもちょっとは興味を示すだろうと思ったのだ。

「でも会合はあまりうまくいきませんでした。この新しい発想にはとにかく大量の抵抗があるんです。とうとう、こちらのヘッジファンドの連中が一人、話の途中に割り込んできたんです。『ちょっと教えてくださいよ。このディックのシステムが百発百中だとして、あなたはそれでも映画製作の判断にそれを採用することを考慮しない、あなたはつまりこう言いたいわけですか?』するとスタジオ側はこう言いました。『まさにその通り。百発百中でもやらない。(中略)株主の金を一〇億ドル無駄にしてるからってそれがどうした。しょせんは株主の金だろう。(中略)でもこっちのやり方を変えたら、いろんな人の不興を買うことになるからね。もうお声がかからなくなるかもしれない。妻もパーティーに呼ばれなくなるかもしれない。みんな腹をたてるだろう。現状はすばらしいんだから、敢えて変える必要もなかろうに』」

コパケンは、その会合からの帰り道にすっかりしょげていたが、ふとヘッジファンドの連中を見ると、喜色満面。何がそんなに嬉しいのか聞いてみた。

「わかんないかな、ディック。われわれは市場のちょっとした不完全性を見つけることで儲けるんだ。通常、そういうのは小さいし、滅多にないし、すぐに市場の効率性で埋められてしまう。でもこういうのを見つけてそういう機会に大金を投入できたら、珍しくて小さいものだって、市場の効率性につぶされるまでに大金のもとになるんだぜ。いまきみが示してくれたのは、ハリウッドがそういう機会の一〇車線舗装ずみ高速道路みたいなもんだってことだ。連中は明らかにものごとをまちがったやり方でやろうとしているし、その文化にはまちがった方式にこだわり続けたいという熱意がありありと見える。われわれにはすばらしい機会なんだよ。しかもこれは見たこともないくらい長続きしそうな機会だ」

一部のスタジオの抵抗こそが、まさにアウトサイダーにとっては最適化した台本が本当に売り上げにつながるかを試す機会を作り出す。当のエパゴギクス社自身が、自分たちの主張にちゃんとお金を張ろうとしている。コパケンは、商業的に大失敗だった映画をリメイクするつもりなのだ。ニューラルネットワークの助言で、ちょっとした変更さえ加えれば、この台本は純益が二三倍になると考えている。コパケンは脚本家を呼んできて、台本にまさにそうした変更を加えさせようとしている。間もなく、ワシントンの弁護士に大量のデータを持たせたら映画的錬金術が起こせるかどうかを実地に見られるだろう。

脚本家ウィリアム・ゴールドマンは、映画を選ぶとなったら「だれも、だれ一人として――いまも、いつの時代も――興収で何が効いて何が効かないかについてこれっぽっちのこともわかっちゃいない」と宣言したことで有名だ。そして確かに、本当にだれも知らないのかもしれない。スタジオの重役たちは、何年にもわたる試行錯誤のあげく、いまだにストーリーの構成要素に正しい重みづけができずにいる。マシンと違って、かれらは感情的にストーリーを体験はできるが、感情というのは諸刃の剣だ。エパゴギクスの方程式がそこそこ成功しているのは、何が効くかについて無感動に重みづけをするからなのだ。

6.7 なぜ今ではいけない？

技術や技法の発展を調べると、なぜ絶対計算革命がこれまで起きなかったかは説明できる。だが逆の質問も考えるべきだろう。なぜ一部の業界はこの波に大幅に乗り遅れているのだろう？　なぜ一部の意志決定はデータ主導思考に抵抗するのだろう？

ときには、絶対計算が登場しないのは、ためらいや不合理な抵抗のせいではない。絶対計算どころか統計分析ができるほどの歴史的データがない意志決定はいくらでもある。グーグルはユーチューブを買収すべきか？　この手の一回限りの問題は、データ主導思考にはすぐにはなじまない。絶対計算は、反復型の意志決定の結果分析を必要とする。そして反復事例がある場合ですら、ときには成功を定量化するのはむずかしい。ロースクールは、毎年入学希望者のうちだれを合格させるべきか決めなくてはならない。応募者についての情報はたくさんあるし、過去の生徒や卒業生のキャリアについてもたくさん情報はある。だが、卒業後に成功を収めるというのはどういうことだろう？　すぐに思いつく指標は給料だが、あまり優れたものではない。政府や公共の利益になる法律の指導者は、給料はあまり多くないが、それでも学校としては誇りに思う。最大化したいものを計測できないなら、データ主導型意志決定なんかできない。

それでも、成功の尺度があって、歴史的データも大量にあり、マイニングされるのを待っているような領域はたくさんある。データ主導思考は社会のいたるところで台頭しているが、変化を待っている抵抗のポケットはまだまだ山ほどあるのだ。

鉄壁の法則として、人々は自分の専門領域以外でなら絶対計算利用に抵抗がない、というものがある。伝統的で非実証的な評価者にとっては、定量予測のほうが自分の専門領域で自分よりもよい成績を挙げるというのを認めるのはとんでもなくむずかしい。これは仕事にしがみつきたいという露骨な利己的動機だけが原因ではないと思う。人間はとかく自分の判断力を過大評価するし、多くの情報を必然的に無視するような方程式が自分より優れた成績を挙げるという主張は、どうしても眉唾に思えてしまうのだ。

では本の出版プロセスそのものに光を当ててみよう。絶対計算を使えば、バンタム社やその親会社ランダムハウス社が、どの本を出版すべきか予測することはできないのか？

できないに決まってますよねえ。本の出版は、絶対計算なんかの手にはとても負えない職人芸の世界ですもんねえ。でもまずは小さく始めよう。ご記憶のように、私はすでに本書の題名を決めるときに無作為抽出テストを使った。回帰分析で本の題名を決めてはどうだろうか？実は Lulu.com はまさにそういう回帰分析をしている。本の題名がベストセラーになるかを予測する回帰式をかれらは推計したのだ。

イギリスの統計学者アタイ・ウィンクラーは、一九五五年から二〇〇四年にいたる『ニューヨーク・タイムズ』ベストセラーリスト一位の小説の売り上げについてデータ集合を作り、同じ著者の売れ行きの悪い小説もデータ化して結合した。題名七〇〇件以上を手にしたかれは、回帰式を推計して、ベストセラー見込みを予測しようとした。回帰式は一一種類の特徴を検討している（題名は『××の××』という形になっているか？　題名には人名や地名が含まれるか？　最初の一語は動詞か？　など）。

結果は、中身を文字通り述べた題名よりも、それを比喩的に語るもののほうがベストセラーになりやすい。また最初の単語が動詞か前置詞か感嘆詞かというのもかなり効いてくる。そして出版界の常識とは裏腹に、短い題名が必ずしもいいとは限らない。題名の長さは本の売り上げには大きく影響しないのだ。全体として、この回帰式は当てずっぽうよりはずっとましな予測を出してくれる。「正解率七割。データと嗜好の変化を考えればなかなかだと思います」とウィンクラー。だがウィンクラーは過剰な主張はしたがらない。「本がベストセラーになるかどうかは、その週にほかにどんな本が出ているかにも大きく左右されます。ベストセラーになるのは一冊だけですから」

結果は完璧ではない。アガサ・クリスティの遺作『スリーピング・マーダー』はウィンクラーの分析した中で最高の得点となったが、このモデルによれば『ダ・ヴィンチ・コード』はベストセラーになる確率がたった三六パーセントとのこと。

こういう欠陥はあるものの、これは楽しいしちょっと中毒性もあるウェブアプリケーションだ。本の仮題を Lulu.com／titlescorer に入力するだけで、どーん、このアプレットは考え得るあらゆるタイトルについて成功確率を予測してくれる。「タイトルバトラー」機能を使って、二つのタイトル候補を戦わせることもできる。もちろんこれは、あなたの著書が本当にベストセラーになるかを試すものではない。ジェーン・スマイリーのような有名作家の本の題名が有望かどうかを調べるものだ。だがベストセラー作家でなくても、自分の題名がどのくらいの得点か試してみたいとは思わないだろうか？（私は思った。本書はノンフィクションだが、

第6章 なぜいま絶対計算の波が起こっているのか？

『Super Crunchers』の成功確率は五六・八パーセントだとか。Lulu.comの予言が神様の耳に届きますように)。

だが題名だけでやめなくてもよかろう。中身も計算すれば？　私の最初の反応はここでも、無理だよな、そんなのうまくいきっこない、というものだった。本が上手に書かれているかをコード化する方法なんてない。だがこれはまさに、抵抗の鉄則そのものの物言いだ。「自分のやることは定量化できない」という人物には要注意だ。

エパゴギクスがストーリーを分析して映画の興収を予測できるなら、同じように小説の売り上げだって予測できていいはずだ。いやむしろ、小説のほうが楽なはずだ。気まぐれな役者や、映像の美醜といった余計な影響がないからだ。あるのは文だけ。エパゴギクスが映画脚本に使う基準をそのまま使えばいいかも知れない。成功の経済的な基準もたっぷり存在する。ニールセン・ブックスキャンは、購読者に対して、大手書籍店で各種の本がどれだけ売れているか、週次のPOSデータを提供してくれる。だから売り上げ的な成功については大量のデータが、分析を待ち続けている状態なのだ。自分がベストセラーのトップにくるかを当てずっぽうに予測するよりは、題名より多くのデータを元に総売上を予測してみてはいかが？

だが出版業界のだれも、どんな原稿を買うべきかとか、本をどう改善すべきかといった問題で絶対計算にとびつこうとはしていない。私自身の中にも、ノンフィクション本がコード化できるとか、絶対計算が本書の中身を改善できるといった発想に猛然と抵抗したがっている大きな部分がある。だが残りの一部は、実はノンフィクション出版で何が成功するかについて、ちょっとしたデータマイニングを始めているのだ。

法学教授である私の主要な刊行作業は、法学雑誌に論文を書くことだ。原稿料はないが、論

204

文の成功をはかる尺度は、その論文が他の教授にどれだけ引用されたかだ。そこでフルタイムの数値計算助手フレッド・ヴァースの助けを借りて、私は法学雑誌論文の引用回数の多少の決定要因を分析しようとした。フレッドと私は法学雑誌上位三誌に過去一五年に掲載された論文すべてについて、引用データを集めた。中心となる統計式には五〇以上の変数があった。エパゴギクスと同様に、フレッドと私は一見すると何の関係もなさそうなことが、大きく影響することを発見した。題名が短くて脚注が少ない論文のほうが引用回数はずっと多く、方程式や補遺のある論文は引用回数がずっと減った。長い論文は引用も多いが、回帰式の予測では、ページあたり引用回数が最高に達するのは、驚異の五三ページもある論文だということだった（法学教授というやつは法律についてあれこれ語るのが大好きなものでして）。

また自分の雑誌の引用回数を最大化したいと考える法学雑誌編集者は、刑法や労働法の論文は載せず、憲法系の論文に注目すべきだ。それと女性著者の論文を増やそう。白人女性は白人男性より五七パーセントも多く引用され、少数民族女性は二倍も多く引用された。論文の最終的な価値は、著者の人種や性別には関係ない。だが回帰分析によれば、法学雑誌編集者たちは無意識のうちにでも、掲載基準を女性や少数民族著者に対しては高く設定していたのでは、と考えてみるべきだろう。かれらは刊行されると系統的にもっと多く引用されるのだ。法学雑誌編集者たちはこうした示唆の多くに抵抗するだろう。それはかれらがお高くとまっているからではない（が、そういう人もいることは断言しよう）。単に人間というのはそういうものだからだ。

6.8 情報の保管所

ずっと前に教わったこと
手持ちのどんなパズルでも
正しい式さえ入れてやれば
どんなバカでも答え一発。
――「least complicated」インディゴガールズ

明らかに部分的な情報しか見ていないのに断定的な結論を下すような方程式に指図されたくないのは人情だ。ロバート・フロストの詩ではないが、ここには何か方程式を気に入らないものがあるのだ。方程式は、フロストの壁のように、行きたいところに行く自由を制限してしまう。

だがちょっとつついてみれば、われわれの最も重視したい評価は、証拠という理性の前に敗退するしかないかもしれない。人間は、予測の際に各種の要因にどれだけ重み付けすべきかを決めるのがヘタだ。本書でそれを納得してもらえたら、読者は自分の専門領域や人生を見渡して、絶対計算が役にたちそうなところを探すべきだ。

一歩下がってみると、データ主導の意志決定に対する技術的な制約は、すべて低下したことがわかる。情報をデジタル化して保存できるということは、インターネット接続のあるラップトップならいまやアレクサンドリア大図書館の数倍に相当する図書館にアクセスできるということだ。計算技術や高速コンピュータはもちろん必要だが、回帰分析もCPUも、この現象が本格的に始まる以前から存在していた。本書では、デジタルデータの捕捉、統合、保存能力が高まったことのほうが、現在の進歩には影響が大きかったのではと主張している。こうしたデータベース技術の発達も、情報の商品化に役だった。デジタルデータはいまや市場価値を持ち、巨大データウエアハウスに集約されつつある。

データベース技術の進歩が止まると考えるべき理由はまったくない。ハードディスクの容量は二年ごとに倍増するというクライダーの法則は止まる気配がない。マッシュアップや統合技術は自動化されつつある。未来のデータ回収プログラムは、新しいデータを求めてウェブを探すだけでなく、データ統合のためのロゼッタストーンに相当するモノも自動的に探し出して、まったくちがったデータ集合の観察を自動的に組み合わせてくれるようになるかもしれない。予測精度のますます高まった絶対計算技術は、まったく別のデータからの観測をマッシュアップしてくれるようになる。

そしておそらく最も重要な点として、デジタル領域のデータ捕捉能力——特にミニセンサーによるもの——が進歩し続けるはずだ、ということがある。電子センサーの小型化はすでに各種のデータ捕捉を実現している。携帯電話はすでに持ち主の居場所を教え、ジュースを買い、画像をデジタル保存してくれる。これほど多くの人が、画像記録手段をポケットにおさめていたことはない。

だがさほど遠くない未来には、ナノテクノロジーが「ユビキタス監視」時代をもたらすかもしれない。知覚デバイスが社会のいたるところに置かれるような社会だ。小売り業者はいまではレジのスキャナのデータを通じて在庫や売り上げを管理するが、ナノテクはやがて製品そのものに小さなセンサーを挿入するようにするかもしれない。ナノセンサーが、ある製品の使用前にどれだけ手元においてあったか、どれだけ輸送したか、他のどの製品との組み合わせで使う機会が多いかを教えてくれるわけだ。だがナノセンサーを他の物体や服に埋め込めない理由はない。それどころかいずれ、人々は「スマートダスト」、つまりあらゆる環境に浮遊するナノセンサーに囲まれるようになるかもしれない。こうしたセンサーは文字通り塵のようなものだ。そよ風とともに動き、一立方ミリの大きさでほとんど検出できなくなる。

情報の大規模なデジタル化がもたらす展望は、わくわくするものでもあり、恐ろしいものでもある。それはプライバシーなき世界を予告する警告の物語でもある。本書でもすでにいくつか不安な話は見てきた。フロリダでの低質なマッチングは、何千人もの黒人有権者をまちがって排除してしまっただろう。エパゴギクスの話ですら懸念を引き起こす。芸術は芸術家の決めるものでは？　多少の認知的な無駄を受け入れても、創造性の華開くもっと人間的な環境を維持する方がよいのでは？

絶対計算はよいことなのだろうか？

第6章　なぜいま絶対計算の波が起こっているのか？　まとめ

【ポイント】

絶対計算がいま大躍進している理由は：

・コンピュータの進歩、特に記憶容量の進歩（クライダーの法則）
・ネットによるデータ収集の容易化
・データ売買の一般化
・別々のデータベースを統合する技術の進歩

手法自体は昔からあった。でもこうした周辺の条件が整ってきたことで、一気に絶対計算があらゆる場面で容易に使えるようになった。

ただし、完璧ではない。データ統合のまちがいは、大統領選のフロリダにおける一部有権者排除のような問題にもつながる。

手法面での新しい展開は、ニューラルネットワークの進展（ただし限界はある）。

【例】

エパゴギクス社によるニューラルネットワークを使った映画のシナリオ改善。
↓しかしこれは、人間の創造性まで絶対計算が口出しするという人間の尊厳にかかわることではないか？

【次章予告】

絶対計算が人間の裁量を奪うと、人間の役割がなくなってしまうという批判がある。次章はこの問題をとりあげ、絶対計算が場合によっては人々の利益にならないケース、企業が人々を喰い物にするために使われるケースを考え、その対処法などを考察する。

第7章 それってこわくない？

この二五〇の変数を使えばあなたが〇〇に投票した確率は九七％！ プライバシーは限りなくゼロに近づく

7.0 もっとも有効な教育法

フロリダ州サラソタのエマ・E・ブッカー小学校の二年次教師サンドラ・ケイ・ダニエルは、二年生一ダースほどの前にすわっている。中年のおばさんじみた黒人女性で、よく通る聞く者の心をふるいたたせるような声をしている。

本を開けて、一五三ページのおはなし六〇番を開きましょう。一、二の三でやりましょうね。一……二……三。みんな一五三ページを開いていますね。黄色い紙がじゃまなら、捨てましょう。よろしい。みんな、おはなしの題名にさわってください。指を題名の下においてね。題名を読む用意をしましょう……す・ば・や・く・ですよ。一人追いつくのを待ちましょう。はいよろしい。指を題名の下においてね。よーい、どん！

生徒たち（声をあわせて）：「ペットのヤギさん」

よろしい。「ペットのヤギさん」。お話の最初の単語に指をおきましょう。すばやくお話を読む準備をしてください。よーい！


生徒たちは声をあわせてお話を読み上げる。読むのにあわせて、先生は定規で黒板をたたき、一定のリズムをたたき出す。生徒たちは、一拍ごとに一単語を読みあげる。


生徒たち（拍子にあわせて）：女の子がペットにヤギさんをもらいました。

続けて。

生徒たち（拍子にあわせて）：女の子はペットのヤギさんと走るのがすきでした。

続けて。

生徒たち（拍子にあわせて）：女の子はヤギさんと……

もういちどやりましょう。用意して、文の初めから。よーい、どん！

生徒たち（拍子にあわせて）：女の子はヤギさんとおうちの中であそびました。

続けて。

生徒たち（拍子にあわせて）：ヤギさんはカンを食べてつえも食べてしまいました。

続けて。

生徒たち（拍子にあわせて）：ある日おとうさんがヤギさんにでていけといいました。

「ヤギさん」の前には何がありますか？

生徒たち（声をそろえて）：点。

そしてその点はどういう意味ですか？

生徒たち：ゆっくりと。

もういちどいまの文を読みましょう。よーい、どん！

生徒たち（拍子にあわせて）：ある日おとうさんが（間）ヤギさんにでていけといいました。

続けて。

生徒たち（拍子にあわせて）：たくさん食べすぎるというのです。

続けて。

生徒たち（拍子にあわせて）：女の子は、ヤギを追い出さないでくれたら何でも食べないようにさせるからとお願いしました。

大きなはっきりした声ですね。続けて。

生徒たち（拍子にあわせて）：おとうさんは、やってみようといいました。

続けて。

生徒たち（拍子にあわせて）：でもある日、車どろぼうがやってきました。

続けて。

生徒たち（拍子にあわせて）：おうちの大きな赤い車を見て、それをぬすもうとおもいました。

続けて。

生徒たち（拍子にあわせて）：そこで車にはしりよってドアをあけはじめました。続けて。

生徒たち（拍子にあわせて）：女の子とヤギはうらにわであそんでいました。続けて。

生徒たち（拍子にあわせて）：だからどろぼうが見えませんでした。つづく。

つづく？　何というスリルとサスペンス！　ヤギは車どろぼうをやっつけられるでしょうか？　おとうさんはうんざりしてヤギを追い出すでしょうか？

実はダニエル先生の授業を見た人は何百万人もいる。でもその録画では、みんなの関心は生徒ではなく、その日にそこを訪れていた特別来賓に向けられていた。ダニエル先生の横に静かにすわっていた来賓は、ジョージ・W・ブッシュ大統領だったのだ。

この授業のテープは、マイケル・ムーア監督の映画『華氏９１１』の中心場面だった。ダニエル先生が「おはなし六〇番を開きましょう」と言っていたまさにそのとき、首席補佐官アンドリュー・カードがやってきてブッシュの耳に「二機目の飛行機が二番目のタワーに激突しました。アメリカは攻撃を受けています」と囁いたのだった。

ムーアのねらいは、ブッシュが教室の外のできごとにあまり関心を払わなかったといって批判することだった。だが、ダニエル先生の教室で起きていたのは、学童教育のやりかたをめぐる、きわめて熾烈な戦いに関わることだったのだ。ブッシュがわざわざマスコミをつれてこの教室にやってきたのは、ダニエル先生が議論を呼んでいるが非常に効率の高い教育方法を使っていたからだ。それは「ダイレクト・インストラクション」（Direct instruction＝ＤＩ）という手法だ。

DIを採用すべきかという戦いは、根拠に基づく医療をめぐる戦いと同じく、基本的には絶対計算の結果に依存すべきかどうかという戦いだ。自分が気に入らなくても統計的に有効性が確認されたやりかたにはしたがうべきだろうか?

ダイレクト・インストラクションは、教師を脚本にしたがわせる。授業はすべて――「指を題名の下において」といった指示も、「続けて」といったうながしも――教師用のマニュアルに書かれている。発想としては教師に、理解しやすい細かい概念として情報を提示させるように強制し、そしてその情報が本当に咀嚼《そしゃく》されるよう確認するということだ。

それぞれの生徒は、毎分最高一〇個の答えをするように呼びかけられる。教師一人でどうやってそんなことを? 大事なのはペースをすばやく保って、生徒たちに一斉に答えさせることだ。脚本は生徒に答えさせる前に「よーい!」と言って、先生が合図したら教室のみんなが同時に答える。生徒の一人一人が、あらゆる質問に答えさせられることになる。

ダイレクト・インストラクションは、学習水準がだいたい似たような生徒を、かなり小さい五人から一〇人の集団に分けることが必要だ。小集団にしておくと、子供は答えるふりをするのがむずかしくなるし、教師もだれかがついてこれなくなっていると思ったら、ときどき個別に生徒に答えを求めることもできる。

DI教室のテンポの速い呼びかけと応答は、キツいしとても疲れる体験だ。法学教授のわたしには、ソクラテス式手法が暴走した代物に思える。ほとんどの小学生は、即答できるだけの集中力を保てるのは一日二時間がいいところだ。

DIアプローチはジーグフリード・〝ジグ〟・エンゲルマンの申し子だ。かれは一九六〇年代に、イリノイ大学で最高の読み方教育方法を研究しはじめた。そして「ペットのヤギさん」に類する短い本を一〇〇〇冊以上も書いている。エンゲルマンはもう七〇代だが、気取りのない実に率直な学者であり、教育学の大物たちに対して何十年にもわたる戦いを挑んできた。

スイスの発達心理学者ジャン・ピアジェの支持者たちは、子供中心の教育法を支持する。これはカリキュラムを個別児童の欲求や関心にあわせてカスタム化するものだ。マサチューセッツ工科大学の言語学者にして多才なノーム・チョムスキー支持者たちは、言語取得に全言語的なアプローチを支持している。全言語アプローチは、読書を細かい情報の断片に切り刻んで、子供に一つずつ音韻的な技能を学ばせるのを否定する。そして聞き取りに全身で没頭させてやがては文全体を読ませるようにする。

エンゲルマンは、子供中心教育法も全言語アプローチも言下に否定する。かれはチョムスキーやピアジェほどは有名ではないが、秘密兵器を持っている――データだ。絶対計算は、ジグの脚本にどんなセリフを入れるべきか、一行一行教えてくれるわけではない。だがバックエンドにある絶対計算は、生徒の学習にどんなアプローチが実際に有効かを教えてくれる。エンゲルマンは、実際につかえるかを無視した頭ごなしの哲学談義に基づく教育方針には猛反対する。「意志決定者たちは、有効性に注目して方針を選ばないのです。子供はどうあるべきかという自分たちの勝手な思いこみに沿って方針を選んでいるんです」とかれは語る。またほとんどの教育者は「本当の実践の泥臭い細部や、何が有効かという詳細」よりは「子供についてのロマンチックな思いこみのほうに流されがち」だとも語る。

エンゲルマンは徹底した現実主義者だ。二〇代には広告会社重役として、メッセージを定着させるためには広告をどれだけ繰り返す必要があるかを調べようとした。そして関心を教育に向けたときも、かれは絶えず「これは有効か」と問い続けた。

ＤＩの有効性についての証拠は、はるか一九六七年にまでさかのぼる。リンドン・ジョンソン大統領は、「貧困との戦い」というキャンペーンの一部として始められた早期教育プログラム「ヘッドスタート計画」のごくわずかな成果を「追跡確認」したいと考えた。「貧困な子供は成績も悪い」のを気にした教育局と経済的機会局は、どんな教育モデルがこの失敗のサイクルを破るのに最適か調べようとした。結果は追跡確認プロジェクトであり、六億ドル以上かけて二〇年にわたり低所得コミュニティ一八〇区画の児童七万九〇〇〇人を追跡するという野心的なものだ。こういう長期的な支援が背後にあると、絶対計算もずいぶん楽だ。当時、これは史上最大の教育調査だった。追跡確認プロジェクトは、授業計画が細かく脚本化されているＤＩのようなモデルから、生徒たち自身が何をどうやって学ぶか選んで自分の学習を自分で主導する構造なしの手法まで、一七種類の教育方法の影響を調べた。一部のモデルはＤＩと同じく語彙や算数といった基礎技能修得を重視し、あるものは高次思考や問題解決能力を重視し、また学習への熱意や自尊心を強調するものもあった。追跡確認プロジェクトの設計者たちは、どのモデルが最高かを知りたかった。それも各種法がそれぞれ主眼を置く分野での能力開発にとどまらず、全体としての能力開発を知りたがった。

ダイレクト・インストラクションの圧勝だった。教育評論家リチャード・ナドラーはこうまとめている。「試験が終わってみると、ＤＩの生徒たちは読み、書き、算数、言語ですべて一位になった。他のどんなモデルも足下にも及ばなかった」。ＤＩの優位は、基本的な技能修得にとどまらなかった。ＤＩの生徒たちはまた、高次の思考力を要求される問題にも楽々と答えた。たとえばＤＩ学童たちは、知らないことばの意味をまわりの文脈から類推する能力でも高い成績をあげた。また数学や視覚的なパターンで空欄を埋めるのにもっとも適切なものを選ぶ能力も高かった。ＤＩは自尊心の育成の面でも、いくつかの子供中心アプローチより高い成果をあげた。これは実に驚くべき結果だ。子供中心の教育法の大目的は、子供の参加をうながして、自分自身の教育を構築させる著者にしたてることで自尊心を養うことだからだ。

アメリカ教師連合とアメリカ調査研究所によるもっと最近の研究では、二ダースほどの「全校改革」のデータを検討し、ここでもダイレクト・インストラクション方式が最高の経験的裏付けを持つことを確認した。一九九八年にアメリカ教師連合は、ＤＩを「生徒の学業向上に役立つ方式」六つの一つとしている。調査によれば、ＤＩをきちんと実施すれば「驚異的な成果」があがるという。ＤＩ学生たちはあらゆる学問的な指標で対照群の学生を抜いていた。二〇〇六年には、アメリカ調査研究所は総合的学校改革プログラム二〇種類以上の比較の中で、トップ二つのうち一つに選んだ。ＤＩはここでも、読みや算数で伝統的な教育方式を上回った。「伝統主義者はこれを見て真っ赤になって怒りますが、データを見れば向こうはボコボコに負けてますから」とエンゲルマンは述べた。

だがちょっと待った――話はもっとすごくなる。ダイレクト・インストラクションは、特に読み能力が平均以下の学童に対して有効なのだ。経済的に不利な子や少数民族の子たちは、ＤＩ授業の下でこそ大きく開花するのだ。

そして最も重要かもしれない点として、ＤＩはだれにでもできる。別に超有能熱血教師がいなくても十分に可能だ。ＤＩ授業は完全にマニュアル化されている。天才でなくても優れたＤＩ教師になれるのだ。凡庸な教師だけでも、ＤＩは何十何百という教室で一気に実行できる。マニュアル通りに動けばすむのだから。

あなたの学校で、毎年のように三年生が一年生なみの読み取り能力しかなければ、かれらは落ちこぼれる可能性がきわめて高くなる。ＤＩはかれらが平均に追いつく現実的な可能性を与えてくれる。学校側が幼稚園に入ったときからＤＩを採用すれば、子供たちはそもそも後塵を拝する可能性がなくなる。

考えてもみてほしい。エンゲルマンの開発した手法は、検証もされて簡単に複製でき、リスクにさらされた学童を支援できるのだ。各地の学校がかれの門前に群れなしても不思議はないはずだ。

7.1 わたしは鉢植え植物じゃない！

ダイレクト・インストラクションは、現場の教育者たちから猛反発をくらった。かれらはマニュアルが教師をロボットにしてしまい、教育を「教師不要」にしてしまうと批判する。まあ無理もないだろう。一日の仕事の大半を、つまらない激励と訂正の決まり切ったことばを死ぬほど繰り返すだけのマニュアルに沿いたいと思うだろうか？　ほとんどの教師は、独創性が大事だと教わっている。意外で独創的な手法を通じて子供たちの心をつかむ教師というのは、一大映画ジャンルでもある（『いつも心に太陽を』『落ちこぼれの天使たち』『ミュージック・オブ・ハート』『陽のあたる場所』などを思い出そう）。ダイレクト・インストラクションで感動ドラマを作る人はいない。

エンゲルマンは、教師の抵抗が問題だとは認めている。「最初、先生方はこれがひどいことだと考えます。自分たちをしばるもので、それまで教わってきたことすべてに反する、と。でも数ヶ月もすると、みんなこれまで子供たちに教えても身につかなかったことを、この方法でなら修得させられることに気がつくんです」

ダイレクト・インストラクションは、一九九六年にボルチモアの恵まれないチェリーヒル地区にあるアルンデル小学校に導入されたときに、ちょっとした騒ぎを引き起こした。この学校は低所得者向け公共住宅やアパート群に囲まれている。この学童の九六パーセントは、昼食に連邦補助が受けられるほどの貧しさだ。アルンデル小学校がＤＩを採用したとき、一部の教師は腹をたてて他の学校に異動した。だが残った教師たちはこの方式を受け入れた。マシュー・カーペンターはＤＩを一日七時間教えているが、『エデュケーション・ウィークリー』誌にこう語っている。「わたしはこの仕組みが好きです。うちの子供たちには向いていると思います」

読者のみなさんの多くは、何時間もひたすらマニュアルに従うだけという発想は耐え難く思うだろう。でも、生徒が授業を身につけるのを見るのは嬉しいものだ。そしてある公立学校の教師がこっそり話してくれたことだが、一部の同僚はとてもつまらない理由でＤＩが気に入っている。「準備が一切不要ですから」というのだ。そう、授業を毎日毎日準備しなくても、ＤＩ教師は何も用意なしに教室に入って教科書を開き、そのまま読めばいい。「みなさん、おはようございます……」

エンゲルマンのウェブサイトは、いささか外交的な言い方ながらも、ダイレクト・インストラクション手法によって教師の裁量が減ることは明言している。「教師の創造性や自律性を重視する通常の発想は、慎重に事前決定された指示行動にしたがう意欲で取って代わられねばなりません」とDIウェブサイトには書かれている。エンゲルマンはもっと身も蓋もない言い方をする。

「先生方がどう考えようと知ったこっちゃありませんよ。勤務時間外なら、悪口でもなんでも言ってくれていい。教室でちゃんと実践してくれれば、こちらはあとは何も言いません」

7.2 帝国の逆襲

エンゲルマンはまた学会からも反発をうけている。教育学会は、ほぼ一丸となってDIに抵抗している。かれらはデータをまったく無視して、DIは高次思考力を養わず、創造性をなくし、発達上の認識と一致しないと主張している。

DI反対者たちは、その厳格な手法が学習をうながさず、生徒たちは台本通りの質問に対して出来合の答えを機械的に返すようになるだけだと論じる。生徒たちは予想される質問に対する答えは暗記しようとするが、その基礎的な知識を新しい状況に適用できないと主張する。DI批判者たちはまた、この構造化されたアプローチは、単調なドリル学習や反復学習が、生徒と教師の創造性をつぶしてしまうと論じる。この手法が生徒をロボット化してしまい、個人の思考の余地をなくしてしまうと述べる。

だがこうした批判は、DIによって生徒たちが基礎技能をもっとしっかり身につけることで、創造性を構築発展させるための能力も高めているのではないかという可能性——しかも標準化試験の証拠で裏付けられた可能性——を無視している。フロリダ州のブロワード郡でDIを導入した教師はヒアリングで、「このアプローチは創造性を高めた。なぜなら革新を行うための枠組みがしっかりしていたから」と語り、DIが生徒たちに必要な技能を修得させた後では、教室での革新や実験もずっと楽になったと追加している。

最後に、批判者たちはDIが反社会的行動を引き起こすと論じてこの手法を論難しようとしている。公開討論の場では、DIへの切替の可能性が持ち出されたらすぐに、だれかが必ずミシガン大学の調査を持ち出す。そこでは、DI教育を受けた生徒は未成年期に補導される可能性が高まるとされているのだ。これでDIが危険だということがわかります、とかれらは言う。困ったことにこの無作為抽出テストは生徒たった六八人しか見ていないのだ。そしてDIと対照群の生徒たちは均質ではなかった。

結局のところ、ミシガンの研究はただの口実でしかない。教育関係者は、証拠が何を物語ろうと、自分たちのお気に入りの理論にしがみついている。教育理論家にして「万人成功」教育モデルの開発者ロバート・サルヴィンはこう語る。「研究がなんと言おうと、多くの学校はこれはとにかく自分たちの哲学にあわないんだと言うでしょう」。現行教育制度内の多くにとって、結果より哲学のほうが大事なのだ。

だが、ブッシュ政権はそんなことは許さなかった。二〇〇一年の「落ちこぼれゼロ」法（NCLB）は、連邦は、連邦予算のつく教育プログラムは「科学に基づく」ものだけと義務づけている。NCLBの文言は「科学に基づく研究」ということばを一〇〇回以上使っている。「科学に基づく」ものと認められるためには、その研究は「観察や実験から導かれ」、「述べられた仮説に適切な、厳格なデータ分析を含む」ものでなくてはならない。これは絶対計算者には〝よだれ〟ものだ。やっとのことで、もっとも上手に教えられる教育モデルが繁栄できるような公平な戦いができるのだ。

ブッシュ大統領の教育諮問委員たちは、この義務をかなり深刻に受け止めている。その先鋒が教育局で、五〇億ドル以上を無作為抽出テストについやして、「どの方法が有効か」について根拠に基づいた評価の文献調査に出資している。『華氏911』が示したように、ブッシュは個人的にもダイレクト・インストラクションの有効性を宣伝しているのだ。

だが実地には、州が科学に基づく手法を採用せよという義務は、教育環境に大した変化の波はもたらしていない。州の教育委員会では、いまだに教科書や教材の選定は、根拠に基づく科学的方法と個人的な好みのごたまぜによってなされている。読み書きにおいては音韻的な重視と、総合的な体験の要素とを混合した「バランスの取れたリテラシー」アプローチがいまや人気となっている。カリフォルニアは、主要な読書教材が多様な特徴を持つよう要求している。

皮肉なことだがNCLBの「科学に基づく」手法要件のおかげで、多くの州ではダイレクト・インストラクションは承認された教育法の一覧に入れてもらえなくなっている。そこに多様な要素がないから、という理由だ。「バランスの取れた学習」教材がダイレクト・インストラクションほどよい成果を挙げると示すまともな研究はないが、それでも州は、DIを地元学校での教育法として候補にすら入れたがらない。現在DIは、最も古くて最も裏付けのあるプログラムなのに、小学校市場のたった一パーセント強にしか普及していない。このシェアは、NCLBの行政的命令がもっと完全に導入されるにつれて、上昇するだろうか？

「ペットのヤギさん」の不滅のことばを借りれば「つづく」だ。

7.3 地位の衰退

現行教育体制とエンゲルマンとの戦いは、またもや本書の根本テーマに関わる。直感や個人的体験、哲学的な傾向が、数字の力に対して戦争を挑んでいるのだ。エンゲルマンは何十年も、絶対計算陣営の最先端に位置していた。かれは語る。

「教育の世界で賢くなりたければ、たぶん最大の敵は直感です。見るべきなのは子供の成果なのです」

ある意味で、この教育における闘争は権力をめぐる闘争だ。現行の教育制度や現場の教師は、教室で何が起きるかを決める権限を維持したいと考えている。エンゲルマンと「科学に基づく」研究という義務は、その権限に対する直接的な脅威だ。教室の教師たちは、自分の自由や革新の裁量が脅かされているのに気づいている。ダイレクト・インストラクションの下では、舞台を決め、アルゴリズムを設定し、どの脚本が最も有効かを試すのはエンゲルマンなのだ。組上《そじよう》に上がっているのは、教師の権限と裁量だけではない。地位と権力はしばしば表裏一体だ。絶対計算の台頭は、伝統的な仕事の多くの地位と尊厳を脅かす。

たとえばいまや華やかでもなんでもない融資担当者を考えよう。かつては、銀行の融資担当というのはそこそこ地位が高かった。給料もよく、だれが融資を受けるべきか決める本当の力を持っていた。そして白人男性の比率が異常に高かった。

今日では、融資判断は本社で統計アルゴリズムに基づいて行われる。銀行は、融資担当者に裁量の余地を与えるのは商売上まずいと学びだしたのだ。担当者はその裁量を使って友人を優遇したり、無意識的に（または意識的に）少数民族を差別したりする。実はお客の目を見据えて関係を樹立したところで、そのお客が本当にお金を返すかどうかという予測にはまったく役にたたないのだった。

裁量の余地を失った融資担当者は、見かけだけ立派な事務員でしかなくなってしまった。かれらはまさに、融資申請のデータをうちこんで「送信」ボタンをクリックするだけの存在だ。地位も給料も暴落したのは当然だろう（そして白人男性比率もずっと減った）。教育では、直感主義者と絶対計算者との闘争は続いているが、消費者向け融資ではこの戦いはとっくに決着がついている。

他人の作った脚本やアルゴリズムにしたがうだけというのはあまりおもしろい仕事ではないが、それがビジネスモデルとしてはもっと有効だということは何度も示されている。いまの時代は、分散した裁量が減らされつつある時代だ。別に裁量そのものが終わったわけではない。単に裁量が現場の職員から、絶対計算を高いところで行う中央の職員に移ったということだ。現場職員はますます、台本通りに動くだけの「鉢植え植物」的な機械のような気分となる。マルクスはいろんな点でまちがっていたが、絶対計算のレンズを通して見ると、資本主義の発達はますます労働者を労働の生産物から疎外してしまうと述べたときには、ずばり正鵠《せいこく》を射ていたようだ。

こうしたアルゴリズム主導の台本は、アウトソーシング運動にも役割を果たしている。現場職員から裁量が奪われたら、昔ほどの技能は必要なくなる。顧客相手にサービス上の問題を解決するときも、関連商品を売りつけるときも、事前に試した台本のほうが安上がりだ――そしてその台本を読むのが、第三世界のコールセンターにすわっている人物なら、もっと安上がりとなる。直感と経験に頼る一部の営業マンは、本当に傑出した働きを見せるかもしれないが、比較的均質な製品を売る大規模な事業を運営しているなら、職員が事前にきちんと確認済の台本通りにやってくれたほうが、ずっと成功しやすい。

裁量と地位が伝統的な専門家からデータベースのお告げに移行したのは、医療分野でも見られる現象だ。医師は、いまや患者たちが自分を単なる情報源の一つとしか思ってくれないとこぼす。患者は「研究を見せてください」と要求する。第三段階の肺ガンには放射線療法より化学療法のほうがいいと示す研究を見たがるのだそうだ。賢い患者たちはいまや、医者というものを一九七〇年代のテレビヒーローであるマーカス・ウェルビーを見るような目では見なくなっており、単にウェブポータルの人間版くらいにしか思わなくなっている。医師は情報の伝達パイプでしかないのだ。

「根拠に基づく医療」の台頭は、医師の何たるかという考え方そのものすら変えつつある。カナダの開業医ケヴィン・パターソンはこう嘆く。

「医療の場で、現代は昔ほどヒーローの時代ではないということです。だから戦士たちは会計士にとってかわられつつあります。会計士は、だれもが自分たちの世界が退屈だと思っているのを知っています――算数ばかりのつまらん人生だ、と。医師は自分についてそういう見方に慣れていません。でも数字が問題となる現実世界では、会計士は自分たちの力を知っています」

医師の地位も低下しつつある。人々は情報を伝えるだけの医学博士の頭越しに、情報を見つけるためのデータベースを作る博士号保持者たちに注目するようになっている。大学の院生たちは、博士号を取るために論文用の情報を作り出さなくてはならないが、医学生たちは他人の情報を暗記するだけだ（療法を含め）。情報が独立主権を持つ世界では、いずれ「ドクター」がこう聞かれるときがくるかもしれない。

「あなたはドクターといっても博士号のドクターですか、それともただのお医者さん？」

もっとも、そうならないかもしれない。力があっても尊敬が得られるとは限らない。社会は孤高の直感屋にひれ伏すのに慣れている。アインシュタインやソークの理論的な天才ぶりには頭を下げても、癌が薬物治療でよくなる確率が三七・八パーセントだと述べる、数字はじきの「会計士」たちを崇拝するのはむずかしい。映画『ポリー my love』で、ベン・スティラーは典型的な統計かぶれの数字バカを演じる。酒場のカウンターに置いてあるピーナッツを見て「トイレに行って手を洗う人は平均で六人に一人しかいない」という理由でそれを食べないような人物だ。かれは情熱のかけらもない、せせこましい矮小な人生を送っている。力はあっても尊敬はされていない。権力と裁量は明らかに周辺から絶対計算の中心に移りつつあるが、だからといって絶対計算屋がモテモテになるわけではなさそうだ。

7.4 絶対計算者から中古車を買うべきか？

絶対計算が助言の質を改善する場合でさえ、それがかえって人々の不安を増してしまうこともある。専門性というものの英雄物語的な発想というのは、専門家が確定した答えを述べる、というものだ。だが統計となると、みんなそれがどんな結果でも出せていくらでも操作できてしまう怪しげな代物だと思っている（英語では、信用できないものとして「ウソに大嘘、そして統計！」ということわざがある）。

この世界は精度は高くても確実性は低い。古典的な確率の世界は絶対的に決まった世界だった。古典主義者にとって、わたしがいま前立腺癌をわずらっている確率は、ゼロか一〇〇パーセントかのどっちかだ。だがいまはみんな頻度主義者になっている。かつての専門家は「イエス」か「ノー」かを述べた。いまは推計値や確率でがまんしなくてはならない。だから絶対計算は労働者に影響を与えるだけでなく、消費者や顧客にも影響を与える。研究を見せろと詰め寄る患者はわれわれだ。ＤＩ方式で「す・ば・や・く・読みますよ」と言われる生徒はわれわれだ。統計的に確認された（アウトソーシング済の）脚本で売りつけられる消費者はわれわれだ。

絶対計算の物語の多くは、文句なしに消費者勝利の物語だ。オファマティカは、どんなウェブサイトがいちばん有効かを調べてくれて、ネットサーフィン体験を改善する。絶対計算のおかげで、失業者を仕事に復帰させるためには狙いのしっかりした求職支援のほうが金銭的な支援よりもずっと有効なのがわかった。医師は自分の仕事の地位と権力低下がお気に召さないかもしれないが、なんだかんだいっても結局は医療は命が救えるかどうかが問題だ。そして多くの深刻な医療リスクでは、進歩をもたらすのは科学者たちのデータベース分析なのだ。

絶対計算アプローチが勝利をおさめ、直感や経験ベースの専門性を追い出しているのは、絶対計算が企業の根本的な収益性を改善するからだ――そしてそれは通常、消費者の経験をも改善することで実現されている。こちらのほしいものを予測してくれる売り手は、かゆいところに手が届く売り手だ。アマゾンの「この商品を買った人は」機能だろうと、キャピタル・ワンの実証済み追加営業だろうと、グーグルのすさまじい計算によるGメール広告だろうと、結局のところは品質向上につながっている。統計ソフトウエアは、買ってはいけないものを教えてくれることさえある。オンライン雑貨店のピーポッドは買い物途中に「本当にレモンが一二個も必要なんですか？」と尋ねてくれる。それが変わった注文なのを知っているからで、まちがいを早めに見つけて顧客満足度を上げたいとかれらが思っているからだ。

7.5 エパゴギクスへの反抗者たち

こうした長所はあるものの、商品特性を絶対計算することでどうしようもない均質性が実現されてしまうのでは、という懸念はなくならない。ダイレクト・インストラクションの教師たちやキャッピタルワン営業担当の台本演技は、それを演じる人々をうんざりさせるだけではない。それを見る側もうんざりするだろう。エパゴギクス社の映画脚本への口出しはもっと頭痛の種だ。

エパゴギクス社の映画産業への介入は、芸術の死だという見方もできる。ハリウッドの大物は最近、エパゴギクス社の社長に「言っておくが、あんたを見ると吐き気がするよ」と言ったそうだ。コパケンによれば「この人はわたしを、あの集団自殺で有名なガイアナ人民寺院のジム・ジョーンズと呼びつづけています。わたしがその集団自殺の際に毒が入れられたクール・エイドを飲めと言っているのだ、と言うんです」。

いまや統計方程式が作家たちに、脚本に何を入れるか指図する時代に突入したのだ。申し訳ないんですがね、アイヴォリーさん、この映画の製作費を出して欲しければ、ヒーローに相棒をつけることですな、という具合。

これは実におっかない未来図だ——アーティストが数字バカに枷《かせ》をはめられてしまうような世界。でもこの懸念は、すでに映画にはいろいろ枷がかかっているのを無視する。商業主義なんてのは今に始まった話じゃない。スタジオは昔から売上をのばすためにアーティストのビジョンにあれこれ口出ししてきたではないか。

最大の問題は、スタジオが口出しすることではない。むしろ、これまでの口出しがダメだったということなのだ。私としては、スタジオの重役が直感と経験だけしかないくせにあれこれ注文をつけてまわるほうが、数式よりもずっと怖い。エパゴギクス社が示しているのは、アーティストから数字バカへの権力移転ではなく、むしろ自信過剰なスタジオ親分どもからずっと信頼性の高い介入のできる人々への権力移転なのだ。コパケンが最近、有名プロデューサーに向かってニューラル予測のほうがスターたちのエゴを傷つけるのではないか、とかいう配慮をしないために客観的なのだと述べたら、そのプロデューサー曰く「おれだってどんなコンピュータにも負けないくらい客観的になれる」とのこと。コパケンは、このプロデューサーが「エパゴギクスとはちがって、業界内の責任や出世のチャンスに無意識のうちに影響されているかもしれない」と述べている。

芸術性と商業性との間には、常に正当で最終的には解決不能な緊張関係がある。だが、まちがった介入にまさる悲劇はないという点では意見は一致するはずだ。スタジオが収益性のために作家のビジョンを変えるなら、それが本当に収益性を高める保証がほしいところだ。エパゴギクス社は、根拠のある口出しを目指している。

そしてそれは実利主義への移行でもある。ハリウッドのスター作家方式は、過去にヒット映画を出した作家を極端に重視する。新人は、脚本を読んでもらうのにさえ苦労する。エパゴギクスは競争を民主化する。予測グラフが天井をつきぬけそうな脚本があれば、実績があろうとなかろうと、それが映画化される可能性はずっと高くなる。高名な作家の一部ですら、エパゴギクスの手法を採用している。ディック・コパケンは、監督業に進出したいのでエパゴギクスの助けを求めていた有名作家のことを話してくれた。「監督の仕事をもらうには、まず大ヒット映画の脚本を書くことだ、とその人は考えたんです」

だが、人の心はどうなってしまうのでしょうか。これがもたらす抑圧的な均質性はいかがでしょう、と批判者たちは声をそろえる。こんなふうに映画を方程式で作るすばらしき新世界は許されるのでしょうか？　ここでも、こうした懸念は現在すでに商業主義への従属が強く要求されていることを無視している。エパゴギクス社の方程式がワンパターン映画の発想を生み出したわけではない。むしろエパゴギクス社の映画のほうが、現在の市場よりずっと多様性を持つ可能性さえある。

エパゴギクス社は単純な型どおりの式を使うわけではない。そのニューラルネットワークは、まさに何百という変数を検討し、それらが売上予測に与える影響はすさまじく相互依存関係にある。さらにニューラルネットワークは絶えず自分を訓練し直している。もちろん、スタジオの経験に基づく専門家だってそうだ。だがこれは、正しい重みづけを見つけるという競争なので、人間に勝ち目はない。スタジオの専門家は結局はごく単純なルールに頼ってしまい、多様性はかえって減ってしまう見込みが高い。

エパゴギクス社の事業の成功は、もっと実験的な試みをもたらす可能性さえある。ニューラルネットワークでスタジオの平均打率が三割から六割に上がるなら、風変わりでリスクの高いプロジェクトをやってみるだけの柔軟性もできるだろう。予測精度の向上からくる追加の儲けは、実験するだけの余裕を与えてくれるかもしれない。そしてエパゴギクス社は実験主義的な予測モードに比べれば大進歩だが、その予測はやはり歴史の制約にとらわれている。未来の絶対計算スタジオは、実験を通じて独自の新しいデータを作るようになるだろう。

芸術の絶対計算は倒錯して見えるかもしれないが、消費者への権限移譲でもあるのだ。エパゴギクスのニューラルネットワークは、消費者たちが本当に好きなのが映画のどういう性質なのかをスタジオが予測する支援となっている。つまりはアーティスト=売り手から、観客=消費者への力の移転となっているわけだ。この観点からすると、エパゴギクスは、消費者にとっての質を高めるという絶対計算のもっと大きな傾向の一部であり見本なのだ。品質は、美と同じく見る人次第ではある。そして絶対計算は、消費者がそれぞれ美しいと思う製品やサービスとマッチングする手伝いをするのだ。

7.6 絶対計算屋からの贈り物にはご用心！

みんな無料のオマケは大好きだ――ほら、業者が最高の顧客に送ってくるちょっとした贈り物だ。でも、売り手からほかの顧客よりいい扱いを受けていたら、心配した方がいい。絶対計算の世界では、売り手の販促は絶対にランダムではない。アマゾンが勝手にすてきな文鎮を送ってきたら、真っ先にこう思うべきなのだ。

「しまった、本を高値で買いすぎていたのか！」

企業が品質を絶対計算するときには、消費者の役にたつことが多い。だが企業が価格を絶対計算するときには、財布のひもはしめてかかろう。カスタマーリレーションマネジメントの暗黒面というのは、つまり企業が、どれだけ消費者からしぼりとっても取引を続けてくれるか見極めようとしているのだということだ。昔は、企業はここまで高度な値付けができなかったので、この手の手口から消費者はかなり守られていた。

現在では、ますます多くの企業が消費者の「痛みポイント」を予測しようとしている。個々の消費者がどれだけ価格による懐の痛みに耐えて、また戻ってきてくれるかを上手につきとめられるようになっている。ますます多くの雑貨店が、顧客の痛みポイントを計算しつつある。ご近所の雑貨チェーン店ピグリーウィグリーが、同じピーナツバターを客ごとにちがう値で売っていたとなれば、一大スキャンダルだ。でも、お客が商品を買いたくなるだけのクーポン量を個別に設定するのは、何ら非難されることではない。レジのところで、会員カードを読み取ってあなたの情報をすべて入力してから、あなた専用の値段がついたクーポンを印字してくれることもできる。この新しい予測技法は、クリントン大統領の有名なせりふ「あなたたちの痛みをわたしも感じます」に奇妙なひねりを加える。確かにこういう店はこちらの痛みを感じてはくれる。でもかれらにとって、それは喜びだ。あなたが払う金額が高ければ、その分かれらは儲かるのだから。

　絶対計算の世界では、自分の値段を抑えるときに他の消費者には頼りにくくなっている。価格に敏感な顧客がある店をひいきにするからといって、そこが自分にとっても安い店になるとは限らない。抜け目ない絶対計算者はものの数ナノ秒であなたを見極め、「お客様向けにはこのお値段で……」ということになる。これは新種の「買い手要注意」であり、消費者は提示された価格が公正かどうか確かめるために一層の調査を要求される。消費者側も独自の絶対計算をして、（品質補正済みの）競合価格のデータ集合を作って比較しなくてはならない。これは商業的に生まれつき足下を見られがちな私のような人物には怖い見通しだ。だが売り手側の計算を実現させてきたのと同じデジタル化革命は、買い手側の分析にとっても後押しとなっている。Farecast.com やEローン、プライスライン、Realrate.com のような企業はどれも、顧客が価格比較をずっと簡単にできるようにしてくれる。実質的に、かれらが大変な作業を引き受けてくれて、価格計算する売り手と対等な勝負ができるようにしてくれる。絶対計算が価格に与える影響を心配している消費者にとって、現在は最高の時代でもあり、最低の時代でもあるのだ。

7.7 形を変えた差別

価格差別の増大見通しだけでもおそろしいが、もっと恐ろしいのは絶対計算が人種差別も支援できるということだ。すでにデータに基づく融資判断の文句なしの成功については説明した。統計方程式が、融資担当者の裁量に任せた方式をすべて蹴倒すというのは本当に本当なのだ。これは部分的には、統計方程式には感情がないからだ。回帰式は血と肉を備えた融資担当者とはちがって、人種的なわだかまりは抱きようがない。だから中央化された統計的融資と保険の判断は、少数民族への貸付や保険拒否が憎悪から起こる可能性は大幅に減らした。

だが統計的な意志決定への移行は、市民権にとっての万能薬にはならなかった。アルゴリズムに基づく融資や保険は、人種が中央集権化された判断を左右する余地をもたらした。といっても、アルゴリズムが明示的に人種を変数に据えることはあまりないだろう。そんなものはすぐにばれてしまう可能性が高いからだ。だが形式的には人種中立的なアルゴリズムが、バーチャルな差別をもたらしているといって訴えられたことはある。歴史的には、少数民族の近隣にいる人に融資を拒否することで地理的な人種区分が行われた。仮想的な線引きは、データベース上で少数民族を多く含むような区分に対して融資を拒否するというやり方だ。つまり貸し手は、人種と強く相関した特徴をデータマイニングで見つけて、それを口実に融資を拒否できる。融資額の少なさやクレジット履歴の悪さを使った融資拒否は、人種と高い相関を持つ要因だから違法だという訴訟を少数民族グループは起こしている。

市民権にかかわる法は、人種に基づく融資方針を禁止している。ある貸し手が、ヒスパニック系は同じクレジット得点の白人より貸し倒れ率が高いことをつきとめたとしても、その貸し手は人種に基づいて融資判断を左右してはいけないとされる。だが貸し手としては絶対計算を使い、市民権の禁止条項を迂回する方法を見つけたくなるかもしれない。人種とは関係ない尺度さえ使えば、その融資方針の根底に人種というよろしくない動機があったと証明するのはきわめて困難だ。こうしたバーチャル差別は保険でも起こるかもしれない。黒人女性チケイサ・オーウェンスは、クレジット履歴が悪いために住宅保険を拒否され、ネイションワイド保険社を訴えた。同社がクレジット履歴を基準に使ったのは、実質的には人種差別的に働き、本来なら保険が適用できる応募者に対する保険を拒絶するものとなっているというのだ。

少数民族優遇策アファーマティブアクション方針となると、最高裁はまさにこの手の迂回を歓迎している。いくつもの重要なアファーマティブアクションをめぐる裁判での浮動票となったサンドラ・デイ・オコナー判事は、意志決定者ははっきりと人種に基づくアファーマティブアクション方針を導入する前に、「少数民族参加を増加させるような人種中立手段」を見つけるよう努力せよと述べている。一部の学校はこれに対して、人種中立的ではあるが、平均より多い少数民族応募者を有利にするような基準を探すことで対応しようとした。たとえば一部のカリフォルニアの学校は、いまでは母親が大卒でない応募者を優遇する。この合格基準は少数民族の合格を増やそうという狙いにはっきり基づいている。だがオコナー判事の基準は、人種を予測するもっと高度な方程式を公然と指示している。明示的な人種選好が禁止されている世界で、絶対計算は予測された人種に基づく行動変化の可能性を開いているのだ。

7.8 確率的に公開

大学や保険屋があなたの人種を予測できるということ自体、絶対計算が人々の実質的なプライバシー領域を減らしているという話の一部でしかない。われわれの住む世界は、自分たちの人となりや行動、そして将来について、ますます隠せることが少ない世界となっている。

プライバシー問題の一部は、絶対計算の問題ではない。それはデジタル化の暗黒面だ。いまや情報をデジタル形式で把握するのが簡単なばかりか、それを複製するのはほとんど無料だ。チョイスポイントなどのデータ集約業者が、われわれのことをこれほど知っている世界に住むのは恐ろしいことだ。情報が漏れるという至極もっともな恐れがある。二〇〇六年五月には、この恐れは退役軍人一七五〇万人以上にとって現実のものとなった。かれらの社会保障番号や誕生日を含む電子記録が、政府職員の家から盗まれたのだ。政府は銀行やクレジットカード記録の管理に「細心の注意」を払うように伝えたものの、アイデンティティ盗難のリスクは残っている。フィデリティ投資社の従業員宅からラップトップが盗まれ、あっという間にヒューレットパッカード社員一九万六〇〇〇人の個人情報がだれでも入手できるようになってしまった。あるいはAOLのアルバイトがまちがったキーを押したせいで、何百万人もの利用者の検索履歴が一瞬でネット上に公開されてしまった。

電話での身元確認のため、電話会社やウェブサイトでパスワードを設定したり、秘密の質問への答えを設定したりすることは多い。だが今日では、コリリアンのような新サービスは利用者が入力したことのない質問と回答を小売業者向けに提供している。デパートのクレジットカードを申し込んだら、手続きを待っているときにデパートは、あなたのお母さんは一九七二年にどこに住んでいますか、と尋ねてくるかもしれない。統計マッチングアルゴリズムは、絶対計算者にきわめてかけはなれた種類のデータを結合させてくれる。そしてかつては何週間もかかったような事実を、ものの数ナノ秒で掘り起こしてくるのだ。

これまでのプライバシー法は、人々の家庭内やその周辺（家を取り巻く囲まれた土地領域）でのプライバシー保護を扱っていた。ロバート・フロストは家庭というのが「行かなくてはいけないときに、受け入れてくれなくてはいけないところ」だと述べている。だが憲法的には、家というのは何よりも人が「適切なプライバシーが期待できる」ところなのだ。屋外では、法によれば人の行動は私的ではないし、警察は令状がなくても、たとえばあなたの会話に聞き耳をたてる権利がある。

過去の法律は、人がうろついているときのプライバシーなどあまり心配しなくてよかった。外では多くの人はほぼ実質的に匿名だからだ。不動産王ドナルド・トランプはニューヨークで気がつかれずにうろつけないかもしれないが、ほとんどの人はマンハッタンをいくら歩いてもだれも気がつかない。

だが公共的な匿名領域は縮小しつつある。名前がわかっただけで、ググれば住所も写真もその他無数の情報がその場でわかってしまう。そして顔面認識ソフトを使えば、名前さえ不要かもしれない。やがて気がつかれずに通行人を同定することも可能となるだろう。初の顔面認識ソフトは警察が使っていた——スーパーボウルで、指名手配の犯人を探すためだ。マサチューセッツ州で、警察は最近、顔面認識ソフトを使ってテレビの『全米指名手配中』にもとりあげられた被疑者ロバート・ハウエルをつかまえた。法執行官たちは、このテレビ番組で使った投獄前写真を使い、九〇〇万件のデジタル運転免許証写真データベースの中からマッチするものを探した。ハウエルは偽名で免許証を取得していたが、顔面認識ソフトがやがてそれを捕らえた。この絶対計算ソフトはまた、偽名で複数の免許を手に入れようとする人々を捕まえるのにも使われている。完璧ではないが、このデータベースによる予測は一五〇組以上の双子を、不正取得ではないかと検出するだけの精度を持っていた。

スティーブン・スピルバーグの映画『マイノリティ・リポート』では、トム・クルーズ演じる主人公がショッピングセンターを歩くと、だれだか認識されてカスタマイズされた電子広告がまわり中から降ってきては呼びかける。いまのところ、これはただのSFだ。だが、実現の日は近い。いまや受動認識はウェブ上に現れつつある。PolarRose.com は顔面認識ソフトを使い、画像検索の品質を向上させようとしている。グーグルの画像検索は、いまのところウェブ上で画像近くにあらわれる文だけをもとに検索する。ところが PolarRos.com は、顔の三次元モデルを作り、九〇種類もの顔面属性をコード化し、画像を増大するデータベースでマッチングさせる。偶然、旅行者がスナップ写真を撮った背景にあなたが写っていたら、世界中の人があなたの居場所を知ってしまう。flickr.comのようなウェブサイトに投稿される写真はすべて、あなたの居場所を暴露してしまいかねない。

顔面認識ソフトをめぐる一般の議論は、各種の顔面属性をうまくコード化するソフトウェアについてあれこれ議論する。だがまちがえてはいけない。顔面認識は、高確率予測をしようという絶対計算なのだ。そしていったん同定されたら、絶対計算の釜のふたは開き、ますます多くの人があなたの返却し損ねた図書館貸し出しや、寄付した政党、保有不動産など、無数のデータを調べられるようになる。H&Hにでかけてベーグルを買うのは、厳密には公開情報だが、セレブでもないわれわれにしてみれば匿名だ。そしてこれは監視されない移動の自由の広範な領域の一部としてわれわれが享受しているものだ。しかし絶対計算のおかげで、公開の場で匿名性を保てる範囲は減少しつつある。

シャーロック・ホームズは、人の過去に関する詳細を、現在のちょっとした細部を観察するだけで推測することで有名だ。だがもっとずっと細かいデータ集合を備えた現在、絶対計算はホームズ的な予測を顔色なからしめる。この二五〇の変数を使えば、きみがラルフ・ネーダーに投票した確率は九三パーセントとなります。なに、簡単なことだよ、ワトソンくん。

ホラー映画『ラストサマー』では、殺人鬼が「去年の夏にお前のやったことを知っているぞ」と脅迫文を送る。だがデータマイニングのおかげでこのセリフには新しい意味が加わっている。絶対計算は、人が来年の夏に何をするかについても、細かい予測ができてしまう。これまでは、プライバシーの権利というのは過去と現在の情報を維持することだった。未来の情報のプライバシーなど心配する必要はなかった。未来の情報は存在していなかったから、保つべき情報もなかったわけだ。だがデータマイニングの予測はまさにこの懸念を生み出す。絶対計算はある意味で、人の未来のプライバシーを脅かす。それは統計的に人の行動を予測できるからだ。絶対計算は人をある種の統計的決定論に押しやってしまう。

一九九七年のSFスリラー映画『ガタカ』は、遺伝子が運命を決めてしまう世界を想像していた。主人公の両親は、かれが生まれたときに慢性鬱病の可能性が四二パーセント、期待寿命は三四・二年と言われる。だが現在では絶対計算者は、無邪気な過去の行動の集まりを見るだけで、未来に関するおそろしいほど正確な予測が可能だ。たとえばクレジットカードのVISAが、購買履歴を見るだけで今後五年以内に私が離婚するかどうかをかなり正確に予測できると思うと、ちょっと空恐ろしいものがある。

「データハッガー」――公開データの無批判な利用を恐れる人々――にしてみれば、不安の種は尽きない。グーグルの企業使命は、「世界の情報をまとめてそれを万人にアクセス可能かつ有用にすること」となっている。この野心的な目標は、魅惑的なほどにすばらしい。だがこれとバランスを取るようなプライバシーの配慮はない。データに基づく予測は、人々の過去や未来の行動までが「万人にアクセス可能」になるような新次元を創り出している。

こうしたプライバシー領域の緩慢な浸食は、何が起きているかを気がつきにくくしており、したがって反対を組織するのもむずかしい。カエルがゆっくりと茹《ゆ》だっても気がつかないのと同じように、人々は環境の変化に気がついていない。イスラエル人たちはいまや、日々の生活を行う中で何度も金属探知機にかけられる。ときには「進歩」のちょっとした変化が、全体としてはひどい結果となり、気がついた頃には食物もどきとしかいえないような温室トマトやワンダーブレッド（訳注：不自然なほど長持ちする白パンの商品名）を食べていることになっているかもしれない。こわいのは、絶対計算もこうした人生の質の低下をもたらすかもしれないということだ。

新聞記者は、こうした懸念の旗を振って国民へ議論を求めるプライバシー論者の声を紹介したがる。だがほとんどの人は、最後の最後になると、どうもプライバシーをあまり評価しないようだ。ポネモン研究所によると、プライバシーを守るためにわざわざ行動を変えるのは、アメリカ人のたった七パーセントとのこと。たとえば各種調査によれば人々がクーポンで五〇セントもらうだけで社会保障番号を教えることがわかっている。高速道路料金のETCシステムは車の動きを追跡できるが、だからといってそれを使わない（そして割引を受けない）という人はほとんどいない。個人としてのわれわれは、喜んでプライバシーを売り渡す。サン・マイクロシステム社のCEOスコット・マクニーリーは、一九九九年に軽率にもこう宣言した。

「もうプライバシーなんかない。いいかげんにあきらめよう」

多くの人はすでにあきらめている。

絶対計算は、消費者や従業員としてのわれわれに影響するだけでなく、市民としてのわれわれにも影響する。この私は、人々が私についてググったり、行動を予想したりすることをあまり心配していない。世界の情報をインデックス化して計算するメリットは、そのコストをはるかに上回ると思う。他の市民はもちろんこれに同意しないかもしれないが、それも無理はない。一つ確実なことがある。消費者運動だけでは、この絶対計算の台頭を抑えるのは無理だろう。データに基づく意志決定の過剰を抑えたければ、世界のデータハッガーたちは団結して議会を説得する必要がある。

真実はしばしば防御となる。だが正しい予測ですら、それが人々を出し抜くのに使われれば、ときには消費者や従業員に害をなすことがある。そして予測のために他人が不適切に人々の過去や現在、未来のプライバシーを侵害するなら、それは市民としてのわれわれに害をなす。もっと大きな懸念はまちがった（正しくない）予測をめぐるものだ。適正な保護がなければ、だれでも被害を受ける可能性がある。

7.9 ジョン・ロットってだれ？

二〇〇二年九月二三日、メアリー・ロシュはウェブに、私と同僚のジョン・ドナヒューとの共著になる実証論文について、かなり辛辣な批判を投稿した。ロシュ曰く。

エアーズとドナヒューの論文はお笑いです。しばらく前に見ました。（中略）ハーバード・ロースクールの友人によれば、ドナヒューはそこで論文を発表したけれど完膚無きまでに潰されたとか（後略）

ロシュが批判している論文は、拳銃隠匿が犯罪に与える影響についてのものだった。これはジョン・ロットによる「銃が増えると犯罪は減る」という主張に対する反論として書かれた論文だった。ロットは、隠匿武器法が犯罪にどんな影響を与えるか見るために、巨大なデータ集合を作った。かれの驚くべき発見は、法遵守の市民たちが武器を隠し持てるようにした法律を可決した州では、犯罪が大幅に減少したというものだった。ロットは、潜在的な被害者たちが武装しているか確信が持てなければ、犯罪者たちも手を出そうとしないだろう、と考えたのだ。

ドナヒューと私はロットのデータをもらって、同じ問題を検討するため何千もの回帰分析を行った。われわれの論文は、ロットの中心的な主張を否定するものとなった。実は法可決後に、犯罪が統計的に大きく増えた州のほうが二倍も多いという結果になった。だが全体としては、変化はあまり大きなものではなく、隠匿武器法は全体としてみれば、犯罪を増やしも減らしもしていないのでは、というのが論文の主張だった。

メアリー・ロシュがウェブ上でかみついてきたのはそのときだった。彼女のコメントが印象的なのは、その中身のせいではない――きつい物言いは学問的な論争の華のようなものだ。このコメントが印象的なのは、メアリー・ロシュというのが実はジョン・ロット自身だからだ。メアリー・ロシュというのは、ジョン・ロットの「自演用偽名」だ（かれの息子四人の名前から、最初の二文字ずつを取っている）。ロットはロシュ名義で何十ものコメントを投稿し、自分自身がいかにえらいかをほめそやして、論敵たちの成果を罵倒して回った。たとえばロシュは、自分がかつてロットの生徒だったと主張して、ロットの教え方がいかにすばらしかったかを述べてまわった。「どう見ても、わたしが教わった最高の教授でした。教室ではかれが『右翼イデオローグ』だとは絶対わからなかったでしょう」だそうな。

ロットは複雑で傷ついた魂を持った人物ではある。しばしば、その場で一番頭のいい人物となるのがかれだ。セミナーにやってきて、一分の隙もなく準備を整えては論争をしかける。初めて直接会ったのは、シカゴ大学でニューヘーブンにおける保釈保証人についての統計論文を発表したときだった。ロットはわたしの論文を細かく読んでいただけでなく、ニューヘーブンの保釈保証ディーラーの電話番号を調べて、電話をかけていた。私は驚愕した。

かれは人前ではずいぶんと戦闘的なのだが、一対一で会うときわめて穏やかで、弱々しい感じさえある。ロットはまた物理的にも存在感がある。背が高くて、表情はバランスが崩れているためにきわめて強い印象を残す――映画『スリーピー・ホロウ』でジョニー・デップ演ずる捜査官イカボッド・クレーンのように。メアリー・ロシュはかれをこう描いている。

ロットが先生だったのは一〇年前ですが、おでこにかなり目立つ傷がありました。眉を貫通しておでこを左右に貫くような感じです。傷はあまりにめだったので、みんながそれを話題にして冗談の種にしました。学生の中には、子供時代に大手術をしたんだろうと言う人もいました。

メアリー・ロシュ騒動の前には、ジョンを研究フェローとして二年にわたりイェール大ロースクールに招聘するにあたって、主要な役割をはたしたのは私だった。かんちがいしないでほしいのだが、ジョン・ロットの計量分析能力は相当なものだったのだ。

かれの隠匿武器実証論文は、すぐに銃保持権支持者たちや政治家たちに利用され、銃の保持制限に反対して銃保持をもっと自由化しようという理由に挙げられるようになった。ロットの最初の論文が発表されてから、ラリー・クレイグ上院議員（共和党、アイダホ州）は個人の安全とコミュニティ保護法案を提出した。これは、居住州で銃の保持許可を得ている人物は、他の州で非居住者としても隠匿火器を持ち歩けるようにする法律だった。クレイグ上院議員は、ジョン・ロットの研究のおかげで隠匿火器の保持を認める法は、コミュニティ全体に対する保護効果を持つ、なぜなら犯罪者たちは自分が撃たれるかもしれないと思うからだ、と主張した。

ロットは何度も隠匿火器法支持のために州議会などで証言するよう依頼されてきた。ロットの原論文が一九九八年に発表されて以来、九つの州でこの法案は可決されている。本書は絶対計算が現実世界の意志決定にどんな影響をもたらすかという本だ。ロットの回帰分析が、こうした法案可決に不可欠な要因だったかどうかはわからない。だが、ロットとその「銃を増やせば犯罪減少」回帰は、学者が日頃夢見るような影響力を発揮したのは事実だ。

ロットは鷹揚にも自分のデータ集合を、ドナヒューと私だけでなく頼めばだれにでも提供してくれた。そこでわれわれはそれを精査し、計算をやりなおして、想定をちょっと変えても結果が変わらないかどうかを調べた。計量経済学者は、こうした試験を、結果が堅牢《ロバスト》かどうか試す、という。

驚くことが二つあった。まず、ロットの回帰式にちょっとした変更を加えると、犯罪減少の影響は消えてしまうことが多かった。もっと困ったことに、ロットは当初のデータを作る際に、計算上のまちがいをおかしていた。たとえば多くの回帰式では、ロットはその犯罪がある年（たとえば一九八八年）にある地域（たとえば北東部）で行われたのをコントロールしようとしている。だが実際のデータを見てみると、こうした変数の多くはまちがってゼロのままになっていた。それをなおして回帰式を求めると、こうした法律はむしろ犯罪率を増やす場合が多いことがまたもやわかったのだ。

是非とも強調しておきたいことだが、こうしたまちがいは神のご加護がなければ、私を含むどんな絶対計算者でもやってしまうものでしかない――特にコーディングのまちがいはそうだ。大規模データ集合を整えて回帰分析できるようにするまでには、文字通り何百というデータ操作が必要になる。変換の過程で数字バカが一つでもまちがえたら、最終的な予測も不正確になりかねない。ロットがわざとデータをまちがえて、自分の理屈に合うようにしたなどとはまったく考えていない。だが、ドナヒューと私がコーディングのミスを指摘したあとでも、ロットとその共著者たちが相変わらずまちがったデータを使い続けていたのは、いささか困ったことではあった。ドナヒューと私が最初の論文に対する反論の答で述べたように「公開の議論に何度もまちがったデータを持ち出してくるのは、ある行動パターンを示唆するものであり、それはロットの『銃を増やせば犯罪減少』仮説に対する支持を生み出すようなものではない」。

この問題に取り組んだのはわれわれだけではない。一ダース以上の研究者が、ロットのデータを活用して問題を分析し直している。二〇〇四年には、全米科学アカデミーが論争に加わり、ロットの研究を含む銃器と暴力犯罪との実証研究のレビューを実施した。専門家パネルは以下の事実を発見した。「有資格成人が隠匿拳銃を保持する権利を認める『保持権』法が、暴力犯罪を増やすという結論も減らすという結論も、説得力あるものはない」とのことである。少なくとも現状では、これは多くの学者がこの件について感じることをおおむね総括したものとなっている。

だがロットは、ひるむ様子もなく戦い続ける。実はジョンはあまりに執拗な敵なので、本書でかれの名前を挙げるのもちょっとおっかないのだ。二〇〇六年にロットは、スティーヴン・レヴィットを名誉毀損で訴えるという暴挙に出た。その理由はレヴィットのベストセラー『ヤバい経済学』の以下のたった一節だけ。その一部にはこうあった。

ロットの説はたしかに興味深いが、正しいとは思えない。他の学者が彼の得た結果を再現してみると、銃を持つ権利を認める法律では犯罪はぜんぜん減らないという結果になった。（邦訳p.158）

レヴィットの巻末注には、この主張を裏付ける出典が載っていたのだが、それは——はいご名答、ドナヒューと共著の拙稿で、メアリー・ロシュがバカげていると一蹴したものだった。ロットの名誉毀損の訴えは、「再現」という一語をどう解釈するかにかかっている。ロットは、ここでレヴィットが結果の改ざんを主張している、つまりロットが「出力ファイルを改変した」という許し難い罪を犯したと主張しているのだ、と述べる。私はロットがこんな裁判を起こしたことに衝撃をおぼえる。ドナヒューと私が、ロットの明らかなコーディングミスを訂正したら、結果の一部が再現できなかったのだから（このまちがいはロット自身も認めているのだ）。

ありがたいことに、地区法廷はこの『ヤバい経済学』訴訟を却下した。二〇〇七年初頭、ルーベン・カスティリョ判事は「再現」という用語は名誉毀損的な意味を持ちえないと判断した。同判事は同じエアーズ&ドナヒュー巻末注を指摘し、それが「ここでの『再現』という用語で意図されている定義は単に、他の学者たちがロットの銃理論を反証したというだけの意味であり、ロットがデータをねつ造したことを証明したという意味ではない」と述べたのだった。

7.10 でもそれがまちがっていたら？

ロットを巡る騒動は、絶対計算者にとっては多くの重要な教訓を含む。まず、ロットはデータを共有する態度の点では大いに賞賛されるべきだ。ロットの評判はメアリー・ロシュ事件をはじめ多くの懸念でかなり低下したが、ロットのオープンアクセス方針は計量計算者の間に新しい共有の倫理をもたらすのに有益だった。かく言う私も、合法的に可能な場合にはいまやデータを公開する。そして私の『Journal of Law, Economics, and Organization』を含む数誌は、いまではデータの公開を義務づける（できない場合にはその理由の説明が必要）。ドナヒューと私は、ロットが使ったデータ集合を提供してくれなければ、かれの成果を評価することはできなかったはずだ。

ロット事件はまた、結果の第三者確認がいかに重要かも示してくれる。人々が悪意なしにまちがいをすることは実に簡単だ。さらに、研究者がいったん大量の時間をかけておもしろい結果を出したら、その結果を何とかして守ろうとするのは人情だ。この私だってそうした傾向はある。直観主義者や経験主義者が認知的なバイアスを持っていると言って攻撃するのは簡単だし、それはまちがってはいない。だがロット事件は、実証主義者だって認知バイアスを持っていることを示す。これほど圧倒的な証拠を前にしてもロットが自説を曲げないというのは、この事実を裏付けるものだ。数字は感情や嗜好を持たないが、それを解釈する絶対計算者は持っているのだ。

私のロットとの生憎《あいにく》な一件は、実証的な議論に敢えて異を唱えてみて確認するような正式な仕組みを構築するとよいことを示している。これはローマカトリック教会における列聖支持審問検事、いわゆる悪魔の議論支持制度のようなものだ。五〇〇年以上にわたり、カトリック教会では聖人として認められるにあたり、ある人物（提案者）が列聖支持の議論を述べ、別の人物（信仰保持者）が列聖に反対する議論を述べることになっている。プロスペロ・ラメルティニ（のちのベネディクト十四世法王、一七四〇～五八）によると——。

（信仰保持者の義務は）列聖や祝福の候補となっている人物の生涯およびその人物に帰されている奇跡を批判的に検証することである。こうした議論提示は必然的に候補者にとって不利なものがすべて含まれるので、信仰保持者は一般には悪魔の議論支持者として知られる。かれの義務は、その人物を祭壇の栄誉に掲げることに反対するためのあらゆる可能な議論を、ときにはいかにささいに思えようとも文書化することである。

企業の経営会議も、こうした悪魔の議論支持職を作り、お気に入りプロジェクトのあら探しをさせるといいかもしれない。こうしたプロの「NO」マンは、自信過剰バイアスへの冷や水となるだろう――首になるおそれもない。ロットの一件を見ると、絶対計算者も予測が堅牢であるかどうか確かめるために、制度化されたカウンターパンチの仕組みを設けるべきかもしれない。

学術計算者の世界では、この悪魔の議論は双方向に働く。ドナヒューと私は、ロットの「銃が多いほど」理論の堅牢さを確かめるために数字をはじいた。ロットは何度も何度も、私や共著者たちがやった計算をはじきなおしている。ロットは、隠された送信機ロージャックが犯罪低下に大きな力を持つと示した、レヴィットと私の論文の堅牢さを疑問視した。ロットはまた、妊娠中絶合法化が犯罪を減らすことをしめしたドナヒューとレヴィットの論文を批判すべく、数字をはじきなおしている。私が見る限り、ロットのカウンターパンチはどれも納得のいくものではない。でも、本当に重要なのは、それを決めるのはロットでもわれわれでもないということだ。計量計算を万人に開放することで、正解が出る可能性は高まる。われわれはお互いを正直に保てるのだ。

絶対計算では、疑問視やカウンターパンチは特に重要だ。なぜならこの手法は意志決定を中央集権化してしまうからだ。全部の卵を一つの意志決定バスケットに入れるなら、その意志決定が正確であることは確認すべきだろう。大工の鉄則は「二回はかり直せ、木材を切れるのは一回だけだから」というものだが、ここでもそれはあてはまる。だが学界の外では、有益なロット／エアーズ／ドナヒュー／レヴィットの対決は存在しないことが多い。人々は、政府や企業委員会報告が、なにやら実証研究をもとに疑問の余地のないとされる結果を出すのになれている。だが機関や委員会は、通常は実証的なチェックやバランスを取る仕組みがない。特にその根底にあるデータが独占データだったり極秘データだったりする場合には——そしてこれは企業や政府のデータの多くでは通例だ——ロットや私のような部外者がカウンターパンチを出すのは不可能となる。だからこそ、こうした組織内の絶対計算者たちは、自分の組織内の忠実なる反論者に対し、きちんと答えられるようにしておくべきなのだ。私の予言だが、データ品質企業が登場してきて、秘密裏に第三者見解を提出するようになるだろう——四大会計会社が帳簿を監査するのと同じように。意志決定者は、たった一人の絶対計算者の言うことだけに頼るべきではない。

本書のほとんどは、絶対計算者が正解を出す事例ばかりだった。消費者や従業員、市民としてそうした予測がもたらす影響は、必ずしもありがたくはないかもしれないが、予測そのものは、データマイニングに裏打ちされない人間によるものよりは正確だった。でもロットの一件は、絶対計算者が無謬《むびゅう》の予言者ではないことを示している。われわれだってもちろんまちがえる可能性はあるし、実際まちがえるのだ。まちがった数字に頼れば世界が苦しむ。

データに基づく意志決定の台頭は、きちんと監視しなければ（内部的または外部的に）、まちがった統計分析の洪水を生み出しかねない。一部のデータベースは、そう簡単に白黒はっきりした答えは出してくれない。政策の領域では、いまだに犯罪を減らすにあたり、死刑がいいか、隠匿拳銃がいいか、中絶合法化がいいかで活発な論争が行われている。一部の研究者はあまりにもとのデータをいじりすぎて、おかげでそのデータ集合は、拷問にあってもはやどんなことでも証言してしまう囚人のような様相を呈している。統計分析は調査に科学的な正しさという覆いをかけてしまい、その下にあるまちがった前提の誤用を隠してしまいかねない。

因果律試験の王者ともいうべき無作為抽出テストですら、ゆがんだ予測結果を出しかねない。たとえばノーベル経済学賞をもらった計量経済学者ジェイムズ・ヘックマンは、実験につきあってくれる被験者の数が途中で大幅に下がるような無作為抽出テストの結果は使うなと適切に主張している。たとえば、現在私はダイエット講習「ウェイトウォッチャーズ」に金銭インセンティブをつけたら、「ウェイトウォッチャーズ」だけに比べて成果があがるかどうか調べる無作為抽出テストをやろうとしている。普通にやるなら、ウェイトウォッチャーズを始めようとしている人をたくさん集め、コインを投げて半分には金銭インセンティブをつけ、残り半分を対照群にすることになる。問題は結果を集めるときだ。だが憲法では奴隷制が禁じられているので（これ自体はありがたいことだ）、人々がこの調査に最後まで参加し続けるよう強制はできない。しばらくすれば、一部の人はこちらの電話に出てくれなくなって、サンプル数はどんどん減る。療法集団と対照群とは、当初は確率的に同じだったかもしれないが、最後のほうにはかなりちがったものになるかもしれない。実際、この例だとたぶんダイエットに失敗した人たちは決まりが悪いので調査から脱落しやすくなるだろうが、金銭インセンティブをつけたグループのほうは、お金を受け取っていた分だけ後ろめたさが強いので、失敗者の脱落率はずっと高くなるだろう。すると最後には、ダイエットに成功した人だけに偏った集団が残されることになるのではないかと懸念される。それでは金銭インセンティブがダイエットに役立つかを試すのには不都合だ。

最近の無作為抽出テストとして最も議論を呼んだのは、もっとずっと基本的な質問をとりあげたものだった。低脂肪食は健康にいいだろうか？　二〇〇六年に女性健康イニシアチブ（WHI）は、四億ドルかけた連邦調査の結果を報告した。研究者たちは五〇歳から七九歳までの四万九〇〇〇人近い女性を、低脂肪食か通常食に無作為に割り当てて、その健康を八年にわたって追跡した。

低脂肪食集団は「最初の年には一八回のグループセッション、その後は四半期ごとにグループセッションを受け、集中的な行動変化プログラムを受けた」。これらの女性は最初の年には脂肪摂取量が一〇・七パーセント減り、六年目の末には八・一パーセント減っていた（また平均で毎日一回、一皿余計に野菜や果物を食べていたとのこと）。

ショッキングな結果として、これまでの常識とはうらはらに、低脂肪食は女性の健康を改善しなかったのだ。低脂肪食の女性は体重も同じくらい、心臓疾患率もガン率も、食事を変えなかった人々と変わらなかった（乳ガン率はわずかに低下した――低脂肪食群では一万人あたり年間四二件、通常食群では一万人あたり年間四五件――だがこの差は統計的に有意でない）。

一部の研究者はこの結果を、「根拠に基づく医療」の勝利として掲げた。かれらにしてみれば、この大規模無作為抽出テストは低脂肪食が乳ガンや直腸ガンを減らすというこれまでの研究を首尾よく否定するものだった。こうした初期の調査は間接的な証拠に基づいたものだった――たとえば低脂肪食の国からアメリカに引っ越してきた女性はガンのリスクも本国の女性よりも高いなどだ。また高脂肪食をとらせた実験動物はより乳ガンにかかりやすいことを示した研究もある。

だから女性健康イニシアチブは、重要で緊急の問題を直接的に試そうという真剣な試みだったのだ。研究者がいかにまじめに取り組んだかは、脱落者の率がきわめて小さいことからもうかがえる。八年後に低脂肪食群から脱落したのはたった四・七パーセント（通常食のほうは四・〇パーセントだった）。

それでも、この調査は攻撃を受けた。「根拠に基づく医療」の支持者ですら、この調査が何千万ドルも無駄にしたと主張している。調査がまちがった質問をしているというのだ。またこの調査で推奨された低脂肪食は、まだ脂肪が多すぎたのだ、と述べる人もいる。ダイエット者たちは、脂肪からくるカロリーは全体の二割まで許されると言われた（実際に脂肪をここまで低く抑えられた人は三一パーセントしかいなかった）。一部の批判者は、実際にローカロリー食が守られないことも考えて研究者たちが脂肪一〇パーセントを薦めるべきだったと考えている。

他の批判者たちは、それが食事の中からあらゆる脂肪を減らす試験しかしなかったために研究が無意味だと考えている。減らすべきなのは、コレステロールを増やす過酸化脂肪なのだというのだ。

無作為抽出テストは、試行しなかった療法については一切教えてくれない。だから過酸化脂肪やトランス脂肪を減らすと心臓病のリスクが下がるかどうかはわからない。そして答えはすぐには出そうにない。アメリカ癌協会のために疫学研究を指導しているマイケル・タン医師は、ＷＨＩ研究を「ロールスロイスのような研究」と呼ぶ。それは質が高いというだけでなく、実に高価だという意味だ。「ある問題について大規模抽出テストは一回しかできないのが普通です」とかれは言う。

カルシウムサプリメントの影響を調べた別のWHI調査についても、似たような懸念が表明されている。五〇歳から七九歳の女性三万六〇〇〇人を対象にした、七年がかりの無作為抽出テストでは、カルシウムサプリメントを摂取しても腰骨骨折の減少にはまったく影響しない（が腎臓結石のリスクは高まる）ことがわかった。批判者はここでも、この調査がまちがった質問をまちがった女性たちにしていたのでは、と懸念する。カルシウムサプリメントの支持者たちは、サプリメントがそれでももっと高齢の女性には役にたつのではと知りたがっている。他の人は、この調査がすでに通常の食事で十分にカルシウムを得ていた人は除外すべきだったと主張する。そうすれば問題のある人にサプリメントがどう影響するかだけ試せるからだ。そしてもちろん、もっと大量のカルシウムサプリメントを与えるべきだったという人もいる。

だがこれだけ限られた結果でも、無視はできない。国立骨粗鬆症《こつそそうしょう》財団主任のエセル・シリス医師は、これまで食事の中身にかかわらずとにかくカルシウムサプリを飲むようにと女性に助言してきたが、この新しい調査を見てそれを考え直すようになった、と『ニューヨーク・タイムズ』紙に語った。「害はないと思っていたから医者はそれを平気で与えたんです」。

カルシウム調査の結果を見たとき、シリスの最初の反応は、調査のあら探しをすることだった。でも、他の人々がWHIの調査を批判するときの不当な言い分を見て、気が変わったのだ。他人の見せる心理的な抵抗を見ることで、自分の心理的な抵抗を乗り越えやすくなったのだ。「結果が気にくわないからこの調査はどこかまちがっているはずだ」という考え方を自分はしたくなかったという。

ここにかかっているものは大きい。大規模無作為化WHI調査は、各種の治療について医師の慣行を変えつつある。一部の医師は、心臓病やガンのリスクを下げる手段として、低脂肪食を推奨するのをやめた。またシリスのようにカルシウムサプリメントについての考えを変えた人もいる。最高の調査でさえ、解釈は必要だ。うまくやれば、絶対計算は社会に大きな利益をもたらす。ヘタにやれば、データベースの意志決定は人命を奪いかねない。

絶対計算の台頭は、無視できない現象となっている。全体としては、それは人々の人生を改善してきたし、今後さらに改善することだろう。「何が何を引き起こすか」についてもっと情報があるのは、通常はよいことだ。だが本章のねらいは、この全体的な傾向の例外を指摘することだった。本書で何度も何度も目撃してきた抵抗は、利己性で説明できる。伝統的な専門家は、絶対計算への推移の中で生じる権力と地位の低下がお気に召さないのだ。だが抵抗の一部はもっと本能的なものだ。一部の人は数字を恐れる。そういう人には、絶対計算は最悪の悪夢だ。かれらにしてみれば、データ主導の意志決定が広まるのは、人文系学部に進んで、ことばだけの法律みたいなものを専攻すれば避けられると思っていたものがよみがえってきた感じだろう。

絶対計算に対する揺り戻しは覚悟すべきだろう。絶対計算の影響が大きければ、その分だけ抵抗も大きくなる。ホルモン無使用ミルクや動物実験なしの化粧品が台頭してきたように、たぶん「データマイニングなし」をうたう製品も出てくるだろう。ある意味で、すでにそうしたものは登場している。政治では、頑固一徹で、あらゆる判断でいちいち世論調査を見ず、グループインタビューで確認済みの台本にひたすら忠実であろうなどとは考えない候補者には、それなりの魅力がある。ビジネスでも、サウスウェスト航空のように、ある路線ではどの席でも同一価格という猛者《もさ》もいる。サウスウエスト航空の乗客は、フェアキャストに将来運賃を逆計算してもらう必要はない。サウスウエストは、さっきまでの料金がいまはもうありませんといったゲーム（言い換えの好きな人はこれを「歳入拡大」と呼ぶ）をやらないからだ。他の航空会社は、個々の乗客から搾り取れるだけしぼろうとする。

これらの例外はそれなりの合理性を持つものだが、全体としては、絶対計算とは無縁の人生を追求しようとしても、それは不可能でもあるしその人の利益にもならない。この強力な新技術を、産業革命に反して機械という機械をうちこわしたラッダイト運動のように排除するかわりに、知識あるこの革命への参加者になるほうがいい。数について無知なままに頭を砂につっこむかわりに、絶対計算の基礎ツールを頭に入れてみてはいかがだろう。

第7章　それってこわくない？　まとめ

【ポイント】

絶対計算のため、現場の人間の地位はどんどん低下する。

↓裁量をうばわれマニュアルどおりの入力しかできない立場。


【例】ダイレクトインストラクション方式の完全マニュアル教育。

↓創意工夫などの余地いっさいなし！　だが絶対計算によれば教育効果は抜群！　どんな先生でもすぐに予習なしで成果をあげられるのはメリット。


自分のすべてが政府や企業に計算され、利用されつくす可能性があるのでは？

【例】アマゾンの価格差別実験（この実験自体は中止になったが、直接価格差をつけなくても、割引ポイントの出し方を変えるなどやりかたはいろいろある）。


絶対計算により各種差別が姿を変えた形で登場するのでは？

↓絶対計算を消費者のために使い反撃することも不可能ではないが……。

【例】著者による自動車ローンの利率人種差別検出実験。

絶対計算により、人々の持つプライバシーはますますなくなるのでは？

↓顔面認識ソフトで氏名や住所まで特定されるようになったらば、公的な空間での匿名性はまったくなくなる。さらに絶対計算はその個人の投票行動まで予想できる。


絶対計算もやりかた次第ではまちがった結果を出す。

↓それを検証・監査できるシステムが必要。

【例】ジョン・ロットの銃と犯罪の相関分析と、それに対する著者らの検証・反論（個人的なトラブルはあったものの、相互検証できたのはすばらしい！）。

【例】WHIなどの低脂肪食などに関する絶対計算研究に対しては、各種の批判が出ている。質問の設定がまちがっていたのではないか？　ある重要な要素を見落としていたのではないか。


【次章予告】

次章では、知っておくべき統計学の簡単な知識と、それを使って専門家の経験や直感を絶対計算と両立させる方法をまとめる。

第8章

直感と専門性の未来

統計や数学の知識が世の中の必然となる。２ＳＤルールとベイズ理論がわかれば、あなたの未来は明るいぞ

8.0

95パーセントの信頼区間

以下のおとぎ話は、実話でもある。

むかしむかし、私は当時八歳の娘アンナとハイキングにでかけた。アンナはおしゃべりな女の子で、父親の驚愕をよそに、ファッションセンスなるものを発達させつつあった。また入念に準備をする子でもある。自分の誕生日パーティーのテーマや細部について半年前から計画を始めるのだ。最近では、詳細なボードゲームを設計して作り、家族にやらせるのがお気に入りだ。

さてハイキング中に私は、彼女がこれまでにこのスリーピングジャイアント登山路を何回登ったか、と尋ねた。アンナは「六回」と答えた。私は次に、その推計の標準偏差はいくつかと尋ねた。アンナは「二回」と答えた。それから考え込んでこう言った。「パパ。さっきの平均値を八回に訂正したいんだけど」

このアンナの答えに含まれるものは、なぜ「数字で考えるのが新しい知性」なのかという理由の根底に触れている。アンナの頭の中で何が起きていたかを理解するには、一歩下がってわが旧友の標準偏差なるものについてちょっと勉強が必要となる。

アンナは、標準偏差が分布の広がり具合を示す実に直感的な数値だということを知っている。標準偏差はあるランダムなプロセスがどのくらい変動するかについて、数字と直感とを行き来するのに役立つのを知っている。ずいぶんと抽象的で冷たく思えるかもしれないが、ある具体的な事実がいまやアンナの頭にはしっかりと刻み込まれているのだ。

正規分布する変数が、平均値から正負を問わず2標準偏差内にある確率は九五パーセントである。

我が家では、これは「2標準偏差」ルールと呼ばれる（Two Standard Deviation＝2SD）。この単純なルールを理解することが、変動制を理解するということの核心なのだ。で、これはどういう意味か？

うん、たとえば知能指数なら平均値は一〇〇で、標準偏差は一五だ。だから2SDルールを使えば、九五パーセントの人のIQは七〇（つまり一〇〇から標準偏差一五の二倍を引いたもの）から一三〇（一〇〇に標準偏差の倍を足したもの）の間にあるということだ。2SDルールを使うことで、標準偏差の数字を直感的にわかりやすい幅についての指標にできる。2SDルールのおかげで、変動幅について、確率と比率というわかりやすいものを使って理解できるようになる。ほとんどの人（九五パーセント）のIQは七〇から一三〇の間だ。もしIQの分布がもっとかたまっていたら――つまり標準偏差が五しかなければ――人口の九五パーセントを含むIQの範囲はずっと狭くなる。この場合、九五パーセントの人は九〇から一一〇の間に入ることになる（後で、ハーバードを追い出された学長ラリー・サマーズが、男女のIQ標準偏差がちがうと示唆したためにとんでもないもめごとに巻き込まれた話をする）。

これで八歳のアンナの頭の中で、あの運命のハイキングの日に何が起こっていたかを解明するだけの知識が整った。アンナは寝言でも2SDルールが言えるほどだ。標準偏差が便利なもので、平均と標準偏差を知ったらまずは2SDルールを適用することを知っている。

さてアンナは、スリーピングジャイアントで六回ハイキングしたと述べ、その推定値の標準偏差が二回だと述べた。標準偏差の数字は、2SDルールを考えて出てきた。九五パーセントの自信があるのはどの範囲だろうか、と考えて、直感と一貫性を持つ数を逆算しようとしたわけだ。そして2SDルールを使って直感を数字に戻した（あなたも問題がほしければ、成人男子の身長とその標準偏差を直感と2SDルールだけで導けるか試してみよう。ヒントはこのページの脚注を参照）[*1]。

だがアンナはそこでは終わらなかった。本当に驚異的だったのは、数秒の間を置いてアンナが「パパ。さっきの平均値を八回に訂正したいんだけど」と言ったことだ。その数秒の間で、彼女はだまって2SDルールを考えていたのだった。ルールによれば、彼女はスリーピングジヤイアントのてっぺんにのぼった回数は平均値を六回とすると九五パーセントの確率で二回から一〇回の間となる。そしてここが重要なところだ。何も言われなくても娘は、この範囲が正しいかを経験と記憶だけに基づいて考えてみた。そして明らかに二回以上は登っていることに気がついたのだった。すると数字が直感にあわなくなる。

アンナはこの矛盾を、標準偏差の推計値を下げて解決することもできた（「パパ。さっきの標準偏差を一回に訂正したいんだけど」という具合）。だがむしろ、平均値のほうを増やす方が正確だと判断した。平均を八回に上げることで、アンナは自分がこの道を四回から一二回の間だけあるいた確率が九五パーセントある、と言っているわけだ。毎回彼女のお供をしているこの身としては、この変更は正しかったと証言できる。

娘がこれほど誇らしく思えたことはない。だがこのお話の主眼は、アンナの才能を自慢すること（だけ）ではない（賢い娘にはちがいないのだが、どう見ても天才ではない。なんとか彼女の知性を開眼させようといろいろ努力はしたが、まあかなり普通の子でしかない）。いやいや、話の主眼は、統計と直感が問題なく相互に働き合うことを示すことだった。アンナは記憶と統計の知識とをいったりきたりして、それぞれ片方だけによる推計よりも優れた推計値にたどりついた。

＊1　2SDルールを使うには、二種類のものを推測しなくてはならない。まず、成人男子の平均身長はどのくらいか見当をつけよう。一七〇センチくらいと答えたらかなりいい線だ。さて次はもっと難しい問題。九五パーセントの成人男性の身長はどのくらいの範囲にあると思う？　標準偏差とかは忘れて、自分の経験的な知識だけから見当をつけよう。

成人男性の身長は、ほとんど正規分布になっているので、あなたの見当が正しいなら、あなたの挙げた範囲の下限以下の人は二・五パーセント、上限より高い身長の人も二・五パーセントくらいになるはずだ。では答えは巻末注で。

九五パーセントの信頼区間を推計することで、アンナは平均値についても精度の高い推計を出せた。これは潜在的には重要な発見だ。裁判の証人尋問にとってどういう意味を持つか想像してほしい。そうした場で弁護士は、何かがいつ、何回起きたかという証言を引き出そうとして苦闘するのだから。自分や他人の記憶を掘り起こそうとするとき、読者のみなさんも自分で使ってみるといいかもしれない。

8.1 未来の男女

法の合理的な研究においては、現在の主役は法の条文をひたすら重視する人々だが、未来の主役は統計家となる（後略）

オリヴァー・ウェンデル・ホームズ・ジュニア『THE PATH OF THE LAW』1897

統計的思考の台頭は、直感や専門技能の終わりを意味するものではない。むしろアンナが推計値を改訂したやりかたは、直感が再発明されて統計的思考と共存するようになる道筋を示している。今後の意志決定者はますます、直感とデータに基づく意志決定とを何度も切り替えつつ仕事をするようになる。直感は、データについて直感を持たない数値分析者たちの見逃しがちな新しい質問を問うよう導いてくれる。そしてデータベースはますます意志決定者たちに自分の直感を試せるようにしてくれる――それも一回限りではなく、リアルタイムで継続的に。

この弁証法は双方向に動く。最高のデータマイニング屋は、統計分析がもっともらしいかどうかについて直感や経験的な技能を使う。直感から大きくはずれた統計結果は、慎重に調べ直す必要がある。現状ではたたき上げの直観主義者と新種の絶対計算屋との間には、大きな対立がある。だが未来には、こうしたツールは代替物ではなく相補物となる見込みが高い。それぞれの意志決定は、お互いの最大の弱点を実用的に補い合ってくれるわけだ。

時には、絶対計算者は仮説から出発しない。何か変な結果、出てくるはずのない数字に出くわすところから始まる。オーストラリアの経済学者ジャスティン・ウルファーズが、ペンシルバニア大ウォートンビジネススクールで、情報市場とスポーツの賭けについてセミナーで教えているときに、まさにこれが起こった。ウルファーズは、ラスベガスの賭け屋たちが大学のバスケットボール試合の予測がいかにうまいかを示したいと考えた。そこで四万四〇〇〇試合のデータ――過去一六年の大学バスケットボールのほぼ全試合――を引っ張り出してきた。そして、実際の勝ち点差と、市場が予測する得点差とを示す単純なグラフを作った。

「グラフは文句なしの正規分布曲線でした」とかれは語る。まさにほぼ五〇パーセント（厳密には五〇・〇一パーセント）の場合に、得点差は予想より大きく、ほぼ五〇パーセントの場合に予想より小さくなっていた。「ぼくはこれが全体としてだけでなく、個別の得点差の範囲で見てもあてはまることを示したかったんです」といってウルファーズが作ったのは、得点差が六点以下の試合と、得点差が六点から一二点の試合のグラフで、これまたどちらもラスベガスの賭け屋たちの予想がきわめて正確だということを示していた。以下のグラフは得点差が一二点以下だった全試合についてのものだが、その精度がわかるだろう。

実際の勝ち点差の分布（実線）がいかに予想の正規分布曲線に近いかわかるだろう。このグ

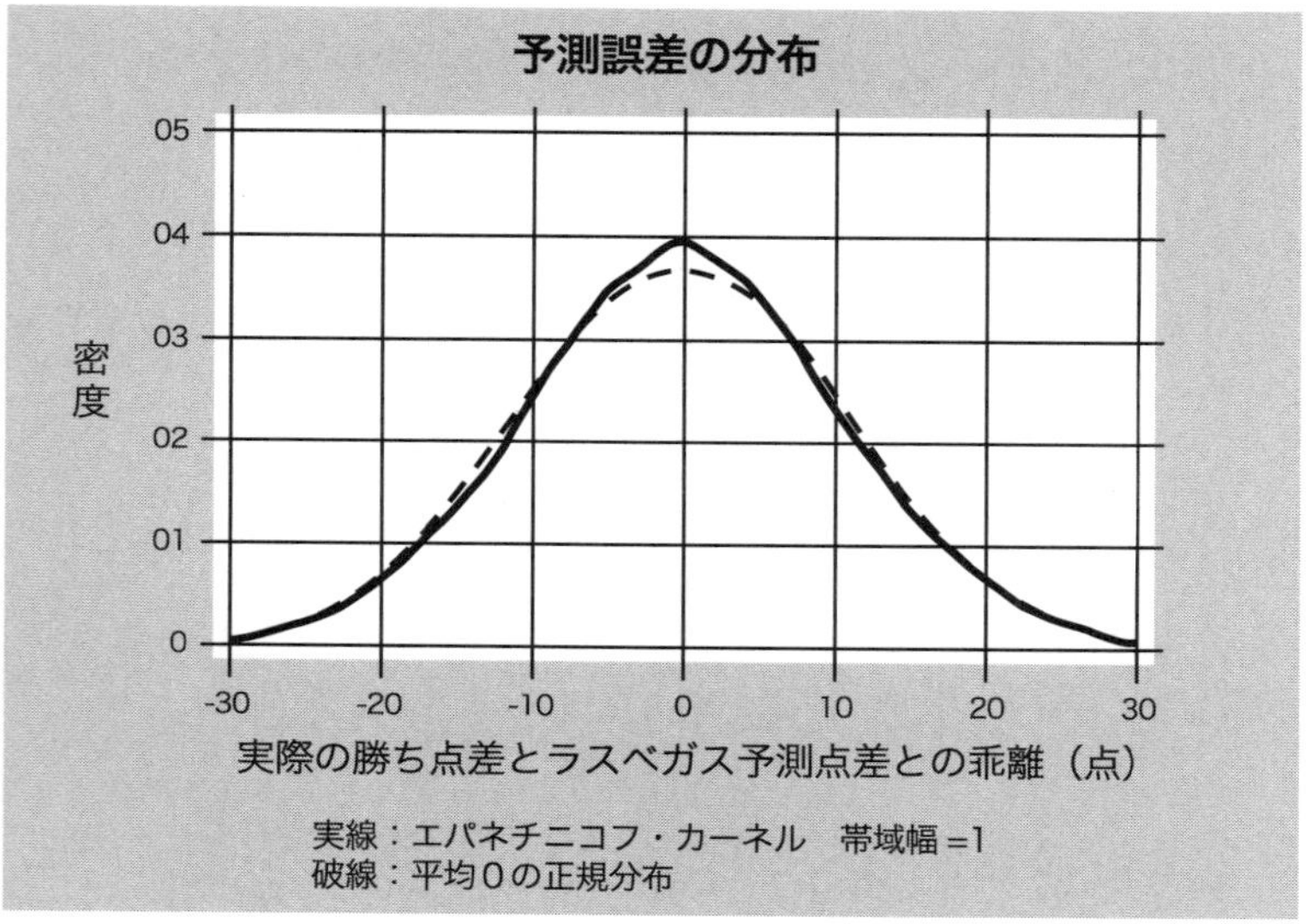

SOURCE:Justin Wolfers “Point Shaving : Corruption in NCAA Basketball,”
Power Point presentation, AEA Meetings (January 7, 2006)

ラフを見ると、なぜこれが「正規」分布と呼ばれるか見えてくるはずだ。多くの現実世界変数はかなり正規分布に近く、この規格通りの正規分布に近くなる。完全な正規分布になるものはほとんどない。でもほとんどの実際の分布は、標準偏差数個分くらいテールに入り込まないと、正規分布でほぼ代用できる分布になっている。[*2]

　問題が起きたのは、ウルファーズが得点差一二点以上の試合をグラフ化したときだった。数字をはじいてみると、こんな結果になった。

　予想得点差に比べて実際の得点差は、上下半々にはならなかった。上に出る確率はたった四七パーセント（つまり予想より下に出る確率が五三パーセント）。この六パーセント分の差はあまり大きく思えないかも

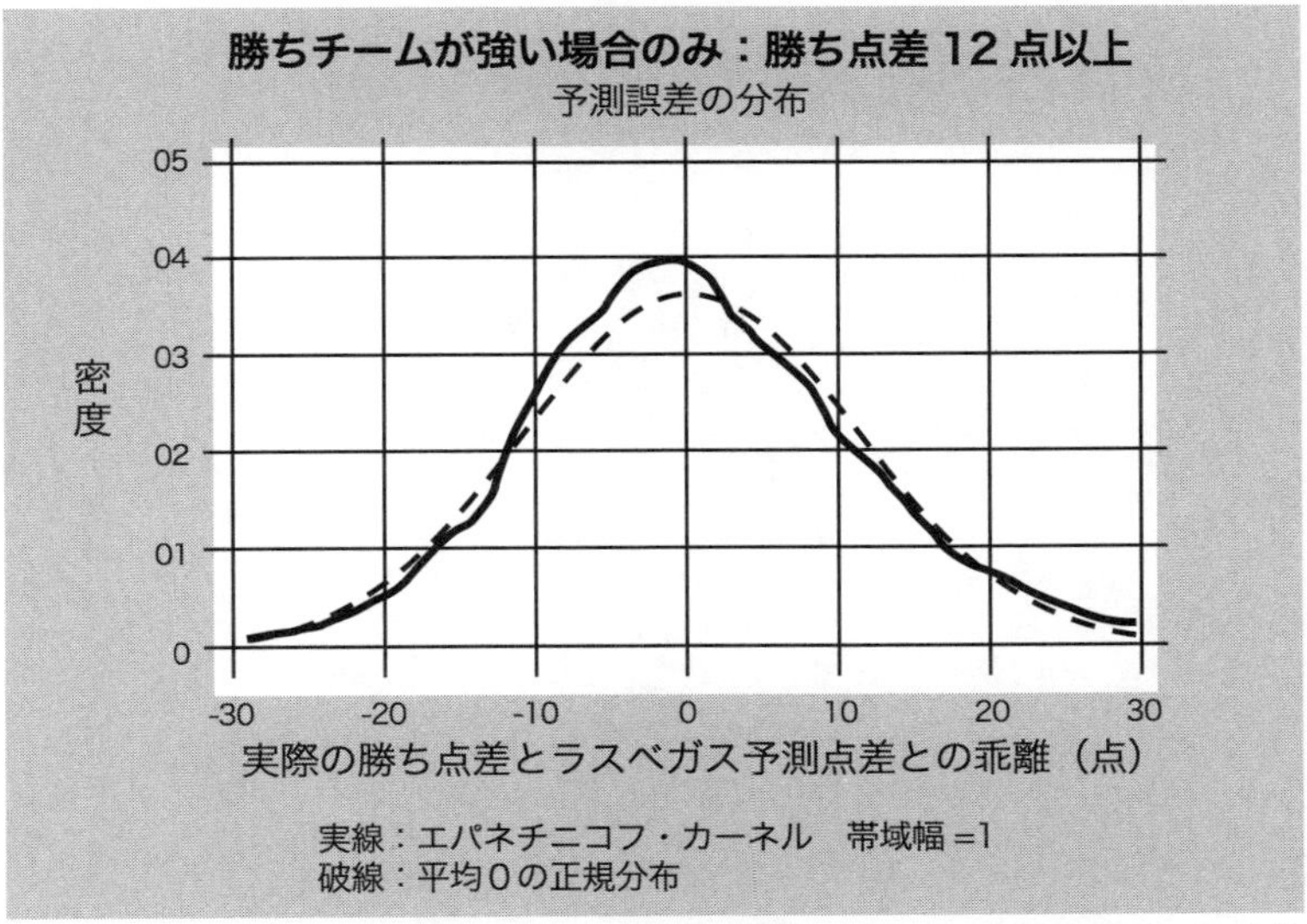

SOURCE:Justin Wolfers "Point Shaving : Corruption in NCAA Basketball," Power Point presentation, AEA Meetings (January 7, 2006)

知れないが、何千もの試合にかけられる何百万ドルもの金額を考えると（大学試合の二割以上は一二点以上の得点差になる）、六パーセント分の差は実に大きい。このグラフを見てウルファーズは何か変だと考え、いろいろ悩み出した。

ウルファーズはこの手の調査にはうってつけだ。かつて故国オーストラリアでは賭け屋の胴元の下で働いていた。もっと重要な点として、かれは新種の絶対計算の急先鋒だ。二〇〇七年の『ニューヨーク・タイムズ』紙の「経済学の将来はさほど陰気に非ず」といううまい題名の記事で、将来有望な若手経済学者一三人の中にかれも挙がっていた。一三人とも絶対計算屋で、この分野を塗り替えている若手だ。ウルファーズは歯が印象的な笑顔とプラチナブロンドの長髪をしていて、それをよくポニーテールにしている。かれの論文発表は、中身の確かさと見た目の派手さとの大胆な混合物を体験するようなものだ。絶対計算のロックスターとでも言おうか。

そのウルファーズがこの偏ったグラフを見たときに気になったのは、勝ち組が予想ほどは勝っていないということだけではなかった。そのちがいがほんの数点だというのが気になったのだ。分布のグラフで、ラスベガスの予想のピークよりほんの数点下のところに瘤《こぶ》があるのはどう見ても変だった。ジャスティンは、たまに得点差が大きいときには、勝ち組はわざと得点を低くするのではないかと考えたのだ。そうなると、すべて筋が通る。得点差が大きければ、選手たちが手を抜いて得点をはずしても、試合に負けることはあり得ない。ジャスティンは、すべての試合が八百長だとは思わなかった。だがグラフのパターンを見ると、高得点差の試合のうち六パーセントではインチキが行われていると考えると説明がつく。

ジャスティンはそこで止まらなかった。未来は直感と数字との間を行き来して作業ができるような絶対計算者のものだ。グラフを見たジャスティンは、この仮説を証明あるいは否定できるような試験を考案したのだった。もっと深く調べたかれは、試合終了五分前の得点を見るとそこに分布の偏りはないことを見つけた。勝ちチームは、予想得点を五〇パーセントの場合に上回っていた。変な偏りが出てくるのは、最後の五分間でのことなのだった。これは盤石の証明ではないが、状況証拠としては強力なものだ――袖の下をもらった選手がこの時点でわざとへまをしても、チームが負けることはないので安心だ。

未来はウルファーズのように直感と数字の両方を扱える人々のものだ。この「新しい知性」はまた絶対計算の消費者にもあてはまる。私の娘のアンナのような人々も、自分の直感を定量化できると非常に役にたつ。また他人の絶対計算結果を見て、それを頭の中で直感的にわかりやすい形に変換できるのは重要なことだ。

絶対計算で実にクールなのは、それが予測値を出すだけでなく、その予測値の精度まで同時に教えてくれることだ。予測の標準偏差はその精度をはかる重要な尺度だ。2SDルールは、絶対計算者がある結果を「統計的に有意」と言えるほど正確かどうかを理解するにあたって重要なカギとなる。統計屋が結果を統計的に有意という場合、それは単に、ある予測値が他の数字から2標準偏差以上離れていると言っているだけだ。たとえばウルファーズが、勝ちチームが予想より得点差が低いのは統計的に有意だというとき、それは完全に公平な賭けだった場合に予測される値である五〇パーセントに比べて、実際の四七パーセントという確率が2標準偏差以上に離れているという意味だ。

「統計的に有意」というのは、多くの人はなにやらきわめて高度な指標だと思っている。だがそこには実に直感的な説明がある。まったくランダムな変数が、期待平均から標準偏差二つ分以上離れている可能性は五パーセントしかない(これは2SDルールの裏返しだ)。推計値が他の数字から2標準偏差以上離れていたら、それは統計的に有意な差だという。その差が偶然に生じた可能性はほとんどない(つまり五パーセントより低い)ということだからだ。だから2SDルールを知っているだけで、「統計的に有意」というのが結構直感的にわかりやすい理

＊2 ちなみに勝ち点差の標準偏差は一〇・九点だった。2SDルールを適用して、実際の勝ち点差の広がりとラスベガスの賭け屋の予想とについて、何か直感的なことが言えるだろうか? 九五パーセントの場合には、実際の勝ち点差はラスベガスの予想得点差の二一点以内にあるということだ。

由も理解できる。

本章では、直感と数字との間を行き来するのがどんなものかをちょっと理解して欲しいと思っている。そのためには、未来の男女のために二つの重要な定量化ツールを教えてあげよう。それだけ読んでも、まだ立派な絶対計算者にはなれない。だがこうしたツールを学んで遊んでみることで、直感と統計、経験と推計とを組み合わせたすばらしい弁証法への道を歩み始めることになる。すでに最初のツールは使い始めた——直感的な散らばり具合の指標である標準偏差だ。まず第一歩は、自分が知っていることを他人に伝えられるかどうか試すところだ。

8.2 数字一つにこめられた情報

スタンフォード・ロースクールで教鞭を取っていた頃、教授は成績をつけるときに五点満点で平均が３・２になるよう求められていた。生徒たちは教授たちの採点方法をあれこれ心配したが、平均点よりはその指定平均点のまわりに得点がどんな形で散らばるかを知りたがるのだった。無数の生徒や教授が、「先生は『分散屋』ですか『固まり屋』ですか」という質問から意味のない会話をあれこれ展開したものだ。優秀な学生は固まり屋を避けたがった。そのほうが「優」が取れる可能性が高いからだ。一方できの悪い学生は、「優」もつけるが「不可」もたくさんつける「分散屋」が大嫌いだった。

問題は、多くの学生や教授の相当部分が、教授の採点習慣の散らばり具合をどう表現すべきかわからなかったことだ。そしてこれは、法学部だけの問題ではない。アメリカ全国で、人々は分散具合を表現する方法を持たない。直感的には数字の分散分布がわかっているのに、それをどう表現していいかわからないのだ。

2SDルールはそのための語彙を提供してくれる。教授が、わたしの標準偏差は0・2よ、と言えば数字一つでものすごい情報が伝わる。問題は、いまのアメリカでは標準偏差の意味がわかる人がほとんどいない、ということだ。でもみなさんはわかるし、それを他人にも説明できるだろう。この先生の成績で、3・6以上を取る人は二・五パーセントしかいないということになる。

ほんの数語で伝えられる情報の経済性は驚異的なものだ。株式投資がリスクを伴うのはだれでも知っているが、リスクといってもどのくらい？ ここでも標準偏差と2SDルールがお役にたつ。絶対計算回帰分析をすると、ニューヨーク株式市場で分散した株のポートフォリオの来年の期待収益率は一〇パーセントだとわかるが、標準偏差は二〇パーセントだ。この二つの数字を知っているだけで、かなりのことがわかる。

このポートフォリオの収益率は、マイナス三〇パーセントとプラス五〇パーセントの間にある確率が九五パーセントということがすぐにわかる。一〇〇ドル投資したら、来年には手元にある金額は七〇ドルから一五〇ドルの間だ。株式市場の実際の収益率は完全に正規分布はしていないが、かなり近いから、この平均値と標準偏差の二つを知っているだけで相当のことがわかる。

それどころか、正規分布の平均と標準偏差さえわかれば、その分布について知るべきことはすべてわかってしまう。統計屋はこの二つの数字を「総括統計」と呼ぶ。正規分布曲線すべてに含まれるあらゆる情報をまとめたものになっているからだ。平均と標準偏差さえあれば、2SDルールが適用できるだけじゃない。変数がどんな範囲の値を取る確率でも計算できてしまう。株式市場が今後一年で下がる確率が知りたい？　期待収益が一〇パーセントで標準偏差が二〇パーセントということは、収益性が標準偏差の半分だけ平均から下がる確率を知りたいということになる。答えは（エクセルで計算するのに三〇秒ほどだが）三一パーセントだ。

変数がある値より上になる確率や下になる確率を求められると、それを利用して政治的な世論調査の理解もかなり深まる。

8.3 確率的な当確候補

現在の新聞は、世論調査データを報告するときのやり方を完全にまちがえている。新聞にはこんな書かれ方だ。

「有権者一二四三人を対象にしたキニピアック社調査では、カルヴィンは上院議員選挙で五二パーセントの支持率なのに対してホッブスは四八パーセントの支持率です。この調査の誤差範囲はプラスマイナス二パーセントポイントです」

誤差範囲といわれてわかる人がどれだけいるだろう？　あなたはわかりますか？　読み進む前に、州の人の過半数が本当にカルヴィン支持である可能性はどれくらいだと思うか、ちょっとメモしてほしい。

誤差範囲というのが、あらゆる統計の知恵の母たる2SDルールと関連していると言っても驚く人はいないだろう。誤差範囲というのは2標準偏差のことなのだ。だから新聞が、誤差範囲は二パーセントポイントだと言ったら、標準偏差は一パーセントポイントということだ。知りたいのは州全体の有権者の中で、カルヴィンとホッブスの支持者がそれぞれどのくらいいるかということだ。でも調査で使った標本の比率は、全人口の比率とは一致していないかもしれない。標準偏差の指標は、標本による予測が真に知りたい本当の人口比からどれだけ偶然でずれる確率があるか、ということを示す。

そこでまたも頼もしき友人2SDルールを適用しよう。カルヴィン支持の標本比率五二パーセントからはじめて、誤差範囲（つまり2標準偏差）を足し引きして数字の範囲を構築しよう。つまり五二パーセントプラスマイナス二パーセントだ。だから2SDルールを使うと、「カルヴィン支持者の有権者は、全体の五〇パーセントから五四パーセントの間である確率が九五パーセント」ということになる。これを新聞が印刷してくれれば、変な誤差範囲なんかよりずっと伝わる情報は増える。

この九五パーセントを示す方法でも、もっと基本的な結果を示すのには成功していない。つまりカルヴィンが本当にリードしている確率はどれだけあるかということだ。州全体でカルヴィンの真の支持率は、確率九五パーセントで五〇パーセントから五四パーセントの間だ。つまり真の支持率が正規分布曲線の二つのテール部分にある確率は五パーセントということになる。そしてテール部分の大きさは上でも下でも同じなので、カルヴィンの州全体での支持率が五〇パーセント以下の可能性はたった二・五パーセントしかない。つまりカルヴィンがリードしている確率は九七・五パーセントということだ。

リード確率を計算するとなると、記者たちは何にもわかっていない。ラヴァーンとシャーリーの支持率が五一パーセント対四九パーセントで、誤差範囲が二パーセントとなると、ニュースではこの選挙は「統計的にデッドヒートだ」とかき立てる。バカを言うな。ラヴァーンの結果は、五〇パーセントより標準偏差一つ分高い（誤差範囲というのは標準偏差二つ分だから、ここでは標準偏差は一パーセントなのだ）。この数字をエクセルではじくと、ラヴァーンがリードしている確率は八四パーセントだとわかる。この調子が続けばラヴァーンがほぼ確実に勝つ。

多くの人気調査では、「わからない」と答える人やその他の候補者がいるので、二大候補者の比率を足しても一〇〇パーセントにはならない。でもリードしている確率を計算すれば、その通りのものが計算できるのだ。

人は比率や確率を理解するほうが、標準偏差や誤差範囲を理解するより得意だ。２ＳＤルールがすばらしいのは、この両者を橋渡しできることだ。記者は誤差範囲を書くよりむしろ、人々が直感的に理解できるものを書くようにすべきだろう。候補者のリードしている確率とか。標準偏差はとても便利で、統計を知らない人にも、本当に気になる情報を伝えるのに使えるのだ。

8.4 逆算してみる

だがそれだけじゃない。株式や調査の例は、平均と標準偏差を知ることで比率や確率が計算できて、その根底にあるプロセスで本当におもしろいことを人々に伝えられることを示した。でも逆に、確率を見てそれがどんな標準偏差を意味しているのか逆算してみると役にたつ。ローレンス・サマーズはこれをやった。もっともそのせいで大騒動を引き起こしてしまったけれど。

二〇〇五年一月一四日、ハーバード大学学長ローレンス・サマーズは、科学や数学分野で女性教授が少ないことについて会議で発言したために、批判の猛火を引き起こしてしまった。いくつもの新聞記事が、かれが「女性はなぜか数学が生得的に苦手だ」と述べたのだと書いている。『ニューヨーク・タイムズ』は二〇〇七年にサマーズの発言についてまとめ、かれが「生得的な適応性が欠けていると考えれば、大学で科学や数学のトップの地位に到達する女性が男性より少ないかが説明できる」と述べたと主張している。この演説に続いた大抗議のためにサマーズは二〇〇六年に辞任させられた（そしてハーバード大学三七一年の歴史上初の女性学長に代わられた）と『ニューヨーク・タイムズ』は示唆している。

サマーズの演説は確かに、男女の知能には生得的な差があるかもしれないと示唆している。だが女性の平均知能が男性よりも低いなどとは述べていない。かれが注目したのは、男性の知能が女性の知能よりも分散が大きいということだ。かれは実際に見られる比率をもとに明示的に逆算して、内在する標準偏差を導いたのだった。サマーズが実際に言ったのはこうだ。

私は大変に粗雑な計算をしてみまして、これは絶対にまちがっているでしょうし、明らかに二〇通り以上の意味でかなり乱暴なものです。私が見たのは（中略）中学生の［科学や数学における」トップ五パーセントの男女比率のデータです。これを見ると――男女ともに広く散らばっていますが、最高で男子二人につき女子一人という割合になっています。ここから含意されている標準偏差の差を逆算しますと、二〇パーセントほどになりました。

サマーズは言及していないが、かれの計算は、研究者の本当の発見結果に基づいている。中学生の男女では、数学でも科学でも平均点に明確な差はない。だが多種多様な研究の結果、研究者たちは分布のテール部分に男女差があることを発見している。特にサマーズは、数学と科学で上位五パーセントの成績をおさめた中学生を見ると、男子二人に対して女子が一人しかいないという傾向に注目した。サマーズはここから逆算して、標準偏差がどれだけちがうと、テール部分でこれだけ性差が出るかを計算しようとした。かれの生得的な男女差に関する中心的な主張、というか唯一の主張は、男の知能の標準偏差は、女性の標準偏差よりも二割ほど大きいかもしれない、ということだった。

サマーズは演説の中で、自分の計算が「粗雑」で「乱暴」だと指摘するだけの慎重さはあった。だがサマーズはバカではない。ハーバードで最年少の終身教授の地位を得た人物だ。四〇歳以下で最高のアメリカ経済学者に与えられる、名誉あるジョン・ベイツ・クラーク賞ももらっている。二〇世紀三大アメリカ経済学者のうち二人、ケネス・アローとポール・サミュエルソンをおじさんに持つサマーズは、かれら同様に四〇代初めにはノーベル賞一直線だった。かれは絶対に標準偏差のなんたるかを理解している。だが悪性リンパ腫の一種であるホジキン病で死にかけてから、サマーズは方向を変えた。世界銀行主任エコノミストとなり、後にクリントン政権末期には財務長官になった。かれはほぼ常に部屋でいちばん頭のいい人物だ（そして批判者に言わせるとそれを自認して鼻にかけている)。

だが賢いからといってすべての発言が正しいわけではない。サマーズの概算実証は、女性の知能の分布が狭いかどうかという質問に文句なく答えるものではない。たとえば、中学生の数学や科学の成績には、生得的な能力以外にもいろんな要因が影響したはずだ。とはいえ、その後の研究で、女性のＩＱ得点は確かに男性よりも分布が狭いと示唆するものはある。

標準偏差に性差があると示唆したサマーズが言っていることは、確かにものすごく頭のいい男性もいるだろうが、その分ものすごくバカな男性が出てくる確率も生得的に高いということだ。自分の属する集団が、知能指数の標準偏差が大きいというのはいいことだろうか？　これはなかなかむずかしい問題だ。初めての子供が生まれようとしていると考えて欲しい。その子の知能指数がどの範囲に入るかを選べるとしたらどうだろう。ただし、いずれの範囲も平均はＩＱが一〇〇だ。そして選ぶ範囲のどの知能指数も、同じ確率で生じる。どんな範囲を選ぶだろう――九五から一〇五の間にしようか、それとももっと広く、六〇から一四〇の間で賭をしようか？　これを小学校四年生と六年生にきいてみたら、みんなずいぶんとせまい範囲を選んだ（九五～一〇五を超えた例はない）。みんな自分の子供が天才になる可能性を捨てても、子供が発達障害で生まれてくる可能性をなくしたいと思ったようだ。だから子供たちの観点からすれば、サマーズは男のほうが望ましくないＩＱ分布を持っていると主張していることになる。

サマーズが本当に困ったことになったのは、標準偏差の二割の差を使って、他の確率を計算しようとしたときだった。もっとも賢いトップ五パーセントの人々の男女比を見るかわりに、サマーズは科学的にもっとも賢いトップ〇・〇一パーセントの男女比を推定しようとしたのだった。サマーズは、トップ大学の研究科学者たちがこのきわめて稀少な領域から登場していると論じた。

トップ二五位以内の研究大学における物理学者という話なら、それは平均より2標準偏差高い人々という話ではなくなります。平均より3標準偏差高い人ですらないかもしれない。むしろ3・5、あるいは4標準偏差分も平均より高い人、つまりは五〇〇〇人に一人、一万人に一人といった水準の人たちの話になります。

分布の中でこれほど外れにある男女の「存在プール」なるものを推定するために、サマーズは暗黙的な標準偏差を使い、それを先に進めて見せた。

（分散のテールで）これほど外れにいる存在プールを考えれば、標準偏差のわずかな差でもきわめて大きく効いてきます。（中略）標準偏差数個分でのちがいは推定可能です。計算してみると――そしてこれは一〇〇もの方法でもっと洗練したものにできるはずですが――トップのあたりでは五対一くらいの（男女）比率になります。

サマーズは、女性が科学分野であまり活躍しない理由として、トップの研究学部で必要とされるだけの賢さを持つ人を見ると、女性一人に対して男性は五人くらいいるからだ、と主張していたわけだ。こうなると、なぜかれがここまで大問題を引き起こしたかわかるだろう。私はサマーズの推計値を同じ方法論で計算しなおしたが、その結果の最終的な表現は、どう見てもかなり控えめなものだった。平均値から標準偏差三・五から四つ離れたところでは、標準偏差が二割ちがえば、男性は女性の二〇倍はいることになる。だがこうした結果は確定的なものとはとても言えない。この手法が「二〇通り以上の意味で」欠陥を持つかもしれないという点ではサマーズにまったく同意する。

それでも私は、いまではかれの方法論が見事だと思う（そこからかれが導いた結論となると別の話だが）。サマーズは計算と逆算を両方使って、関心ある確率を導いた。観測された比率から出発し、そこから逆算して示唆される男女の科学知能に関する標準偏差を求めた。それから計算を前に進めて、分布の別の地点にいる男女比率を割り出した。この計算は、サマーズにとってはあまりよい結果をもたらさなかった。だがサマーズのように、未来の直感主義者は比率や観測された確率にも注目し、それを使って標準偏差を求めるだろう（そしてその逆も）。

ニュース報道は、サマーズが分布のちがいについて語っていただけだという論点をほぼ完全に無視した。「ハーバード学長、女性が生まれつき数学で劣ると発言」と述べた方が、ニュースとしては圧倒的にセクシーだ（でも女性が生まれつき数学に優れていると言ったと報道しても同じことだ。サマーズの結果は、女性が数学で本当にダメな確率も低いと言っているのだから）。多くの記者は話の中身がまるで理解できなかったか、それを一般市民にきちんと伝えられなかったのだ。知らない人にはなかなか理解しづらい話ではある。少なくとも部分的には、サマーズが辞職させられたのは、人々が標準偏差をわかっていなかったせいなのだ。

このように、分布について会話ができないおかげで、人々の意志決定能力も阻害されている。最悪ケースシナリオの確率についてみんなが理解しないなら、正しい注意を払うのはずっとむずかしくなる。こうした会話能力の不在は、妊娠計画というきわめて基本的で重要なものにさえも影響してしまうのだ。

8.5 ポラックの妊娠問題

赤ん坊が受胎からだいたい九ヶ月で生まれるのはだれでも知っている。だが、その標準偏差が一五日だというのを知る人は少ない。妊娠中で、休職したり親戚の訪問を予定したりしたい人は、本当の出産日がどのくらい変動しそうか知っておきたいだろう。出発点としていちばんいいのは、標準偏差を知ることだ（この場合、分散はグラフの左側に偏っている。だから予定日より三週間はやく生まれる子のほうが、三週間遅く生まれる子よりも多い）。

ほとんどの医師は、出産予定日すらきちんと正確に予測してくれない。しばしば使われるのは、あまり根拠のないフランツ・ネーゲレの謎めいた概算式だ。かれは一八一二年に、「妊娠は最後の生理日から月が十回めぐったら生まれる」と信じていた。やっと一九八〇年代になって、ロベルト・ミッテンドルフと共著者たちが何千件もの妊娠出産の数字をはじいて、二〇世紀向けの式を数字から計算した。結果として平均的な妊娠期間はネーゲレ式よりも八日ほど長いことがわかったがもっと正確な予測も可能だ。初産の母親は、出産経験済みの母親よりも出産日が五日ほど遅れる。白人は非白人よりも出産が遅れがち。母親の年齢、体重、栄養状態も、予定日の予想に役立つ。

粗雑なネーゲレの概算式を使う医師は、かわいそうな初産の母親をかなりがっかりさせてしまう。ネーゲレの式では、実際の予定日より一週間以上もはやい予定日を告げられてしまうからだ。そして実際の出産日がどのくらいの幅を持つのかについては、ほとんど何も説明がない。だからしょっぱなから医者は情報をきちんと伝えられていない。ベン・ポラックがすぐに理解した通り、話はさらに悪くなる。ベンの本職は理論経済学者だ。学者らしいしわくちゃの服で、刺すような目つきをしてセミナー室をうろつく。ポラックはロンドン生まれで正統イギリス式の発音をする（『ジェイン・エア』を読んでいたとき、かれはていねいに「St.John」の正しい発音について啓蒙してくれたものだ）。

その傍ら、ベンはビル・ジェイムズのすばらしき伝統に沿って、野球の数字をはじいている。実はベンとその共著者ブライアン・ロナガンは、ジェイムズの上を行っている。野球選手の出塁への貢献を予測するかわりに、ポラックは各選手がチームの勝ち星にどれだけ貢献したかを計算して話題になった――勝ち星こそ競技で本当に重要なものだ。ポラックの推計には爽快な単純明快さがある。選手のチームへの貢献を足すと、チームの実際の勝ち試合数になるからだ。

ベンは、妻のステファニーが第一子ネリーを妊娠したときに医療専門家がくれた統計に大いに不満だった。そして問題は、出産予定日の予測よりずっと重要だった。ベンとステファニーは、自分たちの子がダウン症である確率を知りたかったのだ。

私の妻ジェニファーが第一子を予定していたときのことを覚えている。あれは一九九四年。当時女性は、まずは年齢に基づいてダウン症の確率を告げられた。一六週間後、母親はアルファフェトプロテイン（ＡＦＰ、胎生期に肝臓でつくられる特異なたんぱく質）を計る血液検査を受けられるので、それを使って別の確率がわかる。お医者さんに、この二つの確率を組み合わせる方法はないのか、ときいてみた。かれは即座に答えた。「無理です。確率ってのはそんな具合には組み合わせられんのです」

私は敢えて黙っていたが、かれがまちがっているのを知っていた。ちがった種類の証拠を組み合わせることは可能だし、その方法はトマス・ベイズ牧師の短い論文が一七六三年に死後刊行されて以来知られている。ベイズの理論は、最初の確率を新しい情報に照らしてどう改善するか教えてくれる一本の方程式だ。

やり方はこうだ。三七歳の女性はダウン症の子供を産む確率が二五〇人に一人（つまり〇・四パーセント）。ベイズの式を見れば、この確率が女性のＡＦＰ水準を考慮するよう更新する方法がわかる。単に最初の確率に、「見込み率」という数字をかけるだけだ。これはもとの確率を増やすこともあれば減らすこともある。[*3]

こうした初期の試験から最高の推計値を知るのは重要なことだ。一部の親はさらに進んで、ダウン症の確率が高すぎれば羊水穿刺《せんし》（針を刺して羊水を採取する検査）を受けたいと考えるからだ。ポラックは言う。「羊水穿刺は精度ほぼ一〇〇パーセントですが、リスクがあります。羊水穿刺は流産を引き起こす可能性があるんです」。二五〇件に一件ほど、羊水穿刺を受けた女性は流産してしまう。

ここでうれしいニュースがいくつかある。過去一〇年で、医師たちはダウン症の予測手法を他にも見つけた。単一のＡＦＰ試験だけでなく、いまでは三重スクリーン法があり、ベイズ式更新手法を使って、一回の血液検査を元に三つのちがった試験を行ってからダウン症の確率を計算する。また医師は、ダウン症を持つ胎児は超音波映像で見たときに、首の付け根の皮膚が分厚くなりがちだということに気がついた——項部襞（nuchal fold）と呼ばれるものだ。

それでもベンは（Ｕ２の歌ではないが）まだ求めるものを見つけていなかった。かれの話では、医療専門家たちは数字の重要性をなるべく話さないようにしようとしていたとのこと。

「とても親切な医師と、いささか笑えるやりとりがありましたよ。彼女は『片方の確率は千に一つ、もう一つは万に一つ。何のちがいもないじゃないですか』と言うんです。そして私に言わせればこれはかなりの差です。一〇倍もちがうんですから」。この私も、ジェニファーの血液がリスクの高いＡＦＰ水準を示したときに、カリフォルニアの遺伝専門カウンセラーと似たようなやりとりをした。ダウン症の可能性について尋ねると、カウンセラーの答えは実に不親切だった。「そんなのただの数字です。実際には、あなたの子供はダウン症になるかならないかのどっちかです」

ベンの場合は、医療関係者たちが以下の経験則にしたがえとステファニーに助言したが、これはベンから見れば「まったくいい加減」な代物だった。かれ曰く、

かれらが誘導するルールというのは、流産の可能性がダウン症の可能性より小さい場合に限り羊水穿刺を受けなさいというものでした。これは両親が二つの悪い結果に同じ重みづけをするという前提にそっています。流産とダウン症が同じ重要性を持つということです。でも一部の親では、これがまったくちがうかもしれない。どっちを重視するかはその人次第でしょう。

＊3　見込み率は、赤ん坊が本当にダウン症だった場合にこの水準のＡＦＰ値を見る見込みがどのくらいあるかを計ったものだ。細かくいえば、見込み率は、ダウン症を持った子供がこのＡＦＰ値を持つ確率を、母親がこのＡＦＰ値を持つ確率（子供がダウン症かどうかを問わず）で割ったものだ。

一部の親は、流産による喪失のほうがずっと大きいと考える（特にたとえば、そのカップルが二度と妊娠できなさそうな場合など）。でもベンが指摘するように「多くの両親にとって、大きな障害を持つ子供が生まれたら深刻な状況となりかねません。そういう親は、そちらのほうが悪い結果だという重みづけをするでしょう」

絶対計算ですばらしいことの一つは、意志決定ルールとその決定の実際の帰結を結びつけられるということだ。もっと開明的な遺伝カウンセラーなら、患者たちにどっちの悪い結果（ダウン症と流産）のほうが損失として大きいと思うかを尋ねるだけの知恵を持つだろう――できればちゃんと定量化した形で。もし妊婦が、ダウン症のほうが流産の三倍悪いと述べたら、その女性が羊水穿刺を受けるのは、ダウン症の確率が流産の確率の三分の一以上の場合となる。

ベンはまた、医師が三重スクリーン結果について教えてくれたときにもいらだちを感じた。「実際に試験を受けたら、知りたいことは単純です。テストの結果から見て、自分の子がダウン症である確率はいくつか、というだけです。偽陽性の確率がいくつだとか、余計な情報はあれこれいらないんです」。ベイズ式の真価は、試験が偽陽性の可能性を持つことまで考慮に入れて、最終的なダウン症確率を教えてくれるということなのだ。

全体として、いまではダウン症を予測する有効な指標は五つある――母親の年齢、三つの血液検査、項部襞（nuchal fold）。これを使えば、母親や父親は、羊水穿刺を受けるかどうか決断する助けになる。だが今日ですら、多くの医師はこの五つの要因すべてに基づくきちんとした予測を提供しない。ベン曰く「こうした血液や項部襞試験の結果を組み合わせてもらうにはずいぶん苦労しました。必要なデータは大量にあるはずだし、そんなにむずかしいはずはないんです。でも、そういう分析がとにかくないんです。尋ねたら、医者はなにやら分布の一つが非ガウス的（つまり正規分布ではない）だからとか言うんです。でもそんなのはこの問題にはまったく無関係です」

ベイズ式のコップは半分以上満杯なのだ。いまは四重スクリーン法で、四つのちがった予測子からの情報を、単一のダウン症確率にまとめあげてくれる。だが医療専門家は、あいかわらず「そっちに行くのは無理です」と主張し続け、項部襞を使った情報更新がとにかく不可能だと言い続けている。ベイズ方程式は学習の科学だ。これは2SDルールの次に優れたツールだ。未来の絶対計算者が本当に直感と統計予測とを弁証法的に行ったり来たりするなら、新しい情報を得るにつれて自分の予測や直感をどう更新するか知っておく必要がある。ベイズ方程式はこの更新プロセスに不可欠だ。

だが、多くの医療専門家たちが更新をやりたがらないのも驚くことではない。すでに見たように、医師たちは生化学では優秀だが、基本的な統計となると未だにお留守なのだ。たとえばいくつかの調査では、医師が何年にもわたってこんな質問をされている。

　四〇歳の女性のうち、定期的な検査を受ける人の一パーセントは乳ガンにかかっています。乳ガン女性の八〇パーセントは、マンモグラフィで陽性を示します。乳ガンなしの女性一〇パーセントも、マンモグラフィで陽性を示します。さて、この年齢グループに属するある女性が、定期検診のマンモグラフィで陽性となりました。この人が本当に乳ガンである確率はいくつ？

ちなみにこれはあなたでも答えられる。マンモグラフィで陽性の女性が乳ガンである確率は？　ちょっと考えてみて欲しい。

何度調査をやっても、ほとんどの医師はガン確率が七五パーセントくらいと答える。実はこの答えは一〇倍くらい高すぎる。ほとんどの医師はベイズ方程式の使い方を知らないのだ。

確率を計算するには（そしてベイズ式を基礎から学ぶには）確率を頻度に直すことだ。まず、乳ガンの検査を受ける女性が一〇〇〇人いるとしよう。一パーセントの（事前）確率から、検査を受ける一〇〇〇人のうち一〇人は実際に乳ガンだというのがわかる。この乳ガンの一〇人のうち、八人はマンモグラフィで陽性となる。また乳ガンなしの女性九九〇人のうち、一〇パーセントにあたる九九人も偽陽性を示す。では陽性となった女性が乳ガンを持つ確率は？

何のひねりもない計算だ。陽性一〇七件（本当のガン八件に偽陽性の九九件）のうち八件が実際にガンを持つ。だから統計屋が、マンモグラフ陽性の条件下でガンである事後確率とか更新確率とかいうものは、七・五パーセントとなる（八を一〇七で割ればいい）。ベイズ理論は、事前の一パーセントのガン確率が、七〇パーセントとか七五パーセントにはねあがるわけではないと述べる——単に七・五パーセントになるだけだ。

ベイズを理解していない人々は、ガンの女性が陽性反応を示す八割の確率を重視しすぎる。ほとんどの医師は、乳ガンの女性の八割がマンモグラフィで陽性になるなら、マンモグラフィで陽性を示した女性が乳ガンである確率も八割くらいだと思ってしまう。でもベイズの式はこの直感がなぜまちがっているかを教えてくれる。全体でどのくらいの女性が乳ガンを持っているかという部分（事前確率）をずっと重視し、さらに乳ガンなしの女性が偽陽性を示す確率も重視する必要があるのだ。

マンモグラフィで陰性の女性がガンである確率を計算できますか？　できたら（答えは脚

注)[*5]、更新の発想を理解しつつあるということだ。

8.6 そして結局のところは……

2SDルールとベイズ理論について知っていると、自分自身の意志決定の質を高められる。だが本物の絶対計算者や、そこそこまともな絶対計算消費者になるためにさえ、習得すべきツールは他にいろいろある。異分散性とか除外変数バイアスといった用語も平気で使えなければならない。本書だけでおしまいではない。本書はただの導入だ。興味をおぼえたら、巻末注を見ればもっと読むべき本を挙げてある。

私同様、ベン・ポラックは基本的な統計知識を一般に広めることが必要だと熱っぽく語る。「学生にこれを勉強させないと。変な恐怖症を克服して、統計がなぜか反リベラルと思われているのをひっくり返さないと。なぜか統計は右翼的だというおかしな考えが世に広まっているんです」。本書のお話は、絶対計算がなにやら人々を押さえ込もうとする右翼の陰謀だという(あるいはその他各種イデオロギー的な覇権の手先だという)発想への反論になっているはずだ。絶対計算のおかげで、貧困アクション研究所は世界を改善するだけの説得力を得ている。数字

*5　八九三件の陰性のうち、ガンを持つのは二件——だから事後確率はたった〇・二パーセント、事前確率の五分の一に下がる。

をはじく人にだって、情熱的で他人を思いやる魂はあるのだ。創造性だって持てる。単にそうした創造性や情熱が本当に有効か、試すだけの意欲がいるということだ。

私はこれまで、未来の直感や専門性とデータに基づく分析がどう相互作用するかについて考察してきた。たぶん広く深い抵抗が見られることだろう。進歩もあれば、便乗も出てくる。だが未来の種は過去に見られる。これはすでに本書で何度も目撃してきたテーマだ。そしてそれははるか昔の一九五七年に、キャサリン・ヘプバーン&スペンサー・トレイシーのあまり有名でない映画『デスク・セット』にも見られたテーマなのだ。

この映画では、バニー・ワトソン（ヘップバーン）が巨大テレビネットワークの超優秀な図書館司書だ。そして各種のテーマ、たとえばサンタのトナカイの名前などを調べて答える仕事をしている。そこへやってきたのがリチャード・サムナー（スペンサー・トレイシー）。かれは絶対計算者でEMERACコンピュータの発明者。そのあだ名は「エミー」だ。映画はバニーの百科事典的な記憶力を、強力な「電子頭脳」と対決させ、今日のわれわれが目撃しているのと同じ恐怖をとりあげている――ますます自動化される世界では、伝統的な技能が無用になるのでは、という恐怖だ。バニーたちは、職を失うのではと心配している。

このバニー対エミーの競争がいかに一方的になってきたかを思い返すと有用だろう。いまやわれわれは、コンピュータのほうが情報のかけらを見つけ出してくるのが上手だということに、何の疑問もいだかない。人間のリサーチャーなどまったく勝ち目がないことは、グーグルを見れば議論の余地はない。この映画についてのウィキペディアの記述を見ると、映画の中で司書と電子頭脳がその正解を競った調査の各問についてネット上の正解へのリンクがはられている。ローズ・ハートウィック・ソロープの詩「今夜は外出禁止令はなし」の第三節を知りたい？

いちばん手っ取り早い方法はだれにでもわかる（そしてそれは知り合いに電話で聞くことではない）。

今後ますます、絶対計算と専門家の予測競争についても同じような見方が広まるはずだ。そもそも勝負にならないことが万人に認められるようになるだろう。絶対計算コンピュータは、ある要因にどれだけ予測上の重みをつけるべきか決めるのが、人間よりずっと優秀だ。データさえ十分なら、絶対計算が勝つ。

だが『デスク・セット』は、技術的な対立を解決する方法の面でも示唆的だ。ヘプバーン演ずるバニーは、ＥＭＥＲＡＣほどデータ取得が速くない。だが最終的には、コンピュータはバニーのような人物を不用にはしない。単にその活躍の場が変わるだけで、コンピュータは結局は、彼女をはじめとする司書たちをもっと有能で有益にしてくれるのだ。教訓は、コンピュータというのは人生を楽にしてくれるものだ、ということ。映画はこの点について率直だ。クレジットが終わった直後には、ＩＢＭがこの映画の製作にどれほど協力的だったかというメッセージが流れる。

同じことが絶対計算の台頭についても言えると思う。結局のところ、絶対計算は直感に代わるものではなく、それを補うものだ。この新しい知性は人間を歴史のゴミ箱に追いやるものではない。ただし伝統的な専門性の未来については、これほど楽観的ではない。この映画を見なくても、ウェブを毛嫌いする技術の恐竜たちは情報取得においてすさまじく不利だということはわかるだろう。同じことが、絶対計算の予測というサイレンの歌声に抵抗する専門家についても言える。未来は両方の世界に苦もなくいられる人々のものだ。

直感も経験も、そして統計も、協力してもっとよい選択肢を生み出さなくては――。

もちろん直感や経験則は、今後も日々の意志決定の多くを左右し続けるだろう。目玉焼きを作ったりバナナをむいたりする最高の方法に関する定量研究が登場するとは思えない。だが、同じような状況におかれた何千人もの人々の経験を、分析可能な数字に還元したものがあれば、それはいろいろな形で人々を助けることができる。そしてその支援を無視することはますますむずかしくなるはずだ。

第8章　直感と専門性の未来　まとめ

【ポイント】

絶対計算の進展につれて、一般人も統計や数学の知識が必須となる。

↓平均値と標準偏差の考え方くらいは必須。

単に知るだけでなく、自分の経験や直観と統計分析（絶対計算）を相互参照できることが重要。

【例】

・平均から標準偏差2つ（2SD）の意味を知るだけでものの見方が大きく進歩した著者の娘。

・ハーバード大サマーズ学長による「女性差別」発言は、実はまさに統計と経験を両立させた見事な分析（それを差別発言として騒動にしたのは、むしろ統計に無知なマスコミや「識者」たちの罪）。

・ウルファーズによる、大学バスケットボールでの八百長指摘（経験と統計分析の両立！）。

またベイズ検定の発想も知るべき。新しい条件を取り込んで確率計算を更新できると吉。

【例】

新生児のダウン症出生前診断。現在では各種の検査法を組み合わせて、検査のリスクと障害リスクを判断に資する形で一本化することが可能。

こうした知識をきちんと身につけ、経験と直感を共存、両立させるのがこれからの成功の鍵！

謝辞

本書の背表紙には私の名前しかない。だが本書の数多くの共著者たちに、一連の祝杯をあげさせていただこう。

字があまりに汚いから絶対に数字には強くなれないと私に告げてくれた我が高校時代の数学教師ジョイス・フィナンに。

一部の証明は知るまでもないと教えてくれた、ＭＩＴの計量経済学教授ジェリー・ハウスマンに。

車の価格交渉を巡る初の絶対計算試験の資金捻出を助けてくれた、ボブ・ベネット、ビル・フェルスタイナーとアメリカ法曹協会に。

フルタイムのデータ解析助手、フレッド・ヴァース、ナッサー・ザカリヤ、ハイディー・ストーラー、そして最近ではイズラ・バハティに。この疑いを知らぬ人々は、一年にわたる休みなしの計算人生——しかも同時進行中の一ダース以上のプロジェクトに関するもの——を強いられるハメとなった。アーロ・ガスリーはかつて、これほど有能なサイドミュージシャンがいては、自分のギター技能を維持するのは一苦労だと述べた。その気持ち、よくわかります。

オーリー・アッシェンフェルター、ジュディ・シェヴァリエ、ディック・コパケン、エスター・デュフロ、ジグ・エンゲルマン、ポール・ゲルトラー、ディーン・カーリン、ラリー・カッツ、スティーブ・レヴィット、ジェニファー・ルガー、リサ・サンダース、ニナ・サスーン、ジョディ・シンデラー、ペトラ・トッド、ジョエル・ワルドフォーゲルなど、本書を改善するために時間を割いてくれた多くの人々に。

イェール大ロースクールでの研究助手レベッカ・ケリー、アダム・バンクス、アダム・ゴールドファーブに。かれらは異様なエネルギーと注意をもって本書の一語一語を読み、再読してくれた。

我がエージェントであるリン・チューとグレン・ハートレーは、わたしがまともな企画書を書き上げるまでさんざんいじめてくれた。見放さずにいてくれてありがとう。

アメと鞭の価値を知る我が編集者ジョン・フリッカーに。初稿から原稿がこれほど改善したことはめったにないし、それはあなたのおかげです。

本書を献呈したピーター・シーゲルマンとジョン・ドナヒューに。我々のシカゴ大での日々の思い出は未だにまぶしく輝いている。

我が親友ジェニファー・ブラウンに。早朝の変な時間にいっしょに机に向かい、本書が原稿になるのを手伝ってくれた。

そして最後に他の共著者であるブルース・アッカーマン、バリー・E・アドラー、アントニア・エアーズ・ブラウン、ヘンリー・エアーズ・ブラウン、キャサリン・ベーカー、ジョー・バンクマン、ジョン・ブライスワイト、リチャード・ブルックス（かれは原稿について詳細なコメントもくれた）、ジェレミー・バロウ、スティーブン・チョイ、ピーター・クラムトン、アーノルド・ディースレム、ローラ・ドゥーリー、アーロン・エドリン、シドニー・フォスター、マシュー・ファンク、ロバート・ガストンロバート・ガートナー、ポール・M・ゴールドバート、グレゴリー・クラス、ポール・クレンペラー、セルゲイ・I・クナイシュ、スティーブン・D・レヴィット、ジョナサン・マッケイ、クリスティン・マディソン、F・クレイトン・ミラー、エドワード・J・マーフィー、バリー・ネールバフ、エリック・ラスムッセン、スティーブン・F・ロス、コリン・ロワット、ピーター・シュック、スチュワート・シュワブ、リチャード・E・スピーデル、エリック・タリーは、長年を通じて私の知的な面でも精神的な面でも支援を与えてくれた。あなたたちのおかげで、この数字バカは人生と情熱が本当に共存できることを知りました。

訳者解説

本書はIan Ayres "Super Crunchers"（二〇〇七）の全訳である。

本書の中心テーマの一つは、大量データ解析が各種の意志決定にますます活用されているということだ。しかもその適用範囲は意外なほど広い。まずはワイン、次に野球から始まり、ついで出会い系サイトから政府の政策決定や政策評価、医療、教育と、予想もしなかったような分野にまでこうしたデータ解析による意志決定や方針決定が浸透していることを、本書は当事者として生き生きと描き出す。当事者というのは、著者エアーズもこうしたデータ解析に基づく制度分析等の分野では先駆的な活躍をした人物だからである。その一方でそうした動きがもたらす社会変化や危険性、そして抵抗勢力についても、本書は簡潔に描き出す。

著者エアーズは、法律家兼経済学者であり、現在はイェール大学ロースクール教授を務めている。こうした定量分析に基づいた法制度の効果測定などで有名であり、経済学的な概念を法制度（たとえば量刑の決め方）などに適用する野心的な研究などでも知られる。また本書でも自動車ローンの金利に見る人種差別の分析などが出ているように、性差別や人種差別など市民権にまつわる各種定量分析も盛んに行っている。著書も多岐にわたるが、訳者の関心でいえば法（特に賠償責任額の算定など）にオプションン理論の考え方を持ち込もうと試みた『Optional Law』、また選挙に市場原理を持ち込んで改善しようと試みた『Voting with Dollars』などはきわめておもしろい。同時にニューヨークタイムズのコラム執筆やラジオパーソナリティとしての活躍などもあり、専門家向けの革新的な著作のみならず、専門領域を素人にわかりやすく紹介する能力の面でも定評がある。邦訳は不思議なことに本書が初めてではあるが、インターネット法の権威として知られるローレンス・レッシグのブログにゲスト・ブロガーとして一ヶ月ほど代理執筆していたものは邦訳されており、ネットで読める。

さて、本書の中身については、この場で解説の必要もなくきわめて明快に書かれているので、実際に読んでいただくにこしたことはない。だが、本書で説明されているような大量データ解析に基づく経営や政策の判断は、すでに日本でもあちこちで行われている。その最も顕著なものであり、しかも読者諸賢が一人残らず体験しているであろう実用例は、コンビニだ。

コンビニの成功は、ＰＯＳを活用して商品のデータ管理を徹底して、売れ筋、死に筋の商品をきちんと分析し、棚の回転を最大化して在庫を減らしたことに理由の一つがある。ついでにコンビニでは、買い物をするたびにお客が何歳くらいの男か女かというデータもあわせて入力されている（あるコンビニのデータ処理を担当している某社の友人は、ときどき変装してコンビニで買い物をして、自分がどんな属性の客と判断されたかを翌日調べるのを趣味にしている）。いつ、どこでだれにどんなものが売れているか——そのデータをもとに、コンビニは品揃えの方向性を定める。

さらにメーカーが作ってきた商品を単に並べる段階から進んで、近年ではコンビニのオリジナル商品が大量に出現している。これも大量データ解析——本書でいう絶対計算——の成果だろう。原理的に言えば、売れ筋商品の属性をうまく抽出することさえできれば、いまは存在しない売れ筋商品をそこから算出できることになるし、そうした商品の開発を進められる。実際にそこまでやっているかどうかはもちろんコンビニ各社の最重要機密だろうからはっきりしたことは言えないが、そこまで考えていないほうが不思議だ。それだけのデータは確実に集まっているだろうし、それを分析するだけの能力はまちがいなくある。

また他にも、多くの人は知らない間に絶対計算の対象とされている。本書で挙げられている、アマゾンのおすすめサービスや、グーグルのアドワードなどはだれでも体験しているだろう。余談ながら、コンビニが新商品づくりにＰＯＳデータを活用できるのであれば、そろそろアマゾンなどが出版社などに対して「この本は売れる／売れない」あるいは「こんな本を書けば××部くらい売れる」といった計算をできるくらいのデータはすでにたまっていると思うのだが、どうだろう。

だがそれはさておき、そうした誰でも知っているもの以外でも、クレジットカードの取引、銀行口座の状態などは、常に不正利用やマネーロンダリング対策のために監視されており、その取引はすべて絶対計算の対象となっている。訳者は仕事柄途上国にでかけることが多く、なかにはクレジットカード詐欺の不正の多い国もたくさんある。そうした国でのカードの利用はしばしば確認を受ける。またしばらく前に（ある下心を抱いて）フランスのお高めな香水をネットで注文したところ、即座にクレジットカード会社から確認の電話が入ったのにはまいった。この訳者のような人物がいきなり高い香水を買うのは、きわめて怪しい取引だということでクレジットカード会社のデータにフラグ（旗）が立ち、カードが盗用されたのではないか確認されたわけだ。

こんな具合に我が国でもすでに絶対計算の利用シーンは拡大する一方であり、今後ますます活用が見られるであろう……といえないのが残念なところ。そこにたちはだかっているのは、本書のもう一つのテーマ、専門家の抵抗だ。

本書のおもしろさは、単に「大量データ解析——絶対計算——が使われています」

ということだけではない。それに対する伝統的な「専門家」たちの抵抗、役割の変化、といったところにまで配慮と検討が及んでいるところに、本書の醍醐味はある。純粋に結果だけで見たら「専門家」たちの直感に勝ち目はないのだけれど、でもだからといって専門家たちがあっさりその地位を譲り渡すはずもない。従来の専門家の技能はほとんどお呼びでなくなり、決定権を持つ権威の立場から一入力担当者に格下げされる――これに耐えられる人はそんなにいないはずだ。

そして日本の場合も（いや日本のほうが特に）抵抗は顕著だ。いや専門家が抵抗する段階にすらいっていない。専門家がデータ解析にはっきり脅かされる状況すら、多くのところではなかなか生まれていない。たとえば本書でとりあげられている、根拠に基づく医療（ＥＢＭ）に使うための情報検索システムを、北欧の会社が日本に売り込みにきたことがあるそうだ。が、まったく売れなかったという。日本の医者はデータに基づいて治療法を検討したりしないのか？　と驚く営業マンに、関係者は言い放ったそうな。しない、と。日本のお医者さんはおおむね『今日の医療指針』などの本を買ってだいたいそれにしたがっていれば用が足りるのだ。それ以上のことをやる気はないのだよ、と。ちなみに『今日の医療指針』というのはエライ先生が「わたしはこうやってます」というのをあれこれ書いた本だ。さすがにこれは誇張だと思いたいところだが、一方でさもありなんという気はしてしまう。

なぜここまで抵抗が強いのかについては、もちろんだれにもわからない。もちろん既存の利権を温存しようという動きもあるだろう。そしてそれを支えるのは必ずしも守旧勢力の醜い抵抗ではない。医者にかかる場合でも、たぶん多くの患者は「コンピュータに入れたらこんな診断でっせ」と言われるより、何やらエラいセンセイのお言葉をいただいたほうがありがたいと思うだろう。「人間味が」とか「血のかよった」とか言って。それは受け手の側の問題でもあるのだ。日本では職人芸信仰がやたらに強いから、なのかもしれない。それ以下の権威主義ですらない人物崇拝——たとえばみのもんたが言うことならなんでも鵜呑みにするとか——がえらく強いせいもあるのかもしれない。「そんな数式で何がわかる」「この道一筋××年の経験が」云々。

もちろん、それがいちがいに悪いわけではないのかもしれない。人々が幸せならば、それはそれである程度はいいのかもしれない……と思う一方でそんなわけはないだろうとも思う。だが少なくとも、そうした現状について、本書を読むことで少し認識が改まれば、というかすかな希望は持たないでもない。専門家と称する人の自信たっぷりな物言いも、実はどこまで信用できるかわからないのだ、ということを知り、下手をするとググってみたほうがいいかもしれないよ、という理解が広まることで少しずつ状況は変わるかも知れない。

また、こうした大量データ解析——特に異なるデータを連結・クロスした解析——

にとっての大きな障害が日本にはある。それが個人情報保護法や、データの目的外使用の禁止という規制だ。

絶対計算のためには、十分なデータが必要だ。そして絶対計算のおもしろさの一つは、意外なデータの間に意外な相関が見つかることだ。だが、現在の日本の制度ではこれがとてもやりにくくなっている。集めたデータは説明した目的以外のために使ってはいけないという決まりがあるからだ。ぼくが粗大ゴミの収集を頼んだときのデータは、粗大ゴミの収集のため以外には使ってはいけない。が……なぜ？　粗大ゴミと納税データをかけあわせると、何かおもしろいことがわかるかもしれないのに。多くの人は、そこまで自分のデータを気にしていない。住所や電話番号がホイホイ出回っては困るかもしれないが、特にデータが自分にさかのぼってくるおそれがなければ、たいがいのデータは勝手に使われようとどうでもいいと思っているはずだ。むしろこっちで調べたデータをあっちでも使えれば、面倒な記入表の手間がはぶけてかえってありがたいと思う人も多いだろう。自分のデータを気にする人だけ保護をし、基本は自由に使うことにすべきだと思う。

だが、そうした法律がある以上は仕方ない。事業者にとってそれをうまくかわす方法はあるのだろうか？

一つの逃げ道は、エサでそうしたデータを釣ることだろう。たとえばカーナビシステムでは、なかなかおもしろい試みが行われている。通常のカーナビとして使うこともできるのだが、購入者が自分の走行データを提供してくれれば、それとひきかえに絶対計算した結果を使った到着時間や渋滞状況の予測データを提供しましょうという仕組みだ。そしてこれがかなりの精度できわめて評判がいいようだ。走行データはプライバシーにかかわるから出したくない、という人がいれば、その人は予測データをあきらめて、自分のデータを出さなければいい。でも、絶対計算による予測や解析結果が非常に有用であれば、みんな喜んでそうしたデータを提供するだろう。そして絶対計算の威力が理解されるにつれて、データは（よほどの理由がない限り）積極的に出したほうが万人のために有益だということもわかり、目的外使用云々といった規制も有名無実化し……ということになるかもしれない。ベルギーやボルチモアでは交通解析のために携帯電話の位置データを使い、各種路面／路側センサーより正確なリアルタイム情報の解析ができている。個人情報に関する現行の規制がゆるめば、そうした応用も進むはずだ。

もう一つ本書のよいところは、あれこれ事例を述べるだけでなく、特に最後の章で具体的な統計の利用法について説明しているところだ。ここで説明されている2標準偏差ルール（2SD）はなかなか便利なので、是非とも活用できるようになっていただきたい。そしてその結果としてみなさんがもう少し客観的なデータ主導の意志決定ができますように。
著者は名前の発音を含め、多くの質問にていねいに答えてくれた。ありがとう。また本書の編集は下山進氏が担当された。

二〇〇七年九月二十七日
インドネシアのマカッサルにて

山形浩生

序章　絶対計算者たちの台頭

8〜15ページ：アッシェンフェルター対パーカー　Stephanie Booth, "Princeton Economist Judges Wine by the Numbers: Ashenfelter's Analyses in 'Liquid Assets' Rarely off the Mark," *Princeton Packet,* Apr. 14, 1998, http://www.pacpubserver. com/new/news/4-14-98/wine.html; Andrew Cassel, "An Economic Vintage that Grows on the Vine," *Phila. Inquirer,* Jul. 23, 2006; Jay Palmer, "A Return Visit to Earlier Stories: Magnifique! The Latest Bordeaux Vintage Could Inspire Joyous Toasts," *Barron's,* Dec. 15, 1997, p. 14; Jay Palmer, "Grape Expectations: Why a Professor Feels His Computer Predicts Wine Quality Better than All the Tasters in France," *Barron's,* Dec. 30, 1996, p. 17; Peter Passell, "Wine Equation Puts Some Noses Out of Joint," *N.Y. Times,* Mar. 4, 1990, p. A1; Marcus Strauss, "The Grapes of Math," *Discover Magazine,* Jan. 1991, p. 50; Lettie Teague, "Is Global Warming Good for Wine?" *Food and Wine,* Mar. 2006, http://www.foodandwine.com/articles/is-global-warming-good-for-wine; Thane Peterson, "The Winemaker and the Weatherman," *Bus. Wk. Online,* May 28, 2002, http://www.businessweek.com/bwdaily/ dnflash/may2002/nf20020528 2081.htm.

16〜19: ビル・ジェイムズと野球技能　Michael Lewis, *Moneyball: The Art of Winning an Unfair Game* (2003) 邦訳ルイス『マネー・ボール』(2004). ジェイムズの最新の統計集は、以下を参照: Bill James, *The Bill James Handbook 2007* (2006).

18: ブラウンがアスレチックスでデビュー　オークランド・アスレチックス公式サイトの選手情報http://oakland.athletics.mlb.com/team/ player-career.jsp?player_id=425852.

22: カスパロフとディープ・ブルー　Murray Campbell, "Knowledge Discovery in Deep Blue: A Vast Database of Human Experience Can't Be Used to Direct a Search," 42 *Comm. ACM* 65 (1999).

22: Testing which policies work　Daniel C. Esty and Reece Rushing, *Data- Driven Policymaking,* Center for American Progress (Dec. 2005).

25〜27: ロージャックの効果　Ian Ayres and Steven D. Levitt, "Measuring the Positive Externalities from

Unobservable Victim Precaution: An Empirical Analysis of LoJack," 113 *Q. J. Econ.* 43 (1998).

第1章　あなたに代わって考えてくれるのは？

32〜34: 嗜好エンジン問題　Alex Pham and Jon Healey, "Telling You What You Like: 'Preference Engines' Track Consumers' Choices Online and Suggest Other Things to Try. But Do They Broaden Tastes or Narrow Them?" *L.A. Times,* Sept. 20, 2005, p. A1; Laurie J. Flynn, "Amazon Says Technology, Not Ideology, Skewed Results," *N.Y. Times,* Mar. 20, 2006, p. 8; Laurie J. Flynn, "Like This? You'll Hate That. (Not All Web Recommendations Are Welcome.)," *N.Y. Times,* Jan. 23, 2006, p. C1; Ylan Q. Mui, "Wal-Mart Blames Web Site Incident on Employee's Error," *Wash. Post,* Jan. 7, 2006, p. D1.

33〜36: 嗜好分布の活用　Chris Anderson, *The Long Tail: Why the Future of Business Is Selling Less of More* (2006); Cass Sunstein, *Republic.com* (2001); Nicholas Negroponte, *Being Digital* (1995); Carl S. Kaplan, "Law Professor Sees Hazard in Personalized News," *N.Y. Times,* Apr. 13, 2001; Cass R. Sunstein, "Boycott the Daily Me!: Yes, the Net Is Empowering. But It Also Encourages Extremism-and That's Bad for Democracy," *Time,* June 4, 2001, p. 84; Cass R. Sunstein, "The Daily We: Is the Internet Really a Blessing for Democracy?" *Boston Rev.,* Summer 2001.

36: 群衆予測の精度　James Surowiecki, *The Wisdom of Crowds* (2004); Michael S. Hopkins, "Smarter Than You," Inc.com, Sept. 2005, http://www.inc.com/magazine/20050901/mhopkins.html.

37〜42: 出会い系サイトと絶対計算　Steve Carter and Chadwick Snow, eHarmony.com, "Helping Singles Enter Better Marriages Using Predictive Models of Marital Success," アメリカ心理学会第16回年次大会でのプレゼンテーション (May 2004), http://static.eharmony.com/images/eHarmony-APS-handout.pdf; Jennifer Hahn, "Love Machines," Alternet, Feb. 23, 2005; Rebecca Traister, "My Date with Mr. eHarmony," Salon.com, Jun. 10, 2005, http://dir.salon.com/story/mwt/feature/2005/06/10/warren/index.html; "Dr. Warren's Lonely Hearts Club: EHarmony Sheds its Momand-Pop Structure, Setting the Stage for an IPO," *Bus. Wk.,* Feb. 20, 2006; Press Release, eHarmony.com, "Over 90 Singles Marry Every Day on Average at eHarmony," Jan. 30, 2006, http://www.eharmonyreviews.com/news2.html;

Garth Sundem, *Geek Logik: 50 Foolproof Equations for Everyday Life* (2006).

41: 契約における人種差別の禁止 Civil Rights Act of 1866, codified as amended at 42 U.S.C. 1981 (2000).

43: 雇用決定における絶対計算 Barbara Ehrenreich, *Nickel and Dimed: On (Not) Getting By in America* (2001).

44: 企業が絶対計算を使って収益性を最大化 Thomas H. Davenport, "Competing on Analytics," *Harv. Bus. Rev.*, Jan. 2006; Teradata 副社長兼総務代表Scott Gnau との電話インタビュー, Oct. 18, 2006.

44〜48: 企業の乗り換えを検出する Keith Ferrell, "Landing the Right Data: A Top-Flight CRM Program Ensures the Customer Is King at Continental Airlines," *Teradata Magazine,* June 2005; "Continental Airlines Case Study: 'Worst to First,'" Teradata White Paper (2005), http://www.teradata.com/t/page/133201/index.html; Deborah J. Smith, "Harrah's CRM Leaves Nothing to Chance," *Teradata Magazine,* Spring 2001; Mike Freeman, "Data Company Helps Wal-Mart, Casinos, Airlines Analyze Customers," *San Diego Union Trib.,* Feb. 24, 2006.

49〜50: 顧客情報を増やすためのアイデア Barry Nalebuff and Ian Ayres, *Why Not?: How to Use Everyday Ingenuity to Solve Problems Big and Small* (2003); Peter Schuck and Ian Ayres, "Car Buying, Made Simpler," *N.Y. Times,* Apr. 13, 1997, p. F12.

51〜54: 消費者に絶対計算サービスを提供する Forecast Damon Darlin, "Airfares Made Easy (or Easier)," *N.Y. Times,* July 1, 2006, p. C1; Bruce Mohl, "While Other Sites List Airfares, Newcomer Forecasts Where They're Headed," *Boston Globe,* June 4, 2006, p. D1; Forrester Research 副社長兼主任アナリストHenry Harteveldt との電話インタビュー, Oct. 6, 2006; Bob Tedeschi, "An Insurance Policy for Low Airfares," *N.Y. Times,* Jan. 22, 2007, p. C10.

54: 物件価格の予測 Marilyn Lewis, "Putting Home-Value Tools to the Test," MSN Money, http://www.moneycentral.msn.com/content/Banking/Homefinancing/P150627.asp.

54〜55: アクセンチュアの価格予測 Daniel Thomas, "Accenture Helps Predict the Unpredictable," *Fin. Times,* Jan. 24, 2006, p. 6; Rayid Ghani and Hillery Simmons, "Predicting the End-Price of Online Auctions," ECML Workshop Paper (2004), http://www.accenture.com/NR/exeres/FO469E82-E904-4419-B34F-88D4BA53E88E.htm; Accenture Labs 研究者Rayid Ghani との電話インタビュー, Oct. 12,

2006.

59: 携帯電話泥棒をつかまえる　Ian Ayres, "Marketplace Radio Commentary: Cellphone Sleuth," Aug. 20, 2004; Ian Ayres and Barry Nalebuff, "Stop Thief!" *Forbes,* Jan. 10, 2005, p. 88.

59〜60: テロ防止の社会ネットワーク分析　Patrick Radden Keefe, "Can Network Theory Thwart Terrorists?" *N.Y. Times Magazine,* Mar. 13, 2006, p. 16; Valdis Krebs, "Social Network Analysis of the 9-11 Terrorist Network," 2006, http: //orgnet.com/hijackers.html; "Cellular Phone Had Key Role," *N.Y. Times,* Aug. 16, 1993, p. C11.

61: 白紙入札詐欺を見破る　Allan T. Ingraham, "A Test for Collusion between a Bidder and an Auctioneer in Sealed-Bid Auctions," 4 *Contributions to Econ. Analysis and Pol'y,* Article 10 (2005).

第2章　コイン投げで独自データを作ろう

66: フィッシャーが無作為化を提案　Ronald Fisher, *Statistical Methods for Research Workers* (1925); Ronald Fisher, *The Design of Experiments* (1935).

67: キャピタル・ワンの絶対計算　Charles Fishman, "This Is a Marketing Revolution," 24 *Fast Company* 204 (1999), http: //www.fastcompany.com/online/24/capone.html.

73: 大学バスケットボールの八百長　Justin Wolfers, "Point Shaving: Corruption in NCAA Basketball," 96 *Am. Econ. Rev.* 279 (2006); David Leonhardt, "Sad Suspicions About Scores in Basketball," *N.Y. Times,* Mar. 8, 2006.

73〜75: 他の絶対計算企業　Haiyan Shui and Lawrence M. Ausubel, "Time Inconsistency in the Credit Card Market," 14th Ann. Utah Winter Fin. Conf. (May 3, 2004), http://ssrn.com/abstract=586622; Marianne Bertrand et al., "What's Psychology Worth? A Field Experiment in the Consumer Credit Market," Nat'l Bureau of Econ. Research, Working Paper No. 11892 (2005).

74〜75: Monster.comの無作為化　"Monster.com Scores Millions: Testing Increases Revenue Per Visitor," Offermatica, http://www.offermatica.com/stories-1.7.html (Sep. 1, 2007 現在).

78: ジョー・アン繊維の広告無作為化　"Selling by Design: How Joann.com Increased Category Conversions by 30% and Average Order Value by 137%," Offermatica, http://www.offermatica.com/learnmore-1.2.5.2.html (Sep. 1, 2007 現在).

82: 非営利団体の無作為化利用 Dean Karlan and John A. List, "Does Price Matter in Charitable Giving? Evidence from a Large-Scale Natural Field Experiment," Yale Econ. Applications and Pol'y Discussion Paper No. 13, 2006, http: //ssrn.com/abstract=903817; Armin Falk, "Charitable Giving as a Gift Exchange: Evidence from a Field Experiment,"
CEPR Discussion Paper No. 4189, 2004, http://ssrn.com/abstract=502021.

84〜85: コンチネンタル航空の輸送事象への対応 Keith Ferrell, "Teradata QandA: Continental-Landing the Right Data," *Teradata Magazine,* June 2005, http://www.teradata.com/t/page/133723/index.html.

85: アマゾンあやまる Press Release, Amazon.com, "Amazon.com Issues Statement Regarding Random Price Testing," Sept. 27, 2000, http://phx.corporate-ir.net/phoenix.zhtml?c=97664andp=irol-newsArticle&ID=229620.

第3章　確率に頼る政府

92: 500万ドルの博士論文 David Greenberg et al., *Social Experimentation and Public Policy-making* (2003). 所得維持をめぐる実験についてのさらなる詳細はGary Burtless, "The Work Response to a Guaranteed Income: A Survey of Experimental Evidence 28,"*in Lessons from the Income Maintenance Experiments,* Alicia H. Munnell, ed. (1986) 所収; Government Accountability Office, Rep. No. HRD 81-46, "Income Maintenance Experiments: Need to Summarize Results and Communicate Lessons Learned" 15 (1981) ; Joseph P. Newhouse, *Free for All?: Lessons from the Rand Health Insurance Experiment* (1993) ; Family Support Act of 1988, Pub. L. No. 100-485, 102 Stat. 2343 (1988).

93: 法制化された絶対計算と失業保険のテスト Omnibus Budget Reconciliation Act of 1989, Pub. L. No. 101-239, § 8015, 103 Stat. 2470 (1989) ; Bruce D. Meyer, "Lessons From the U.S. Unemployment Insurance Experiments," 33 *J. Econ. Literature* 91 (1995).

94: 就職支援の回帰分析 Peter H. Schuck and Richard J. Zeckhauser, *Targeting in Social Programs:*

Avoiding Bad Bets, Removing Bad Apples (2006).

94〜96: 就職支援にかわる方法　就職支援のかわりに他の州では再就職ボーナスが失業期間を短縮するのに役立つかどうか試している。こうしたボーナスは、つまりはもっとはやく仕事を見つけろという賄賂に等しい。失業者のランダムな集団が、もし仕事を早めに見つけたら500ドルから1500ドルの金額（毎週の失業保険額の3倍から6倍）をあげるよ、ともちかけられる。だが再就職ボーナスは、政府の失業保険支出総額を減らすにはおおむね役にたたなかった。ボーナス支払いとプログラム管理にかかる費用は、短い失業期間で節約できる金額を上回ることが多かった。イリノイ州はまた、そのボーナスを雇用者にあげるのがいいか従業員にあげるのがいいか実験した。Marcus Stanley et al., *Developing Skills: What We Know About the Impacts of American Employment and Training Programs on Employment, Earnings, and Educational Outcomes,* October 1998（ワーキングペーパー）.

96: よい対照群が必要　Susan Rose-Ackerman, "Risk Taking and Reelection: Does Federalism Promote Innovation?" 9 *J.Legal Stud.* 593 (1980).

97: 他の無作為抽出テストも現実世界の意志決定に影響　無作為抽出テストは、特にきわめて妥協の許されない根深い問題を扱うのに向いている。たとえばコカイン中毒がその例だ。一連の無作為抽出テストによって、コカイン中毒者が中毒治療を受けに来たらお金を払うようにすると、クスリに手を出さない可能性が高まることが示されている。中毒者に宝くじをあげるだけでも、安上がりで同じ結果が得られる。中毒者たちにクスリに手を出さなければ固定金額を出すのではなく、宝くじ研究の参加者たち（やってきて尿サンプルを提出した人々）は箱から紙切れを引く権利をもらえる。その紙には1ドルから100ドルまでの賞金額が書かれている（無作為抽出された宝くじについての無作為抽出テストですな）。Todd A. Olmstead et al., "Cost- Effectiveness of Prize-Based Incentives for Stimulant Abusers in Outpatient Psychosocial Treatment Programs," *Drug and Alcohol Dependence* (2006), http://dx.doi.org/10.1016/j.drugalcdep.2006.08.012 を参照。

97〜98: MTO testing　Jeffrey R. Kling et al., "Experimental Analysis of Neighborhood Effects," *Econometrica* 75.1 (2007).

98: こうした試験でこうした問題に答えようとする研究者の例　Alan S. Gerber and Donald P. Green, "The Effects of Canvassing, Direct Mail, and Telephone Contact on Voter Turnout: A Field Experiment,"

94 *Am. Pol. Sci. Rev.* 653 (2000) ; Yan Chen et al., "Online Fund-Raising Mechanisms: A Field Experiment," 5 *Contributions to Econ. Analysis and Pol'y* (2006), http://www.bepress.com/bejeap/contributions/vol5/iss2/art4; Stephen Ansolabehere and Shanto Iyengar, *Going Negative: How Political Advertisements Shrink and Polarize the Electorate* (1995).

99: 大学ルームメイトの試験 Michael Kremer and Dan M. Levy, "Peer Effects and Alcohol Use Among College Students,"Nat'l Bureau of Econ. Research Working Paper No. 9876 (2003), (大学入学以前から酒を飲んでいた学生は、大酒のみと同室にされると下戸の同室者の場合よりもずっと成績が下がる)。

99: 投票用紙の順番を試験 Daniel E. Ho and Kosuke Imai, "The Impact of Partisan Electoral Regulation: Ballot Effects from the California Alphabet Lottery, 1978-2002," Princeton L. and Pub. Affairs Paper No. 04-001, Harvard Pub. L. Working Paper No. 89 (2004).

99: ジョエルの業績 ジョエルの仕事について詳しく知りたければ、以下のワルドフォーゲル実証主義の洪水を参照のこと: Joseph Tracey and Joel Waldfogel, "The Best Business Schools: A Market-Based Approach," 70 *J. Bus.* 1 (1997) ; Joel Waldfogel, "The Deadweight Loss of Christmas: Reply," 88 *Am. Econ. Rev.* 1358 (1998) ; Felix Oberholzer-Gee et al., "Social Learning and Coordination in High-Stakes Games: Evidence from Friend or Foe," Nat'l Bureau of Econ. Research, Working Paper No. 9805 (2003), http://www.nber.org/papers/W9805; Joel Waldfogel, "Aggregate Inter-Judge Disparity in Federal Sentencing: Evidence from Three Districts," Fed. Sent'g Rep., Nov.-Dec. 1991.

101: その他の市場の反応 ジョエルと私はまた、仮釈放保証金市場の反応を元にして判事の保釈判断に順位をつけた。Ian Ayres and Joel Waldfogel, "A Market Test for Race Discrimination in Bail Setting," 46 *Stan. L. Rev.* 987 (1994).

101〜102: 出所後の稼ぎ Jeffrey R. Kling, "Incarceration Length, Employment, and Earnings," Am. Econ. Rev. (forthcoming 2006).

101: 再犯率 Danton Berube and Donald P. Green, "Do Harsher Sentences Reduce Recidivism? Evidence from a Natural Experiment" (2007), working paper.

103: The Poverty Action Lab J. R. Minkel, "Trials for the Poor: Rise of Randomized Trials to Study Antipoverty Programs," *Sci. Am.* (Nov. 21, 2005), http://www.sciam.com/article.cfm?articleID=000

ECBA5-A101-137B-A10183414B7F0000.

103: Female chiefs Raghabendra Chattopadhyay and Esther Duflo, "Women's Leadership and Policy Decisions: Evidence from a Nationwide Randomized Experiment in India," Inst. Econ. Dev. Paper No. dp-114 (2001), http://www.bu. edu/econ/ied/dp/papers/chick3.pdf.

104〜105: Testing teacher absenteeism Esther Duflo and Rema Hanna, "Monitoring Works: Getting Teachers to Come to School," Nat'l Bureau of Econ. Research Working Paper No. 11880 (2005) ; Swaminathan S. A. Aiyar, "Camera Schools: The Way to Go," *Times of India*, Mar. 11, 2006, http://timesofindia.indiatimes.com/articleshow/1446353.cms.

105: ケニヤの寄生虫駆除 Michael Kremer and Edward Miguel, "Worms: Education and Health Externalities in Kenya, Poverty Action Lab Paper No. 6 (2001), http://www.povertyactionlab.org/papers/kremer_miguel.pdf.

105: インドネシアでの監査 Benjamin A. Olken, "Monitoring Corruption: Evidence from a Field Experiment in Indonesia," Nat'l Bureau of Econ. Research Working Paper No. 11753 (2005) ; "Digging for Dirt," *Economist*, Mar. 16, 2006.

105〜110: プログレッサの貧困プログラム Paul Gertler, "Do Conditional Cash Transfers Improve Child Health?: Evidence from PROGRESA's Control Randomized Experiment," 94 *Am. Econ. Rev.* 336 (2004).

106: 母親に払うか父親に払うか ゲルトラーは、他の文化では母親を相手にするのは不適切かもしれないと強調している。「実は現在イエメンで、母親にお金を渡すのと父親にお金を渡すのとで無作為化をした条件つき現金支給を実験して、ちがいがあるかどうか調べています」とのこと。Paul Gertler, "Do Conditional Cash Transfers Improve Child Health?: Evidence from PROGRESA's Control Randomized Experiment," 94 *Am. Econ. Rev.* 336 (2004) を参照。

第4章　医師は「根拠に基づく医療」にどう対応すべきか

114:「根拠に基づく医療」の発端 Gordon Guyatt et al., "Evidence-Based Medicine: A New Approach to

Teaching the Practice of Medicine," 268 *JAMA* 2420 (1992) ; "Glossary of Terms in Evidence-Based Medicine," Oxford Center for Evidence- Based Medicine, http://www.cebm.net/glossary.asp; Gordon Guyatt et al., "Users' Guide to the Medical Literature: Evidence-Based Medicine: Principles for Applying the Users' Guides to Patient Care," 284 *JAMA* 1290 (2000).

115: **イグナッツ・ゼンメルワイスが医療絶対計算の次の一歩を** "The Cover: Ignaz Philipp Semmelweis (1818-65)," 7 *Emerging Infectious Diseases,* cover page (Mar.-Apr. 2001), http://www.cdc.gov/ncidod/eid/vol7no2/cover.htm.

115: **パスツールも手洗い励行を支持した初期の人物** だがルイ・パスツールは、ゼンメルワイスの結果を見て説得されたのだった。医学アカデミーでの講演でパスツールはこう論じている。「もしわたしが外科医になる栄誉を与えられたら（中略）完全に清潔な器具を使うのみならず、最新の注意をもって自分の手を洗うでしょう（後略）」Theodore L. Brown, *Science and Authority* (書籍原稿, 2006).

116: **現代のゼンメルワイス、ドン・バーウィック** Tom Peters, "Wish I Hadn't Read This Today," *Dispatches from the World of Work,* Dec. 7, 2005, http://tompeters.com/entries.php?note=008407.php; Inst. of Med., *To Err Is Human: Building a Safer Health System* (1999) ; Donald Goldmann, "System Failure Versus Personal Accountability——The Case for Clean Hands," 355 *N. Engl. J. Med.* 121 (Jul. 13, 2006) ; Neil Swidey, "The Revolutionary," Boston Globe, Jan. 4, 2004; Donald M. Berwick et al., "The 100,000 Lives Campaign: Setting a Goal and a Deadline for Improving Health Care Quality," 295 JAMA 324 (2006) ; "To the Editor," *N. Engl. J. Med.* (Nov. 10, 2005).

118: **Reducing risk of central line catheter infections** S. M. Berenholtz, P. J. Pronovost, P. A. Lipsett, et al. "Eliminating Catheter-Related Bloodstream Infections in the Intensive Care Unit," Crit Care Med. 32 (2004), p. 2014-2020.

121〜123: **根強い医療のまちがいや慣行** Gina Kolata, "Annual Physical Checkup May Be an Empty Ritual," *N.Y. Times,* Aug. 12, 2003, p. F1; Douglas S. Paauw, "Did We Learn Evidence-Based Medicine in Medical School? Some Common Medical Mythology," 12 *J. Am. Bd. Family Practice* 143 (1999) ; Robert J. Flaherty, "Medical Mythology," http: //www.montana.edu/wwwebm/myths/home.htm.

122: **代替医療は根拠に基づけるか** 「代替医療」となると、統計的証拠に対する抵抗はなおさら強くなる。これは薬草サプリメントからエネルギー療法からヨガに至る、何でもありの広大な分野だ。アメリカの成人の3分の1以上が毎年何らかの代替医療を使っている。そして年額400億ドルをこれに費やす。Patricia M. Barnes, et al., "Complementary and Alternative Medicine Use Among Adults," CDC Advance Data Report No. 343 (May 27, 2004), http://www.cdc.gov/nchs/data/ad/ad343.pdf. 代替医療の支持者や実践者の多くは、西洋式の医療を排除するだけでなく、西洋的な統計試験という考えを排除する。ときには自分たちの医療行為が「きわめて個人的」とか「ホーリスティック」で科学的には研究できないと言い、まともな対照や対照群のないお話や事例を持ち出してくる。私は代替医療の有効性については特に意見はない。だが、その有効性が試験できないと主張するのは、バカもいいところだ。患者についての個人的な情報（「どんな人物が病気なのか」）が本当に支持者たちが言うほど重要なら、それを見ている業者のほうがよい結果を出すはずだ。代替医療の有効性を絶対計算で示せないわけがない。

「根拠に基づく医療」を支持するからといって代替医療を毛嫌いしたり、革新的な——一見すると途方もない——療法を否定することにはならない。どの療法が有効かを見つけるための実績ベースの探求となったら、東洋も西洋もない。私は*New England Journal of Medicine*, の過去二代の編集長だったマルシア・エンジェルとジェローム・カッシラーに与する者だ:

> そろそろ科学コミュニティは、代替医療にただ乗りさせるのをやめるべきだろう。伝統的医療と代替医療の二種類があるなどということはない。きちんと試験された医療とそうでない医療、機能する医療と効果のほどがわからない医療があるだけなのだ。

M. Angell and J. P. Kassirer, "Alternative Medicine: The Risks of Untested and Unregulated Remedies," 339 *N. Engl. J. Med.* 839 (1998). また以下も参照: Kirstin Borgerson, "Evidence-Based Alternative Medicine?" 48 *Perspectives in Bio. and Med.* 502 (2005); W. B. Jonas, "Alternative Medicine: Learning from the Past, Examining the Present, Advancing to the Future," 280 *JAMA* 1616 (1998); P. B. Fontanarosa and G. D. Lundberg, "Alternative Medicine Meets Science," 280 *JAMA* 1618 (1998).

123: アリストテレス的なアプローチ　Kevin Patterson, "What Doctors Don't Know (Almost Everything)," *N.Y. Times Magazine,* May 5, 2002; David Leonhardt, "Economix: What Money Doesn't Buy in Health Care," *N.Y. Times,* Dec. 13, 2006.

124〜125:「根拠に基づく医療」の現代的な利用（またはその不在） Brandi White, “Making Evidence-Based Medicine Doable in Everyday Practice,” *Family Practice Mgt.*（Feb. 2004）, http://www.aafp.org/fpm/20040200/51maki.html; Jacqueline B. Persons and Aaron T. Beck, “Should Clinicians Rely on Expert Opinion or Empirical Findings?” 4 *Am. J. Mgd Care* 1051（1998）, http://www.ajmc.com/files/articlefiles/AJMC1998JulPersons1051 1054.pdf; D. G. Covell et al., “Information Needs in Office Practice: Are They Being Met?” 103 *Ann. Internal Med.* 596（1985）; John W. Ely et al., “Analysis of Questions Asked by Family Doctors Regarding Patient Care,” 319 *BMJ* 358（1999）; “The Computer Will See You Now,” *Economist,* Dec. 8, 2005, http://www.microsoft.com/business/peopleready/news/economist/computer.mspx.

125: コーヒーと心臓病 A. Z. LaCroix et al., “Coffee Consumption and the Incidence of Coronary Heart Disease,” 315 *N. Engl. J. Med.* 977（1986）; Int’l Food Info. Council Foundation, “Caffeine and Health: Clarifying the Controversies”（1993）, www.familyhaven.com/health/ir-caffh.html.

126: 17年間 Institute of Medicine, Committee on Quality of Health Care in America, *Crossing the Quality Chasm: A New Health System for the 21st Century,* National Academy Press, Washington, DC（2001）.

126: 人間の平均寿命に1回の割合 この引用には各種の形式があって、マックス・プランク、アルバート・アインシュタイン、ポール・サミュエルソンなど多くの人の発言とされる。

127〜128: 個別患者を治療するのに調査研究にいちいち頼る医者はいない Brandi White, “Making Evidence-Based Medicine Doable in Everyday Practice,” *Family Practice Mgt.*（Feb. 2004）, http://www.aafp.org/fpm/20040200/51maki.html; D. M. Windish and M. Diener-West, “A Clinician-Educator’s Roadmap to Choosing and Interpreting Statistical Tests,” 21 *J. Gen. Intern. Med.* 656（2006）; Kevin Patterson, “What Doctors Don’t Know（Almost Everything）,” *N.Y. Times Magazine,* May 5, 2002.

128: 医者の執務室のどこに図書館が？ 法律図書館は物理的にも知的にも、多くの法律事務所の中心にある。依頼人が弁護士に助言を求めてきたら、弁護士は本を調べてその依頼人の個別問題では法律がどうなっているかを調べる。「根拠に基づく医療」がやってくるまで、ほとんどの医者は個別患者の問題について、いちいち研究調査するのは珍しいことだった。医師はその分野全体については最新の情報を仕入れようとするだろう。New England Journal of MedicineやJAMAは購読するかもしれない。だが医師が個別患者のために研究しようと本や雑誌論文を開くのはまれだった。弁護士事務所とは対照的に、ほとんどの医師の執務室には図書室などない。医者は答えがわからなければ専門家に相談するかもしれないが、医師も専門家も本を開いて読んだりはしなかった。

128: 情報が役にたつには取り出せなくてはならない　Gordon Guyatt et al., "Evidence-Based Medicine: A New Approach to Teaching the Practice of Medicine," 268 *JAMA* 2420　(1992); "Center for Health Evidence, Evidence- Based Medicine: A New Approach to Teaching the Practice of Medicine" (2001), http://www.cche.net/usersguides/ebm.asp; LisaSanders, "Medicine's Progress, One Setback at a Time," *N.Y. Times,* Mar. 16, 2003, p. 29; InfoPOEMs, https: //www.infopoems.com.

131: データに基づく診断　"To the Editor," *N. Engl. J. Med.,* Nov. 10, 2005.

132: 診断意志決定支援ソフト　この分野の主要ソフトとしてはIsabel, QMR, Iliad, Dxplain, DiagnosisPro, PKCなどがある。

130〜133: 診断まちがいを絶対計算でごまかす　Jeanette Borzo, "Software for Symptoms," *Wall St. J.*（*Office Technology*）, May 23, 2005, p. R10; Jason Maude biography, The Beacon Charitable Trust, http://www.beaconfellowship.org.uk/ biography2003 11.asp; David Leonhardt, "Why Doctors So Often Get It Wrong," *N.Y. Times,* Feb. 22, 2006.

133: イザベルは医師が主要な診断を検討する支援をする　Stephen M. Borowitz, et al., "Impact of a Web-based Diagnosis Reminder System on Errors of Diagnosis," AMIA 2006: Biomedical and Health Informaticsでの発表（Nov. 11, 2006）.

第5章　専門家 vs. 絶対計算

143〜148: 絶対計算が最高裁の裁決予測で専門家と対決　Andrew D. Martin et al., "Competing Approaches to Predicting Supreme Court Decision Making," *2 Persp. on Pol.,* 763　(2004); Theodore W. Ruger et al., "The Supreme Court Forecasting Project: Legal and Political Science Approaches to Predicting Supreme Court Decisionmaking," 104 *Colum. L. Rev.* 1150　(2004).

146: 法的実証主義に関するホームズの意見　Oliver W. Holmes, *The Common Law 1*　(1881)（「わたしが法と

言って意味するのは、法廷が実際にどのようにするかという予言であり、それ以上の何ものでもない」）. また Oliver Wendell Holmes, Jr., "The Path of the Law," 10 *Harv. L. Rev.* 457, 461 (1897)（「するとわれわれの研究の目的は、予測であり、法廷という機構を通じて一般社会の力がどのように具現化されるかという予測なのである」）も参照。

145: 科学としての法学に関するラングデールの意見 Christopher C. Langdell, "Harvard Celebration Speeches," 3 *L.Q. Rev.* 123, 124 (1887).

149〜153: ミールの小さな本（や他の著作） Paul E. Meehl, *Clinical Versus Statistical Prediction: A Theoretical Analysis and a Review of the Evidence* (1954). また William M. Grove, "Clinical Versus Statistical Prediction: The Contribution of Paul E. Meehl," 61 *J. Clinical Psychol.* 1233 (2005), http://www.psych.umn.edu/faculty/grove/112clinicalversusstatisticalprediction. pdf; Michael P. Wittman, "A Scale for Measuring Prognosis in Schizophrenic Patients," 4 *Elgin Papers* 20 (1941); Drew Western and Joel Weinberger, "In Praise of Clinical Judgment: Meehl's Forgotten Legacy," 61 *J. Clinical Psychol.* 1257, 1259 (2005), http://www.psychsystems.net/lab/2005_w_weinberger_meeh_JCP.pdf; Paul E. Meehl, in 8 *A History of Psychology in Autobiography* 337, 354 (G. Lindzey, ed., 1989) も参照。

151〜153: シュナイダース vs. 購買専門家 Chris Snijders et al., "Electronic Decision Support for Procurement Management: Evidence on Whether Computers Can Make Better Procurement Decisions," 9 *J. Purchasing and Supply Mgmt* 191 (2003) ; Douglas Heingartner, "Maybe We Should Leave That Up to the Computer," *N.Y. Times,* July 18, 2006.

152: 人間 vs. マシンのメタ分析 William M. Grove and Paul E. Meehl, "Comparative Efficiency of Informal (Subjective, Impressionistic) and Formal (Mechanical, Algorithmic) Prediction Procedures: The Clinical-Statistical Controversy," 2 *Psychol. Pub. Pol'y and L.* 293, 298 (1996) ; William M. Grove, "Clinical Versus Statistical Prediction: The Contribution of Paul E. Meehl," 61 *J. Clinical Psychol.* 1233 (2005), http://www.psych.umn.edu/faculty/grove/ 112clinicalversusstatisticalprediction.pdf.

153〜154: 人間のバイアス D. Kahneman et al., *Judgment Under Uncertainty: Heuristics and Biases* (1982) ; R. M. Dawes and M. Mulford, "The False Consensus Effect and Overconfidence: Flaws in Judgment, or Flaws in How We Study Judgment?" 65 *Organizational Behavior and Human Decision*

Processes 201 (1996).

153: 銃よりプールのほうが危険　Steven Levitt, editorial, "Pools More Dangerous Than Guns," *Chi. Sun-Times,* July 28, 2001, p. 15.

153〜155: 人の推測はあてにならない　J. Edward Russo and Paul J. H. Schoemaker, *Decision Traps: Ten Barriers to Brilliant Decision-Making and How to Overcome Them* (1990). またScott Plous, *The Psychology of Judgment and Decision Making* (2003); John Ruscio, "The Perils of Post-Hockery: Interpretations of Alleged Phenomena After the Fact," *Skeptical Inquirer,* Nov.-Dec. 1998 も参照。

156: イラク戦争の費用　副大統領Cheney インタビュー, CNN 放送, June 20, 2005;. Glenn Hubbard インタビュー, CNBC 放送, October 4, 2002; Reuters, "U.S. Officials Play Down Iraq Reconstruction Needs," *Entous,* April 11, 2003; Hearing on a Supplemental War Regulation Before the H. Comm. on Appropriations, 108th Cong. (Mar. 27, 2003) (statement of Deputy Defense Sec'y Paul Wolfowitz); Rep. Jan Schakowsky, "Past Comments About How Much Iraq Would Cost," http://www.house.gov/schakowsky/iraqquotes_web.htm.

154: 人間の審判　Richard Nisbett and Lee Ross, *Human Inference: Strategies and Shortcomings of Social Judgment* (1980).

157: 感情なき絶対計算　Douglas Heingartner, "Maybe We Should Leave That Up to the Computer," *N.Y. Times,* Jul. 18, 2006.

158〜159: 絶対計算と専門家は共存できるか?　S. Schwartz et al., "Clinical Expert Systems Versus Linear-Models: Do We Really Have to Choose," 34 *Behavioral Sci.* 305 (1989).

157: マシンに仕える人間　Douglas Heingartner, "Maybe We Should Leave That Up to the Computer," *N. Y. Times,* Jul. 18, 2006.

161: 仮釈放の予測　仮釈放者たちの結果を評価した初期の研究としてはEarnest W. Burgess, "Factors Determining Success or Failure on Parole," *in The Workings of the Indeterminate Sentence Law and the Parole System in Illinois* (A. A. Bruce, ed., 1928), pp. 205-249 を参照。社会学におけるBurgess の位置づけや新計測手法の利用に関する文献情報や説明についてはHoward W. Odum, *American Sociology: The Story of Sociology in the United States Through* 1950 (1951), pp.168-171, http://www2.asanet.org/

governance/burgess.html を参照。

161〜163: クラウストンとSVPA Virginia General Statutes, § 37.1-70.4 (C) ; Frank Green, “Where Is This Man?: Should This Child Molester and Cop Killer Have Been Released?” *Richmond Times-Dispatch,* Apr. 16, 2006.

163: 最高裁はSPVAを支持 *Kansas v. Hendricks,* 521 U.S. 346 (1997).

163: 初の絶対計算の法的トリガーに関するモナハンの意見 Bernard E. Harcourt, *Against Prediction: Profiling, Policing and Punishment in an Actuarial Age* (2007); John Monahan, *Forecasting Harm: The Law and Science of Risk Assessment among Prisoners, Predators, and Patients,* ExpressO Preprint Series (2004), http://law.bepress.com/expresso/eps/ 410.

163: 法的だが統計的に予想可能な行動に基づいてコミットメントを条件付ける Eugene Volokh はブログThe Volokh Conspiracy で、こうした性差別が憲法に照らして合憲かどうか問うている。Eugene Volokh, “Sex Crime and Sex,” The Volokh Conspiracy, Jul. 14, 2005, http://volokh.com/posts/1121383012.shtml. 私は実は、RRASOR システムが本当に統計的に有効かについて少し疑問を持っている。もとの推計に使われたデータ集合は、説明変数の統計的有意性を意図的に引き下げるために「人工的に」１０００件に減らされている。R. Karl Hanson, *The Development of a Brief Actuarial Scale for Sexual Offense Recidivism* (1997). 粗雑な得点システムをつくるよりは、もっと適切なアプローチとしては再犯確率を回帰式の係数からそのまま推計することだ。RRASOR を構築した人々はコンピュータ以前の環境で、評価が手計算で容易にできなくてはならないところにいたらしい。

165: 骨折した脚の例を紹介 Paul E. Meehl, *Clinical Versus Statistical Prediction: A Theoretical Analysis and a Review of the Evidence* (1954) (University of Minnesota 1996 再刊).

166: トム・ウルフ Tom Wolfe, *The Right Stuff* (1979) 邦訳ウルフ『ザ・ライト・スタッフ』(1983).

167: 裁量によるまちがった釈放 Frank Green, “Where Is This Man?: Should This Child Molester and Cop Killer Have Been Released?” Richmond *Times-Dispatch,* Apr. 16, 2006.

167〜168: 人間による制御の評価 James M. Byrne and April Pattavina, “Assessing the Role of Clinical and Actuarial Risk Assessment in an Evidence- Based Community Corrections System: Issues to Consider,” *Fed. Probation* (Sep. 2006). またLaurence L. Motiuk et al., “Federal Offender Population Movement:

A Study of Minimum-security Placements," Correctional Service of Canada,（March 2001）; Patricia M. Harris, "What Community Supervision Officers Need to Know About Actuarial Risk Assessment and Clinical Judgment," *Fed. Probation*（Sept. 2006）も参照。

169〜171: 人間に残された仕事　Drew Western and Joel Weinberger, "In Praise of Clinical Judgment: Meehl's Forgotten Legacy," 61 *J. Clinical Psychol.* 1257, 1259（2005）; Paul E. Meehl, "What Can the Clinician Do Well?" in *Problems in Human Assessment* 594（D. N. Jackson and S. Messick, eds., 1967）; Paul E. Meehl, "Causes and Effects of My Disturbing Little Book," 50 *J. Personality Assessment* 370（1986）.

169: フィンクの包皮切除仮説　A. J. Fink, Letter, "A Possible Explanation for Heterosexual Male Infection with AIDS," 315 *N. Engl. J. Med.* 1167（1986）.

169〜170: エーン伝染仮説　Cameron D. William et al., "Female to Male Transmission of Human Immunodeficiency Virus Type 1: Risk Factors for Seroconversion in Men," 2 *Lancet* 403（1989）. また J. Simonsen et al., "Human Immunodeficiency Virus Infection in Men with Sexually Transmitted Diseases," 319 *N. Engl. J. Med.* 274（1988）; M. Fischl et al., "Seroprevalence and Risks of HIV Infection in Spouses of Persons Infected with HIV," Book 1, 4th Int'l Conf. on AIDS 274, Stockholm, Sweden（Jun. 12-16, 1988）も参照。

170: 包皮切除とエイズの関係をめぐる経験論の継続　D. T. Halperin et al., "Male Circumcision and HIV Infection: 10 Years and Counting," 354 *Lancet* 1813（1999）; Donald G. McNeil Jr., "Circumcision's Anti-AIDS Effect Found Greater Than First Thought," *N.Y. Times,* Feb. 23, 2007.

171: 減量への投資　私は個人的に、今年中に10キロやせてそれを維持しなければ何千ドルも失うような契約をしている。Dean Karlan と私は減量債の無作為抽出テストを実施しようとしている。参加に興味があれば ian.ayres@yale.edu までメールでご連絡を。

173: 臨床側からの抵抗についてのハモンドの意見　Kenneth R. Hammond, *Human Judgment and Social Policy* 137-38（1996）.

第6章　なぜいま絶対計算の波が起こっているのか？

177: グーグルブックスが仮想図書館を作る　Jeffrey Toobin, "Google's Moon Shot," *New Yorker*, Feb. 5, 2007.

177〜178: 差別的な交渉慣行　こうした結果は私の最初の研究Ian Ayres, "Fair Driving: Gender and Race Discrimination in Retail Car Negotiations," 104 *Harv. L. Rev.* 817（1991）からきている。最近の研究5本についての分析は，拙著*Pervasive Prejudice?: Non-Traditional Evidence of Race and Gender Discrimination*（2001）に所収。

179〜180: 差別的な自動車融資上乗せ　Ian Ayres, "Market Power and Inequality: A Competitive Conduct Standard for Assessing When Disparate Impacts Are Justified," *Cal. L. Rev.*（2007 近刊）.

181〜182: チョイスポイントはデータを売る　Gary Rivlin, "Keeping Your Enemies Close," *N.Y. Times*, Nov. 12, 2006; Choice-Point 2005 Annual Report, http://library.corporate-ir.net/library/95/952/95293/items/189639/2005annual. pdf.

182: みんなが聞いたこともない最大の企業　"Persuaders," PBS *Frontline*, http://www.pbs.org/wgbh/pages/frontline/shows/ persuaders/etc/script.html; またRichard Behar, "Never Heard of Acxiom? Chances Are It's Heard of You," *Fortune, Feb.* 23, 2004 も参照。

182: 850テラバイトもの記憶容量　Rick Whiting, "Tower of Power," *Information Week*, Feb. 11, 2002.

183〜184: データサイロ　Kim Nash, "Merging Data Silos," *Computerworld*, April 15, 2002; Gary Rivlin, "Keeping Your Enemies Close," *N.Y. Times*, Nov. 12, 2006; Eric K. Neumann, "Freeing Data, Keeping Structure," *Bio-IT World*, Jun. 14, 2006.

184: データの「マッシュアップ」　Rachel Rosmarin, "Maps. Mash-ups. Money." Forbes.com, Jun. 16, 2006, http://www. forbes.com/technology/2006/06/14/google-yahoo-microsoft_cx_rr_0615maps.html.

185: 盗難車データベース　このデータは連邦捜査局（FBI）の全米犯罪情報センター（NCIC）から入手可能，http: //www.fas.org/irp/agency/doj/fbi/is/ncic.htm.

185〜186: まちがった前科者の排除　The United States Civil Rights Commission, *The 2000 Presidential Elections*（www.usccr.gov/pubs/vote2000/report/ch5.htm）.

188: クライダーの法則 “Kryder's Law” は *Scientific American* Aug. 2005 に載った Chip Walter 記事の題名である。

188: コンピュータの記憶容量コストはだんだん低下 “Historical Notes about the Cost of Hard Drive Storage Space,” www. littletechshoppe.com/ns1625/winchest.html; Jim Handy, “Flash Memory vs. Hard Disk Drives-Which Will Win?” Jun. 6, 2005, http://www.storagesearch.com/semicoart1.html.

189: ヤフーは12テラバイト Kevin J. Delaney, “Lab Test: Hoping to Overtake Its Rivals, Yahoo Stocks Up on Academics,” *Wall St. J.,* Aug. 25, 2006, p. Al.

190〜194: ニューラルネットワークの背景 P. L. Brockett et al., “A Neural Network Method for Obtaining an EarlyWarning of Insurer Insolvency,” 61 *J. Risk and Insurance* 402 (1994) ; Jack V. Tu, “Advantages and Disadvantages of Using Artificial Neural Networks versus Logistic Regression for Predicting Medical Outcomes,” 50 *J. Clin. Epidemiol.* 1309 (1996) ; W. G. Baxt, “Analysis of the Clinical Variables Driving Decision in an Artificial Neural Network Trained to Identify the Presence of Myocardial Infarction,” 21 *Ann. Emerg. Med.* 1439 (1992) ; K. A. Spackman, “Combining Logistic Regression and Neural Networks to Create Predictive Models,” in *Proceedings of the Sixteenth Annual Symposium on Computer Applications in Medical Care* (1992), pp. 456-459; J. L. Griffith et al., “Statistical Regression Techniques for the Construction, Interpretation and Testing of Computer Neural Networks,” 12 *Med. Decis. Making* 343 (1992).

191〜192: ニューラルネットワークとグレイハウンドのドッグレース Hsinchun Chen et al., “Expert Prediction, Symbolic Learning, and Neural Networks: An Experiment on Greyhound Racing,” 9 *IEEE Expert* 21 (Dec. 1994).

195: エパゴギクスのすっぱ抜き Malcolm Gladwell, “The Formula,” *New Yorker,* Oct. 16, 2006.

202〜203: Lulu.comは本の題名を採点 Misty Harris, “Anyone Who Says You Can't Judge a Book by Its Cover Isn't Trying Hard Enough,” *Windsor Star,* Dec.17,2005, http://www.canada.com/windsorstar/features/onlineextras/story.html? id=35711d6b-f13e-47d9-aa23-7eaa12bc8846.

204〜205: 法学雑誌の論文が引用されやすくなるには? Ian Ayres and Fredrick E. Vars, “Determinants of Citations to Articles in Elite Law Reviews,” 29 *J. Legal Stud.* 427, 433-34 (2000).

206: 正しい式さえ入れてやれば Indigo Girls, "Least Complicated," アルバム*Swamp Ophelia* (1994) 収録.

206: ロバート・フロストの壁 ロバート・フロストは以下の有名な詩を書いている;「そこにある何かは壁を嫌う／壁を壊したがる」Robert Frost, "Mending Wall" (1915).

207: アレクサンドリアの大図書館が何倍分もインターネットに Kevin Kelly, "Scan this Book!" *N. Y. Times Magazine,* May 14, 2006, p. 43.

207: ユビキタス監視 A. Michael Froomkin, "The Death of Privacy," 52 *Stan. L. Rev.* 1461 (2000).

208: ナノテクの進歩 George Elvin, "The Coming Age of Nanosensors," *Nanotech/Buzz,* http://www.nanotechbuzz.com/ 50226711/the_coming_age_of_nanosensors.php.

208: スマートダスト Gregor Wolbring, "The Choice Is Yours: Smart Dust," *Innovation Watch,* Dec. 15, 2006, http: //www.innovationwatch.com/choiceisyours/choiceisyours.2006.12.15.htm.

第7章　それってこわくない?

212～215: ダニエル先生の授業 Siegfried Engelmann and Elaine C. Bruner, "The Pet Goat," in *Reading Mastery II: Storybook 1* (1997). またDaniel Radosh, "The Pet Goat Approach," *New Yorker,* Jul. 26, 2004 も参照。

215: 映画に出たヤギさんのお話 『華氏九一一』(Sony Pictures 2004) ; Daniel Radosh, "The Pet Goat Approach," *New Yorker,* Jul. 26, 2004.

215～228: ダイレクト・インストラクションをめぐる論争 W. C. Becker, "Direct Instruction: A Twenty Year Review," in *Designs for Excellence in Education: The Legacy of B. F. Skinner* (R. P.West and L. A. Hamerlynck, eds., 1992), pp. 71-112; G. L. Adams and S. Engelmann, *Research on Direct Instruction: 25 Years beyond DISTAR* (1996) ; Am. Fed. Teachers, *Direct Instruction* (1998) ; American Institutes for Research, Comprehensive School Reform Quality Center, *CSRQ Center Report on Elementary School Comprehensive School Reform Models* (2006), http://www.csrq.org/documents/CSRQCenterCombinedReport_Web11-03-06.pdf; Jean Piaget, *Adaptation and Intelligence: Organic Selection and Phenocopy* (1980) ; Linda B. Stebbins, et al., *Education as Experimentation: A Planned*

Variation Model Volume IV-A An Evaluation of Project Follow Through (1977) ; Sanjay Baht, "A New Way of Judging How Well Schools Are Doing," *Seattle Times*, Aug. 2, 2005; Ted Hershberg et al., "The Revelations of Value-Added," *School Administrator*, Dec. 2004; Siegfried Engelmann, *War Against the Schools' Academic Child Abuse* (1992) ; David Glenn, "No Classroom Left Unstudied," *The Chronicle of Higher Education*, May 28, 2004; Richard Nadler, "Failing Grade," *Nat'l Rev.*, Jun. 1, 1998; Am. Fed. Teachers, *Building on the Best, Learning from What Works: Six Promising Schoolwide Reform Programs* (1998) ; B. Gunn et al., "The Efficacy of Supplemental Instruction in Decoding Skills for Hispanic and Non-Hispanic Students in Early Elementary School," 34 *J. Special Ed.* 90 (2000) ; B. Gunn et al., "Supplemental Instruction in Decoding Skills for Hispanic and Non-Hispanic Students in Early Elementary School: A Follow-Up," 36 *J. Special Ed.* 69 (2002).

216: エンゲルマンの仕事の見本 G. L. Adams and S. Engelmann, *Research on Direct Instruction: 25 Years beyond DISTAR* (1996) ; Siegfried Engelmann, *War Against the Schools' Academic Child Abuse* (1992). またDaniel Radosh, "The Pet Goat Approach," *New Yorker*, Jul. 26, 2004 も参照。

217: ピアジェの子供中心アプローチ Jean Piaget, *Adaptation and Intelligence: Organic Selection and Phenocopy* (1980).

218–219: 追跡確認プロジェクト Bonnie Grossen (ed.), "Overview: The Story Behind Project Follow Through," *Effective School Practices*, Vol 15, Number 1, Winter 1995-6, http://darkwing.uoregon.edu/~adiep/ft/grossen.htm.

218: ローの圧勝 Richard Nadler, "Failing Grade," *Nat'l Rev.*, Jun. 1, 1998, http://www.nationalreview.com/01jun98/nadler060198.html.

219: 最近の研究もローを支持 Am. Fed. Teachers, *Building on the Best, Learning from What Works: Six Promising Schoolwide Reform Programs* (1998) ; B. Gunn et al., "The Efficacy of Supplemental Instruction in Decoding Skills for Hispanic and Non-Hispanic Students in Early Elementary School," 34 *J. Special Ed.* 90 (2000) ; B. Gunn et al., "Supplemental Instruction in Decoding Skills for Hispanic and Non-Hispanic Students in Early Elementary School: A Follow-Up," 36 *J. Special Ed.* 69 (2002) ; Angela M. Przychodzin, "The Research Base for Direct Instruction in Mathematics," SRA/McGraw

Hill, https://www.sraonline.com/download/DI/Research/Mathematics/research_base_for%20di_math.pdf.

221: アルンデル小学校でのDI実験　“A Direct Challenge,” *Ed. Week,* Mar. 17, 1999, http://www.zigsite.com/DirectChallenge. htm; Martin A. Kozloff et al., *Direct Instruction in Education,* Jan. 1999, http://people.uncw.edu/kozloffm/diarticle.html; Nat’l Inst. Direct Instruction, http://www.nifdi.org; Daniel Radosh, “The Pet Goat Approach,” *New Yorker*, Jul. 26, 2004.

223: ミシガン大学の調査　L. Schweinhart et al., “Child-Initiated Activities in Early Childhood Programs May Help Prevent Delinquency,” 1 Early Child. Res. Q. 303-312（1986). ＤＩで教育された生徒の相当部分は男子で州内にとどまる可能性が高かった。こうした生徒がミシガンで逮捕されやすかったのは、ＤＩのせいではなく、男子のほうが犯罪率が高いこと、そして州の外で逮捕された人は分析に含まれなかったからかもしれない。またPaulette E. Mills et al., “Early Exposure to Direct Instruction and Subsequent Juvenile Delinquency: A Prospective Examination,” 69 Exceptional Child, 85-96（2002）も参照（ＤＩはその後の不良化に何ら影響を与えないという発見)。

223: ブッシュ政権のアプローチ　Daniel Radosh, “The Pet Goat Approach,” *New Yorker,* Jul. 26, 2004; U.S. Dep’t of Ed., What Works Clearinghouse, http://www.whatworks.ed.gov/; Southwest Ed. Dev. Lab., “What Does a Balanced Approach Mean?” http://www.sedl.org/reading/topics/balanced.html.

223: 「科学に基づく」プログラム　この用語は１９９０年代に、「科学に基づく」教育研究への資金を主張するなかで作り出された。

224: 大統領はDIを支持　In “The Pet Goat Approach,” Daniel Radosh は、大統領がＤＩカリキュラムを支持したのはもっと立派でない動機があったからではないかと考察している。ＤＩカリキュラムを発行しているのはマグロヒル社だ。「マイケル・ムーアの十八番となったモンタージュ式に、状況証拠だけを並べ立てて陰謀の網に仕立て上げるのは簡単なことだ。30年代のセピア色写真で、プレスコット・ブッシュとジェイムズ・マグロー・ジュニアがフロリダ州のジュピター島あたりでつるんでいる映像。80年代からの動画で、ハロルド・マグロー・ジュニアがバーバラ・ブッシュの識字財団の諮問委員会に参加しているところ。ハロルド・マグロー・三世が、ジョージ・W・ブッシュ大統領の移行チームの一員としてポーズを取っているところ。そしてそのすべてを結び合わせるものとして、もとマグローヒル社役員副社長だったジョン・ネグロポンテがイラクへの新大使として派遣されるところ」Daniel Radosh, "The Pet Goat Approach," *New Yorker,* Jul. 26, 2004.

225: 数字を使った融資判断　Peter Chalos, "The Superior Performance of Loan Review Committee," 68 *J. Comm. Bank Lending* 60（1985）.

226: 裁量をなくす　裁量の余地をなくす価値は、自分以外の人々にだけ適用されるものではない。とっさの判断をするときには、意志決定プロセスに入り込む無意識の影響を左右できなくなることがある。全般的にはMalcolm Gladwell, Blink: *The Power of Thinking without Thinking*（2005）邦訳グラッドウェル『第1感「最初の2秒」の「なんとなく」が正しい』（2006）を参照。数年前、私は人々がニューヘイブンでタクシーの運転手にどれだけチップをあげるか情報を集めた。Ian Ayres et al., "To Insure Prejudice: Racial Disparities in Taxicab Tipping," 114 *Yale L. J.* 1613（2005）。残念な結果として、乗客は少数民族の運転手には白人運転手より、同じ質のサービスでも3分の1ほど少ないチップしか渡さないのだった。最初、私はこの自分は少数民族のチップを減らしたりするわけがないと思っていた。ごく例外的な場合を除いて、必ずメーター額の2割のチップを渡すようにしていたからだ。だがデータを細かく見てみると、乗客の差別はほとんどの場合に一見するとどうでもいいようなところから来ていることがわかった。タクシー乗客は、つりの小銭を丸めてちょっきりの金額を渡すようにすることが多い。だれでも経験していることだ。タクシーが目的地に到着する直前に、ワンメーター分上がって料金が7ドルになった。さて急いで考えよう。チップ込みでいくら置く？　8ドルか9ドルか？　たぶん乗客たちは、こんな場合にどこまで丸めるかをとっさに考えなくてはならないのだろう。自分はいつも絶対に2割チップで置くと決めている人でも、丸める部分でこうした無意識の影響が出るらしい。私の調査では、乗客は白人の場合には多めに丸め、少数民族の場合には少なめに丸める可能性が高い。こうなるとこの私も「私に限って絶対に差別はしない」と自信をもって言えなくなる。私は自分が思っていたよりもケチなチップしか渡していないらしい。

227: 医師の地位低下　Kevin Patterson, "What Doctors Don't Know (Almost Everything)," *N.Y. Times Magazine,* May 5, 2002, p. 74.

228: 『ポリー my love』　引用の入った予告編が以下で見られる: http://www.apple.com/trailers/universal/along_came_polly/medium.html.

229:「ウソに大嘘、そして統計」 このせりふはアメリカではマーク・トウェインが広めたものだが、言ったのはイギリスの政治家ベンジャミン・ディズラエリだとされる。

234: 痛みポイント ハラーの顧客痛みポイント予測については第1章でとりあげた。また以下も参照: Christopher Caggiano, "Show Me the Loyalty," *CMO Magazine,* Oct. 2004.

236: 保険におけるバーチャルな人種線引き? 情報公開:私はこの裁判で少数民族の被告から支払いを受けて証言した経済学専門家である(そして類似の主張をしている他の裁判でも)。*Owens v. Nationwide Mutual Ins. Co.,* No. Civ. 3:03-CV-1184-H, 2005 WL 1837959 (N.D. Tex. Aug. 2, 2005)(クレジット得点が少数民族に不利な影響を持っていても、ネイションワイドは正当かつ人種中立的な営業上の理由からクレジット得点を使っていたと認める)。また*Powell v. American General Finance, Inc.,* 310 F. Supp. 2d 481 (N.D.N.Y. 2004) も参照。

237: オコナー判事が「人種中立的な手段で少数民族参加を増加させる」よう示唆 *Adarand Constructors, Inc. v. Pena,* 515 U.S. 200, 238 (1995); *City of Richmond v. J. A. Croson Co.,* 488 U.S. 469, 507 (1989).

238: 退役軍人の電子記録が消滅 David Stout and Tom Zeller, Jr., "Vast Data Cache About Veterans Has Been Stolen," *N.Y. Times,* May 23, 2006, p. A1.

238: フィデリティのラップトップ盗難 Jennifer Levitz and John Hechinger, "Laptops Prove Weakest Link in Data Security," *Wall St. J.,* Mar. 24, 2006, p. B1.

238: AOLの利用者情報流出 Saul Hansell, "AOL Removes Search Data on Vast Group of Web Users," *N.Y. Times,* Aug. 8, 2006, p. C4.

239: フロストによる家の定義 Robert Frost, "The Death of the Hired Man," in *North of Boston* (1914).

239: 匿名の終わり Jed Rubenfeld, "Privacy's End" (working paper October 2006).

240: 新たな顔面認識の確認 Anick Jesdanun, "Facial-ID Tech and Humans Seen as Key to Better Photo Search, But Privacy Concerns Raised," *Associated Press*, Dec. 28, 2006.
Adam Liptak, "Driver's License Emerges as Crime-Fighting Tool, but Privacy Advocates Worry," *New York Times*, Feb. 17, 2007, B1.

241:『ガタカ』の遺伝決定論のビジョン The Science Show, http://www.abc.net.au/rn/scienceshow/stories/2001/262366. htm.

242: グーグルの企業使命　Google Corporate Information: Company Overview, http://www.google.com/corporate/.

242〜243: アメリカ人はプライバシーを守ろうとしない　Bob Sullivan, "Privacy Under Attack, But Does Anybody Care?" MSNBC, Oct. 17, 2006, http://www.msnbc.msn.com/id/15221095/.

244: メアリー・ロシュがエアーズとドナヒューを批判　Tim Lambert, Mary Rosh's Blog, http://timlambert.org/2003/01/maryrosh/.

244〜245: 銃と犯罪をめぐるロットの主張　John Lott, *More Guns, Less Crime*（2000）.

245: エアーズとドナヒューのロット反論論文　Ian Ayres and John J. Donohue III, "Shooting Down the 'More Guns, Less Crime' Hypothesis," 55 *Stanford L. Rev.* 1193（2003）; Ian Ayres and John J. Donohue III, "The Latest Misfires in Support of the 'More Guns, Less Crime' Hypothesis," 55 *Stanford L. Rev.* 1371（2003）.

245: ジョン・ロットを巡るさらなる疑問　Tim Lambert は精力的にロットをめぐる疑問を研究して追求している。http:// timlambert.org/lott/. メアリー・ロシュ騒動のよいまとめとしてはJulian Sanchez, "The Mystery of Mary Rosh," ReasonOnline, May 2003, http://www.reason.com/news/show/28771.html.

246: クレイグ上院議員がロットを引用　146 Cong. Rec. S349（daily ed. Feb. 7, 2000）（クレイグ上院議員の発言）.

246: ロットの証言　ロットは各地の州議会で証言している。ネブラスカ（1997）、ミシガン（1998）、ミネソタ（1999）、オハイオ（2002）、ウィスコンシン（2002）、ハワイ（2000）、ユタ（1999）。１９９９年5月27日にロットは下院法制委員会の前で、クリントン大統領の提案した厳しい銃規制は効果がないかむしろ人命を奪うと証言し、それ以来多くの共和党議員は、演説の中でロットの業績に好意的な言及をしてきた。18州の司法長官は「個人の銃保持が犯罪を抑止するという主張を支持するデータは増えつつある」と主張するのに「ジョン・ロットの実証研究」をもとにしている。145 Cong. Rec. H8645（daily ed. Sept. 24, 1999）（ドリトル議員の発言）; アラバマ州司法長官 Bill Pryor 他から全米司法長官 John Ashcroft 宛の書簡, July 8, 2002, http://www.nraila.org/media/misc/pryorlet.pdf; Nat'l Rifle Ass'n, Inst. Leg. Action, Right to Carry Fact Sheet 2007, http://www.nraila.org/Issues/factsheets/read.aspx?ID=18.

247: 絶対計算分析の詳細　ロットはまず、法が犯罪に対して一回限りしか影響をおよぼさないと仮定するとても単純なモデルから出発した。この仮定にはどこもいけないところはない。だが、もしモデルの制約をゆるめて、法が時間をかけてちがった度合いで犯罪に影響を与えるとする方程式を使ってみると、かれの結果はしばしば消滅してしまうのだった。

248: 専門家はロットのモデルを却下 Nat'l Acad. Sci., "Firearms and Violence: A Critical Review," http://www.nap.edu/ books/0309091241/html/.

248: ロットがレヴィットを訴える *Lott v. Levitt,* 2007 WL 92506, at ＊4 (N.D. Ill. Jan. 11, 2007).

248:『ヤバい経済学』の問題の一節 Steven D. Levitt and Stephen J. *Dubner, Freakonomics: A Rogue Economist Explores the Hidden Side of Everything* (2005), pp. 134-35. 邦訳『ヤバい経済学〔増補改訂版〕』(2007), p. 185. ロットはまた、レヴィットが経済学者ジョン・マッコールに送った私信メールで名誉毀損を受けたと主張している。7, Lott v. Levitt, No. 06C 2007 の答弁書 (N.D. Ill. Apr. 10, 2006) を参照。(「それは同誌の査読者付きの版ではなかったんです。1万5000ドル出せば一号を買い取れて、かれを支持する論文だけを計算できたんです。親友が編集者だったので、出版社がロットにそれを許したことで激怒していました」)。ロットはこの特別号が査読者つきであり、各種ちがう視点の学者たちが招かれて寄稿したと主張しつづけている。執筆時点ではマッコールの電子メールをめぐる主張はまだ却下されていない。

248: レヴィットの巻末注 巻末注にはもう一つ別の論文もあげられていた。Mark Duggan, "More Guns, More Crime," 109 *J. Polit. Econ.* 1086 (2001).

250: 悪魔の議論支持 Benedict XIV, *De Beat. et Canon. Sanctorum,* I, xviii (*On the Beatification and Canonization of Saints*).

251: 経営会議での悪魔の議論 Barry Nalebuff and Ian Ayres, *Why Not?: How To Use Everyday Ingenuity To Solve Problems Big and Small* (2003), pp.8-9.

253: 無作為抽出テストに対するヘックマンの反対 James Heckman et al., "Accounting for Dropouts in Evaluations of Social Programs," 80 *Rev. Econ. and Stat.* 1 (1998); James J. Heckman and Jeffrey A. Smith, "Assessing the Case for Social Experiments," 9 *J. Econ. Perspectives* 85 (1995).

253〜255: 低脂肪食は健康か Gina Kolata, "Maybe You're *Not* What You Eat," *N.Y. Times,* Feb. 14, 2006, p. F1; Gina Kolata, "Low-Fat Diet Does Not Cut Health Risks, Study Finds," *N.Y. Times,* Feb. 8, 2006,

p. A1.

254〜255: 低脂肪食をめぐるWHI調査 Women's Health Initiative homepage: http://www.nhlbi.nih.gov/whi/. またB. V. Howard et al., "Low-Fat Dietary Pattern and Weight Change Over 7 Years: The Women's Health Initiative Dietary Modification Trial," 295 *JAMA* 39（2006）; B. V. Howard et al., "Low-Fat Dietary Pattern and Risk of Cardiovascular Disease: The Women's Health Initiative Randomized Controlled Dietary Modification Trial," 295 *JAMA* 655（2006）も参照.

255〜256: 対照群と低脂肪食グループ Ross L. Prentice et al., "Low-Fat Dietary Pattern and Risk of Invasive Breast Cancer," 295 *JAMA* 629（Feb. 8, 2006）（「対照群参加者たちは*Nutrition and Your Health: Dietary Guidelines for Americans*をはじめとする各種健康関連文献は受け取ったが、食事を変えるようには言われなかった」）.

255: ロールスロイスのような研究 Gina Kolata, "Low-Fat Diet Does Not Cut Health Risks, Study Finds," *N.Y. Times,* Feb. 8, 2006, p. A1.

256〜257: カルシウムサプリメントの研究 R. D. Jackson et al., "Calcium Plus Vitamin D Supplementation and the Risk of Fractures," 354 *N. Engl. J. Med.* 669（2006）, 訂正記事が354 *N. Engl. J. Med.* 1102（2006）; 354 *N. Engl. J. Med.* 2285（2006）; Gina Kolata, "Big Study Finds No Clear Benefit of Calcium Pills," *N.Y. Times,* Feb 16, 2006, p. A1.

256: 情報は多ければ多いほどいいか？ 実際私は、情報が少ないほうが有益な場合も指摘している——たとえば選挙活動の資金寄付者などについての場合だ。Bruce Ackerman and Ian Ayres, *Voting with Dollars: A New Paradigm for Campaign Finance*（2002）.

第8章　直感と専門性の未来

263: ハイキングの推計 Ian Ayres, Antonia Ayres-Brown, and Henry Ayres- Brown, "Seeing Significance: Is the 95% Probability Range Easier to Perceive?" *Chance Magazine*（近刊2007）. 実はスリーピングジャイアントは刊行アイデアのわき出る泉となっている。またIan Ayres and Barry Nalebuff, "Environmental Atonement," *Forbes,* Dec. 25, 2006も参照（「イアンはニューヘーブン郊外のスリーピングジャイアン

ト公園でハイキングをしていた。かれが車を出たとき、ちり紙がポケットから落ちた。イアンは足を止めてゴミを拾おうとしたが、突風でそれは1メートルほど先まで飛ばされてしまった。かれが近寄って拾おうとすると、またもやちり紙は手の届かないところに飛ばされたのだった」）。

264: 標準偏差とはちがって、分散は困りものだ　分布の広がりを示す伝統的なもう一つの指標が分散だ。両者は密接に関連している。というか分散は標準偏差の二乗でしかない。だが分散は困りものだ。直感的にとてもわかりにくいのだ。両者がどんな単位であらわされているかを見れば言いたいことはわかるだろう。アンナの同級生たちは平均で月に10冊本を読むと言ったら、問題なく理解できるだろう。そして、その標準偏差が3冊だといえばどういう意味かもすぐにわかるようになる。だが、「分散は九『冊二乗』です」と言われたら、何を言っているのかぱっと理解するまでにはずいぶん時間がかかる。だから分散を聞かされたらすぐに標準偏差に換算し直して（ルート一発だ）、分散は絶対、とにかく絶対に二度と考えないこと。

265: 直感をもとに標準偏差を推計（解答編）　身長の範囲を考えたら、2標準偏差ルールを逆に適用してみよう。95パーセントの人は、平均身長から上下2標準偏差の間におさまるので、上限値と下限値との差は4標準偏差となる。この演習は講義で何回もやったが、ほとんどの学生は95パーセントの男性が身長145センチから175センチ、つまり160センチ±15センチの範囲内におさまると言う。2標準偏差ルールをこの範囲にあてはめると、成人男性身長の標準偏差は7、8センチくらいということになる。もちろんこれは大ざっぱな見当でしかないが、でも本当の標準偏差が20センチとか1センチとかいうことはあり得ないというのは、自信をもって言えるはずだ。

268: 未来の人は確率の人　Oliver Wendell Holmes, Jr., "The Path of the Law," 10 *Harv. L. Rev.* 457 (1897).

267〜270: 大学バスケットボールでの八百長　JustinWolfers, "Point Shaving: Corruption in NCAA Basketball," 96 *Am. Econ. Rev.* 279 (2006)；David Leonhardt, "Sad Suspicions About Scores in Basketball," *N.Y. Times,* Mar. 8, 2006, at C1; David Leonhardt, "The NCAA's Response," *N.Y. Times,* Mar. 7, 2006（「5チームに1人の選手は、得点ごまかしについて直接的な知識を持っている」）.

268: ほとんど正規分布　男性の身長とIQは正規分布にかなり近いが完全ではない。数学的な正規分布は、果てしなく小さいとはいえ、結果がプラス無限大やマイナス無限大になる可能性があるからだ。そしてマイナスの身長やマイナスの知能指数があり得ないのは当然だ。私のいい加減な2標準偏差ルールの適用で最大の問題は、通常の正規分布とはちがって、実世界の分布の多くはゆがんでいるということだ。2標準偏差ルールは分布がゆがんでいたらあまりきちんとあてはまらない。変数が2標準偏差の間にある確率は95パーセントではないかもしれない。統計屋がせいぜい言えることは、非正規乱数が2標準偏差の間にある確率は75パーセント以上だということだけだ。それでも、あるプロセスで変数の広がりを直感的に把握しようとするときには、私は2SDルールを使う。

267: ジャスティン・ウルファーズ、スーパースター　David Leonhardt, "The Future of Economics Isn't So Dismal," *N.Y. Times,* Jan. 10, 2007.

277: アマルは逆算した　わが国最高の憲法学者の一人アキル・アマルは、似たような手法を使って成績のインフレを逆算してみせた。イェール大学は成績統計を発表しないので、アキルは平均成績得点を直接計算することはできなかった。だが、毎年いくつかの限られた賞を得るためにはどれだけの成績得点がいるかは発表される。マグナ・カム・ラウド賞（これは学年上位15パーセントに与えられる）の必要成績は3.82であり、カム・ロード賞（上位30パーセントに授与）の必要成績は3.72だった。アキルはこの必要成績を元に平均成績得点を十分計算できることに気がついた。イェール大での成績得点分布がほぼ正規分布だと仮定するだけで、この二つの確率から、含意されている平均値と標準偏差が求まる。かれは電子メールでこう書いた。「つまり3.72以上の成績を取った学生は三割しかいない（つまり平均から標準偏差0.5個分高い）。そして3.82以上の成績得点の学生はたった15パーセント（平均からおよそ標準偏差1個分高い）。すると単純な代数計算で、標準偏差がだいたい0.2で、平均がだいたい3.62だとわかります」（ここでいう「単純な」代数というのは、二つの賞の最低線が未知数二つの方程式を二つ与えてくれるということだ。その方程式とは5×sd＋mean ＝ 3.72 および1×sd＋mean ＝ 3.82、ただしsd は標準偏差でmean は求めたい平均成績得点だ。最初の式を移行してsd について解き、その結果を二番目の式に代入すると、mean の解が求められる。mean ＝ 2×3.72−3.82＝3.62.)。もちろんこれは概算だ。成績は実際には正規分布になっていないかもしれない。それでもアキルの簡単な推計は、学生新聞が三年生を対象に行った調査の結果とかなり一致している。そちらの結果では、メジアン成績得点は3.6 から3.7だった。Kanya Balakrishna and Jessica Marsden, "Poll Suggests Grade Inflation," *Yale Daily News,* Oct. 4, 2006, http://www.yaledailynews.com/articles/view/18226.

277: 女性が「生得的に劣っている」という主張　Cornelia Dean, "Women in Science: The Battle Moves to the Trenches," *N.Y. Times,* Dec. 19, 2006.

277〜281：女性が「生得的な適応性」を欠くという主張　Sara Rimer and Alan Finder, "After 371 Years, Harvard Plans to Name First Female President," *N.Y. Times,* Feb. 10, 2007.

277：サマーズの議論を呼んだ学長ぶり　新聞報道は、サマーズが辞職に追い込まれた他の理由をいくつか挙げている。Slate誌のコラムニストJames Traubに言わせると「サマーズがハーバードから追い出されたのは、かれのふるまいがあまりに横暴で、敵が引っ張れる足を無数に与えてしまったからだ」とのこと。James Traub, "School of Hard Knocks: What President Summers Never Learned About Harvard," *Slate,* Feb 22, 2006, http://www.slate.com/id/2136778/. *Washington Post* 紙のコラムニストEugene Robinson曰く「サマーズが辞職に追い込まれたのは、あれほど頭がよくても——そしてサマーズのように28歳でハーバード大学の終身教授になるには、とんでもなく頭がよくなくてはならない——政治家としては最悪だったからだ」。Eugene Robinson, "The Subject Larry Summers Failed," *Wash. Post,* Feb. 24, 2006. 科学における女性に関する演説の他の部分さえ取りざたされた。たとえば女性が科学の分野に少ない理由としてかれが挙げたのは、女性が「週に80時間も頭を使う仕事」につきたがらないからだ、と述べた。サマーズはまたこの女性の意欲不足を、いささか異様なアナロジーを使って論じている。「社会的に重要な役割でありながら特定集団出身者がきわめて少なく、ロールモデルが少ないがために、その集団の出身者がその分野への進出をハナから考えないといった事態は、科学における女性の役割という分野に限られるものではありません。いくつか例をあげると、データをとれば明らかになると自信をもっていえますが、社会できわめて多額の賃金が得られる投資銀行の分野ではカトリック教徒の数はきわめて少ないはずです。白人は全米バスケットボール協会での代表者が少なく、ユダヤ教徒は農業などでは代表者が少ないでしょう」Lawrence H. Summers, 科学技術労働者の多様化に関するNBER会議での発言, January 14, 2005, http://www.president.harvard.edu/speeches/2005/nber.html.

278：ＩＱ標準偏差に性差があるとする研究　Ian J. Deary et al., "Population Sex Differences in IQ at Age 11: The Scottish Mental Survey 1932," 31 *Intelligence* 533 (2003). またIan J. Deary et al., "Brother-Sister Differences in the G Factor in Intelligence: Analysis of Full, Opposite-Sex Siblings from the NLSY1979," *Intelligence* (working paper, 2007) も参照。

279：サマーズの手法の欠陥の可能性　標準偏差のちがいは20パーセントよりは小さいかもしれず、知能の分布は正規分布にはしたがわないかもしれない——特にテールの部分にかなり入り込んでしまったら。

282: The Naegele rule Janelle Durham, "Calculating Due Dates and the Impact of Mistaken Estimates of Gestational Age," Jan. 2002, http://www.transitiontoparenthood.com/ttp/birthed/duedatespaper.htm.

282: 出産予定日推計の他の手法 R. Mittendorf et al., "The Length of Uncomplicated Human Gestation," 341 *N. Engl. J. Med.* 461（1999）. 確率と妊娠期間予測について詳しくはW. Casscells et al., "Interpretation by Physicians of Clinical Laboratory Results," 299 *N. Engl. J. Med.* 999（1978）; David M. Eddy and Jacquis Casher, "Usefully Interpreting the Triple Screen Assay to Detect Birth Defects," working paper, Dept. of Statistics and of Biostatistics and Medical Informatics, Aug. 3, 2001; "Probabilistic Reasoning in Clinical Medicine: Problems and Opportunities," in *Judgment Under Uncertainty: Heuristics and Biases*（D. Kahneman et al., eds., 1982）; Gerd Gigerenzer, "Ecological Intelligence: An Adaptation for Frequencies," in *The Evolution of Mind*（D. D. Cummins and C. Allen, eds., 1998）, pp. 9–29; David J. Weiss, "You're Not the Only One Who Is Confused About Probability...," http://instructional1.calstatela.edu/dweiss/Psy302/Confusion.htm. を参照。

283: Predicting contribution to the competitive bottom line Alan Schwarz, "Game Theory Posits Measure of Baseball Players' Value," *N.Y. Times,* Nov. 7, 2004.

283〜285: ダウン症の確率を予想 N. J. Wald et al., "Integrated Screening for Down's Syndrome Based on Tests Performed during the First and Second Trimesters," 341 *N. Engl. J. Med.* 1935（1999）; Women's Health Information, Down syndrome, http://www.womens-health.co.uk/downs.asp; Miriam Kuppermann et al., "Preferences of Women Facing a Prenatal Diagnostic Choice: Long-Term Outcomes Matter Most," 19 *Prenat. Diag.* 711（1999）.

284: ベイズ理論 "An Essay Towards Solving a Problem in the Doctrine of Chances," 53 Phil. Trans. 370（1763）. またEliezer Yudowsky, "An Intuitive Explanation of Bayesian Reasoning," 2003, http://yudkowsky.net/bayes/bayes.html; Gerd Gigerenzer and Ulrich Hoffrage, "How to Improve Bayesian Reasoning Without Instruction: Frequency Formats," 102 *Psych. Rev.* 684（1995）も参照。

285: ダウン症の確率を定量化 ダウン症の確率が流産確率より大きい場合に羊水穿刺費用を負担するという一部保険会社の傾向には、もっと陰険な理由がある。流産確率ルールは、患者の福祉のためではなく、保険会社の期待「検出件数あたり費用」を最小化するようになっている。

287〜288: ベイズ理論の表現方法　試験での陽性を条件としたガンの事後確率は、事前のガン確率に見込み率をかけたものに等しい。ここで見込み率とはガンを持つ人物がその試験で陽性を示す確率を、試験で陽性となる確率で割ったものだ。ここでの数字にあてはめると、見込み率は7.5になる。陽性の場合のガン確率は0.8であり、試験で陽性となる確率は0.107（107/1000）だ。だからベイズ理論から、1パーセントの事前確率に見込み率7.5をかけて、事後確率7.5パーセントが導かれる。

289: さらに読みたい人のために　Ray C. Fair, *Predicting Presidential Elections and Other Things* (2002). Steven Levitt and Stephen J. Dubner, *Freakonomics: A Rogue Economist Explores the Hidden Side of Everything* (2005). 邦訳レヴィット&ダブナー『ヤバい経済学〔増補改訂版〕』(2007)。John Allen Paulos, *Innumeracy: Mathematical Illiteracy and Its Consequences* (1989). 邦訳ジョン・アレン・パウロス『数字オンチの諸君!』(1990)。John Donohue, *Beautiful Models, and Other Threats to Life, Law, and Truth*（近刊）.

291: EMERACは脅威ではない　http://en.wikipedia.org/wiki/Desk_Set; http://www.columbia.edu/~lnp3/mydocs/culture/Desk_Set.htm.

訳者紹介

山形浩生（やまがたひろお）

1964年東京生まれ。東京大学工学系研究科都市工学科修士課程修了。マサチューセッツ工科大学不動産センター修士課程修了。大手調査会社に勤務のかたわら、広範な分野での翻訳と執筆活動を行なう。圧倒的な背景知識をもとに、原書の意図するところを、整理して伝えるその能力は天才的で、山形訳によって初めてクルーグマンを理解できた、という人も多い。著書に『新教養主義宣言』(河出文庫)、翻訳書にロンボルグ『環境危機をあおってはいけない』(文藝春秋)、『クルーグマン教授の経済入門』（日経ビジネス人文庫）など多数。

その数学《すうがく》が戦略《せんりゃく》を決《き》める

二〇〇七年十一月三十日　第一刷

著　者　イアン・エアーズ
訳　者　山形浩生《やまがたひろお》
発行者　木俣正剛
発行所　株式会社文藝春秋
〒一〇二－八〇〇八
東京都千代田区紀尾井町三－二三
電話　〇三－三二六五－一二一一
印刷所　大日本印刷
製本所　大口製本

万一、乱丁落丁があれば送料小社負担でお取替えいたします。小社製作部宛お送りください。
定価はカバーに表示してあります。

ISBN978-4-16-369770-3